中国地震年鉴

CHINA EARTHQUAKE YEARBOOK

2009

地震出版社

图书在版编目（CIP）数据

中国地震年鉴.2009/《中国地震年鉴》编辑部编.—北京：地震出版社，2022.12
ISBN 978-7-5028-5490-4

Ⅰ.①中… Ⅱ.①中… Ⅲ.①地震-中国-2009-年鉴 Ⅳ.①P316.2-54

中国版本图书馆 CIP 数据核字（2022）第 179287 号

地震版　XM5362/P（6312）

中国地震年鉴（2009）

《中国地震年鉴》编辑部　编

责任编辑：王亚明
特约编辑：董　青　李玉梅
责任校对：凌　樱

出版发行：地震出版社
　　　　　北京市海淀区民族大学南路9号　　　　邮编：100081
　　　　　发行部：68423031　68467993　　　　传真：68467991
　　　　　总编办：68462709　68423029
　　　　　编辑室：68467982
　　　　　http：//seismologicalpress.com
　　　　　E-mail：dz_press@163.com

经销：全国各地新华书店
印刷：北京广达印刷有限公司

版（印）次：2022年12月第一版　2022年12月第一次印刷
开本：787×1092　1/16
字数：543 千字
印张：21.75
书号：ISBN 978-7-5028-5490-4
定价：198.00 元

版权所有　翻印必究

（图书出现印装问题，本社负责调换）

《中国地震年鉴》编辑委员会

主　编：闵宜仁
委　员：方韶东　韩志强　陈华静　王春华　马宏生
　　　　高亦飞　黄　蓓　朱芳芳　周伟新　徐　勇
　　　　米宏亮　兰从欣　牟艳珠　张　宏

《中国地震年鉴》编辑部

主　任：王春华　韩志强　张　宏
成　员：刘　强　彭汉书　刘小群　高光良　齐　诚
　　　　崔文跃　杨　鹏　陈俞含　李明霞　丁昌丽
　　　　李佩泽　连尉平　董　青　李玉梅　李巧萍
　　　　朱　林

2009年12月31日,中国地震局党组书记、局长陈建民(左三)出席中国地震台网中心领导班子任职宣布大会

(中国地震台网中心 提供)

2009年6月18—20日,中国地震局党组书记、局长陈建民赴重庆市调研并检查指导防震减灾工作

(重庆市地震局 提供)

2009年5月22日,中国地震局党组成员、副局长刘玉辰(前排中)出席商务部对外援助司与中国地震台网中心交流研讨活动

(中国地震台网中心 提供)

2009年2月12日,中国地震局党组成员、副局长赵和平(右三)赴广东省地震局调研防震减灾工作

(广东省地震局 提供)

2009年5月12日,中国地震局党组成员、副局长修济刚(左三)赴四川省甘孜州调研防震减灾工作

(四川省地震局 提供)

2009年9月24日,中国地震局党组成员、纪检组长张友民(右二)赴北京国家地球观象台调研防震减灾工作

(中国地震局地球物理研究所 提供)

2009年11月4日,中国地震局党组成员、副局长阴朝民(右二)赴中国地震局地球物理勘探中心调研防震减灾工作

(中国地震局地球物理勘探中心 提供)

2009年4月29日,中国地震局、北京市地震局、中国地震灾害防御中心在北京市海淀公园共同组织开展首个全国"防灾减灾日"公交车厢媒体防震减灾知识宣传月启动仪式

(北京市地震局 提供)

2009年10月24日,天津市地震局举行重大地震灾害应急演练

(天津市地震局 提供)

2009年8月1日,山西省委副书记、省长王君(前排左一)为山西省地震灾害紧急救援二队成立授旗

(山西省地震局 提供)

2009年5月11日,内蒙古自治区举行呼和浩特防震减灾科普教育基地落成典礼

(内蒙古自治区地震局　提供)

2009年5月12日,银川市开展由宁夏回族自治区地震局牵头组织的"5·12"宁夏地震应急实战演习

(宁夏回族自治区地震局　提供)

2009年6月14日,湖南省地震局组织开展全国防震减灾知识竞赛湖南赛区活动

(湖南省地震局 提供)

2009年7月9日,云南省楚雄州姚安县发生6.0级地震

(云南省地震局 提供)

2009年5月12日,广西壮族自治区启动防震减灾12322公益服务热线

(广西壮族自治区地震局 提供)

2009年9月16日,上海市地震局科研人员在南海投放海底地震计

(上海市地震局 提供)

2009年5月27日,江西省地震局与江西省安监局共同签署应急联动协作协议

(江西省地震局 提供)

2009年4月27日,国家地震速报功能备份系统通过验收

(广东省地震局 提供)

2009年3月13日,海南省地震局召开"2009年全省防震减灾工作联席(扩大)会议"

(海南省地震局　提供)

2009年3月25日,中国地震局地球物理勘探中心组织开展宽角反射折射野外工程与地震仪器操作培训

(中国地震局地球物理勘探中心　提供)

2009年5月6日,中国地震局地球物理勘探中心华北克拉通野外探测工程临时党支部开展集中学习

(中国地震局地球物理勘探中心 提供)

2009年11月7日,中国地震局第一监测中心科研人员在可可西里开展GPS观测

(中国地震局第一监测中心 提供)

2009年6月26日,商务部国际经济合作事务局与中国地震台网中心开展交流研讨

(中国地震台网中心 提供)

2009年4月20日,巴基斯坦政府官员访问中国地震台网中心

(中国地震台网中心 提供)

目 录

专 载

中国地震局党组书记、局长陈建民在2009年全国地震局长会暨党风廉政建设工作会议上的讲话（摘要） ……………………………………………………………… （ 3 ）

中国地震局党组书记、局长陈建民在贯彻实施《中华人民共和国防震减灾法》座谈会上的讲话（摘要） …………………………………………………………… （ 17 ）

中国地震局党组成员、副局长刘玉辰在2009年全国震害防御工作会议上的讲话（摘要） ……………………………………………………………………………… （ 20 ）

中国地震局党组成员、副局长赵和平在2009年全国地震应急救援工作会议上的讲话（摘要） …………………………………………………………………………… （ 24 ）

中国地震局党组成员、副局长修济刚在中国地震局直属机关2009年党的工作会议上的讲话（摘要） ………………………………………………………………… （ 29 ）

中国地震局党组成员、纪检组长张友民在2009年全国地震系统廉政文化建设成果展览开幕式上的讲话（摘要） ………………………………………………… （ 33 ）

中国地震局党组成员、副局长阴朝民在2009年全国地震观测资料统评表彰暨地震观测技术交流工作会议上的讲话（摘要） …………………………………… （ 34 ）

地震与地震灾害

2009年全球 $M \geq 7.0$ 地震目录 …………………………………………………… （ 39 ）
2009年中国大陆及沿海地区 $M \geq 4.0$ 地震目录 ………………………………… （ 40 ）
2009年地震活动综述 ………………………………………………………………… （ 46 ）
2009年中国地震灾害情况综述 ……………………………………………………… （ 49 ）
2009年全球重要地震事件的震害及影响 …………………………………………… （ 55 ）

各地区地震活动

首都圈地区 …………………………………………………………………………… （ 57 ）
北京市 ………………………………………………………………………………… （ 57 ）
天津市 ………………………………………………………………………………… （ 57 ）
河北省 ………………………………………………………………………………… （ 58 ）
山西省 ………………………………………………………………………………… （ 58 ）
内蒙古自治区 ………………………………………………………………………… （ 58 ）
辽宁省 ………………………………………………………………………………… （ 59 ）

吉林省	（59）
黑龙江省	（60）
上海市	（61）
江苏省	（61）
浙江省	（61）
安徽省	（62）
福建省及其近海地区（含台湾地区）	（62）
江西省	（63）
山东省	（63）
河南省	（63）
湖北省	（64）
湖南省	（64）
广东省	（64）
广西壮族自治区	（65）
海南省	（65）
重庆市	（65）
四川省	（65）
贵州省	（66）
云南省	（66）
陕西省	（67）
甘肃省	（67）
青海省	（68）
宁夏回族自治区	（68）
新疆维吾尔自治区	（69）

重要地震与震害

2009年1月15日四川汶川5.1级地震	（70）
2009年1月25日新疆察布查尔5.1级地震	（70）
2009年2月20日新疆柯坪5.2级地震	（70）
2009年3月20日吉林伊通4.2级地震	（71）
2009年4月19日新疆阿合奇5.5级地震	（71）
2009年4月22日新疆阿图什5.0级地震	（72）
2009年5月21日新疆叶城、皮山交界5.2级地震	（72）
2009年6月30日四川什邡、绵竹交界5.6级地震	（72）
2009年7月9日云南姚安6.0级地震	（72）
2009年8月8日重庆荣昌4.4级地震	（73）
2009年8月28日青海海西6.4级地震	（73）
2009年9月19日甘肃武都、四川青川交界5.0级地震	（74）
2009年11月5日陕西临潼、高陵交界4.2级地震	（74）

2009年11月28日四川什邡、彭州交界5.0级地震 …………………………………（74）
2009年12月14日新疆哈密5.1级地震 ………………………………………………（75）
2009年12月21日吉林通榆4.5级地震 ………………………………………………（75）

防震减灾

2009年防震减灾工作综述 ……………………………………………………………（79）
防震减灾法治建设与政策研究
2009年防震减灾法治建设工作综述 …………………………………………………（81）
2009年政策研究工作综述 ……………………………………………………………（84）
2009年地震标准化建设工作综述 ……………………………………………………（86）
地震监测预报
2009年地震监测预报工作综述 ………………………………………………………（89）
2008年度地震监测预报工作质量全国统评结果（前三名）…………………………（93）
各省、自治区、直辖市，中国地震局直属单位监测预报工作
北京市 …………………………………………………………………………………（99）
天津市 …………………………………………………………………………………（100）
河北省 …………………………………………………………………………………（101）
山西省 …………………………………………………………………………………（102）
内蒙古自治区 …………………………………………………………………………（104）
辽宁省 …………………………………………………………………………………（104）
吉林省 …………………………………………………………………………………（105）
黑龙江省 ………………………………………………………………………………（106）
上海市 …………………………………………………………………………………（107）
江苏省 …………………………………………………………………………………（108）
浙江省 …………………………………………………………………………………（110）
安徽省 …………………………………………………………………………………（111）
福建省 …………………………………………………………………………………（112）
江西省 …………………………………………………………………………………（114）
山东省 …………………………………………………………………………………（115）
河南省 …………………………………………………………………………………（116）
湖北省 …………………………………………………………………………………（117）
湖南省 …………………………………………………………………………………（118）
广东省 …………………………………………………………………………………（119）
广西壮族自治区 ………………………………………………………………………（120）
海南省 …………………………………………………………………………………（122）
重庆市 …………………………………………………………………………………（123）
四川省 …………………………………………………………………………………（124）

贵州省	(125)
云南省	(126)
陕西省	(127)
甘肃省	(127)
青海省	(128)
宁夏回族自治区	(129)
新疆维吾尔自治区	(130)
中国地震应急搜救中心	(131)
中国地震局地球物理勘探中心	(131)

台站风貌

辽宁大连地震台	(133)
河北张家口地震台	(133)
黑龙江牡丹江地震台	(134)
西藏拉萨地磁台	(135)
安徽合肥地震台	(136)

地震灾害预防

2009 年地震灾害预防工作综述 ……(137)

各省、自治区、直辖市地震灾害预防工作

北京市	(139)
天津市	(140)
河北省	(141)
山西省	(143)
内蒙古自治区	(145)
辽宁省	(146)
吉林省	(147)
黑龙江省	(148)
上海市	(149)
江苏省	(150)
浙江省	(152)
安徽省	(153)
福建省	(154)
山东省	(155)
江西省	(157)
河南省	(158)
湖北省	(160)
湖南省	(161)
广东省	(162)
广西壮族自治区	(164)

海南省	（165）
重庆市	（167）
四川省	（167）
贵州省	（168）
云南省	（170）
陕西省	（171）
甘肃省	（171）
青海省	（173）
宁夏回族自治区	（173）
新疆维吾尔自治区	（174）

地震灾害应急救援
2009年地震灾害应急救援工作综述 ……（176）

各省、自治区、直辖市地震灾害应急救援工作

北京市	（179）
天津市	（180）
内蒙古自治区	（181）
山西省	（182）
辽宁省	（183）
吉林省	（184）
黑龙江省	（185）
上海市	（187）
江苏省	（187）
浙江省	（188）
安徽省	（189）
福建省	（191）
江西省	（192）
山东省	（193）
河南省	（194）
湖北省	（196）
湖南省	（198）
广东省	（199）
广西壮族自治区	（200）
海南省	（201）
重庆市	（202）
四川省	（203）
贵州省	（204）
云南省	（205）
陕西省	（206）

甘肃省	(206)
青海省	(208)
宁夏回族自治区	(209)
新疆维吾尔自治区	(210)

重要会议

2009年国务院防震减灾工作联席会议	(212)
2009年全国地震局长会暨党风廉政建设工作会议	(213)
2010年度全国地震趋势会商会	(213)
天津市防震减灾工作联席会议	(214)
山西省防震减灾工作会议	(214)
辽宁省防震减灾工作领导小组会议暨全省地震系统防震减灾工作会议	(215)
江苏省防震减灾工作联席会议	(215)
安徽省防震减灾领导小组扩大会议	(216)
山东省防震减灾40周年总结大会	(216)
河南省防震抗震指挥部扩大会议	(217)
广东省防震减灾工作会	(217)
广西壮族自治区防震减灾工作领导小组全体成员会议	(218)
海南省防震减灾工作联席（扩大）会议	(218)
重庆市防震减灾联席会议第四次会议	(219)
四川省2009年防震减灾领导小组工作扩大会议	(219)
陕西省防震减灾工作领导小组会议	(219)
甘肃省防震减灾工作领导小组扩大会议	(220)
新疆维吾尔自治区防震减灾工作领导小组会议	(221)

科技进展与成果推广

| 2009年地震科技工作综述 | (225) |

科技成果

面波的散射理论及其在近地表地球物理中的应用研究	(227)
中国大陆中央造山带东段地壳上地幔电性结构及动力学研究	(228)
城市工程的地震破坏与控制	(229)

专利及技术转让

| 2009年中国地震局专利情况 | (231) |

科技进展

"5·12"汶川地震生命线系统调查图集编制	(232)
数字地震前兆地电方法标准编制与应用	(232)
专业设备性能指标测试检测方法标准研究	(234)
科研管理信息系统建设	(236)

中国大陆构造环境监测网络项目 …………………………………………………………（237）
华北克拉通岩石圈构造及深部过程的研究：主动源和被动源综合地震学方法 ………（239）
用超长观测距地震宽角反射/折射剖面研究华北克拉通北部岩石圈结构和性质 ………（239）
山西省地震局科技进展 …………………………………………………………………（240）
黑龙江省地震局科技进展 ………………………………………………………………（240）
江苏省地震局科技进展 …………………………………………………………………（241）
浙江省地震局科技进展 …………………………………………………………………（241）
安徽省地震局科技进展 …………………………………………………………………（241）
福建省地震局科技进展 …………………………………………………………………（242）
江西省地震局科技进展 …………………………………………………………………（242）
广东省地震局科技进展 …………………………………………………………………（243）
广西壮族自治区地震局科技进展 ………………………………………………………（244）
海南省地震局科技进展 …………………………………………………………………（244）
云南省地震局科技进展 …………………………………………………………………（244）
陕西省地震局科技进展 …………………………………………………………………（245）
甘肃省地震局科技进展 …………………………………………………………………（245）
青海省地震局科技进展 …………………………………………………………………（245）
宁夏回族自治区地震局科技进展 ………………………………………………………（246）
新疆维吾尔自治区地震局科技进展 ……………………………………………………（246）
中国地震局第一监测中心科技进展 ……………………………………………………（246）

成果推广
广东省地震局成果推广 …………………………………………………………………（247）
中国地震局地质研究所成果推广 ………………………………………………………（248）
中国地震灾害防御中心成果推广 ………………………………………………………（248）

科学考察
汶川8.0级地震科学考察 ………………………………………………………………（250）

机构·人事·教育

机构设置
中国地震局领导班子成员名单 …………………………………………………………（255）
中国地震局机关司、处级领导干部名单 ………………………………………………（255）
中国地震局所属各单位领导班子成员名单 ……………………………………………（257）

人事教育
2009年中国地震局系统在职培训工作 …………………………………………………（264）
2009年中国地震局系统在职培训工作情况统计表 ……………………………………（264）
中国地震局干部培训中心教育培训工作 ………………………………………………（264）
中国地震局、各省级培训机构2009年培训执行情况汇总表 …………………………（265）

局属单位教育培训工作
河北省地震局 …………………………………………………………………………（266）
广东省地震局 …………………………………………………………………………（267）
广西壮族自治区地震局 ………………………………………………………………（267）
云南省地震局 …………………………………………………………………………（267）
陕西省地震局 …………………………………………………………………………（268）
新疆维吾尔自治区地震局 ……………………………………………………………（268）
人物
2009年入选人社部"百千万人才工程"国家级人选名单 …………………………（269）
2009年通过研究员（正研级高级工程师）专业技术职务任职资格人员名单 ………（269）
2009年获得专业技术二级岗位聘任资格人员名单 …………………………………（270）
表彰奖励
关于表彰全国地震系统先进集体和先进工作者的决定 ……………………………（271）
关于表彰全国地震系统优秀集体和优秀个人的决定 ………………………………（274）

合作与交流

2009年中国地震局交流与合作综述 ………………………………………………（279）
合作与交流项目
2009年出访项目 ………………………………………………………………………（281）
2009年来访项目 ………………………………………………………………………（282）
2009年港澳台合作交流项目 …………………………………………………………（283）
学术交流
纪念汶川地震一周年地震工程与减轻地震灾害研讨会 ……………………………（284）
中国地震学会地震电磁学专业委员会2009年年会暨学术研讨会 …………………（284）
广东省地震局学术交流活动 …………………………………………………………（285）
甘肃省地震局学术交流活动 …………………………………………………………（285）
陕西省地震局学术交流活动 …………………………………………………………（285）

计划·财务·纪检监察审计·党建

发展与财务工作
2009年中国地震局发展与财务工作综述 …………………………………………（289）
财务、决算及分析 ……………………………………………………………………（290）
国有资产 ………………………………………………………………………………（291）
机构、人员、台站、观测项目、固定资产统计 ……………………………………（292）
政府采购 ………………………………………………………………………………（294）
纪检监察审计工作

2009年地震系统纪检监察审计工作综述 ……………………………………………………（295）
2009年地震系统巡视工作综述 ………………………………………………………………（297）
党建工作
2009年中国地震局直属机关党建工作综述 …………………………………………………（299）

附　录

2009年中国地震局大事记 ……………………………………………………………………（303）
2009年地震系统各单位离退休人员人数统计 ………………………………………………（306）
地震科技图书简介 ……………………………………………………………………………（309）
《中国地震年鉴》特约审稿人名单 …………………………………………………………（317）
《中国地震年鉴》特约组稿人名单 …………………………………………………………（318）

专　　载

主要收载党中央、国务院、中国地震局领导有关防震减灾工作的重要讲话；国务院、国务院办公厅和中国地震局及省级机关印发的有关防震减灾工作的重要法规和文件。

中国地震局党组书记、局长陈建民在2009年全国地震局长会暨党风廉政建设工作会议上的讲话

(摘要)

(2009年3月25日)

这次会议的主要任务是：全面贯彻党的十七大和党的十七届三中全会精神，以邓小平理论和"三个代表"重要思想为指导，深入贯彻落实科学发展观，认真贯彻中央纪委三次全会和国务院第二次廉政工作会议精神，全面落实2009年国务院防震减灾工作联席会议各项部署，科学总结汶川特大地震经验启示，回顾总结2008年、研究部署2009年防震减灾和党风廉政建设工作。

一、2008年防震减灾和党风廉政建设工作回顾

2008年是防震减灾事业发展中极不寻常的一年，发生了震惊世界的汶川8.0级特大地震。在党中央、国务院的坚强领导下，全国人民万众一心，众志成城，开展了卓有成效的抗震救灾工作，取得了抗震救灾的伟大胜利。

在这极不平凡的一年，地震系统广大干部职工戮力同心，攻坚克难，全面完成了防震减灾和党风廉政建设各项工作任务。

（一）深入开展学习实践科学发展观活动

按照党中央的统一部署，中国地震局紧紧围绕推动事业科学发展，以"开展汶川地震总结，提升防震减灾能力"为实践载体，重点抓住3个阶段11个主要环节，上下互动，左右联动，扎实推进深入学习实践科学发展观活动。一是认真学习，深化认识。坚持领导班子和党员干部带头，地震系统43个单位和局机关党员干部全程参加了学习实践活动。广大党员干部深刻地认识到，科学发展观是我国防震减灾工作又好又快发展的根本指导方针，必须坚持以人为本，把最大限度地减轻地震灾害损失作为防震减灾工作的根本宗旨，必须把全面协调可持续的要求体现在防震减灾工作的各个方面，必须把统筹兼顾的方法贯穿到防震减灾工作的全过程，使防震减灾工作更好地体现时代性，把握规律性，富有创造性。二是深入调研，寻策问计。各单位紧密围绕建立健全保障科学发展的体制机制、制定促进科学发展的政策制度和服务科学发展的思路措施等方面，在广泛征求意见的基础上反复研究斟酌，精心梳理出需要深入调查研究的主要问题。中国地震局党组同志和各单位各部门负责人深入一线广泛调研，寻计问策，点面结合，上下配合，形成了一批有内涵、有见地的调研成果。三是深查问题，剖析原因。各单位通过函询、网询、个别访谈、座谈会等多种方式，广泛征求意见，深入查找问题。各单位党组（党委）认真组织召开专题民主生活会，针对存在的突出问题，着力从防震减灾工作体系、思想观念、工作作风等方面深入分

析差距和不足，从服务和推进科学发展、加强领导班子自身建设、全面提高两个能力等方面深入思考，研究提出了一系列具体措施和意见，形成了高质量的分析检查报告。四是狠抓整改，细化方案。各单位以分析检查报告为依据，以构建保障和促进防震减灾事业科学发展新体制新机制为主线，研究提出了切实可行的具体措施。中国地震局整改落实方案提出了10个方面101条具体措施。通过广大党员干部的共同努力，中国地震局圆满完成了学习实践活动各阶段任务，在提高思想认识、解决突出问题、创新体制机制、促进科学发展四个方面都取得了明显成效。

（二）全力开展汶川地震应急处置和抗震救灾

汶川8.0级特大地震后，中国地震局快速测定地震参数，及时上报党中央国务院。胡锦涛总书记立即作出重要指示，温家宝总理紧急奔赴灾区，国务院迅速成立抗震救灾总指挥部。中国地震局迅速启动应急预案Ⅰ级响应，成立应急指挥部和现场指挥部，调集全系统力量投入应急处置和抗震救灾。

紧急投入专业救援队伍，全力抢救被埋压人员。震后4小时，国家地震灾害紧急救援队全体队员紧急集结，于当晚12时抵达灾区。20支省级地震救援队共计4000余人，也紧急奔赴重灾区展开救援行动。救援队凭借过硬的专业素质和无畏精神，科学施救，承担了施救难度大、危险程度高的人员搜救任务，充分发挥突击队作用，共营救出371名深埋幸存者。救援队的出色表现赢得了社会各界广泛赞誉，温家宝总理称赞救援队是一支能打硬仗的队伍。此外，中国地震局还协调韩国、日本、俄罗斯、新加坡救援队开展救援行动。

强化震情监视跟踪，努力把握余震发展趋势。紧急抽调150余名骨干力量赶赴灾区全力修复地震监测设施，在震区及周边增设了100余个监测点，加密现场观测，实时分析处理了几万次余震。抽调全国预报骨干力量，开展现场震后趋势研判工作。坚持24小时动态跟踪和滚动会商，较好地把握了余震活动趋势。及时研究划定强余震影响范围并提出防范措施建议，为抗震救灾和恢复重建提供了有力支持。

组织开展震害调查和灾害损失评估，为恢复重建提供科学依据。由近1000名技术骨干组成的现场应急工作队，分赴四川等6个受灾省（自治区、直辖市），对244个受灾县（市、区）的房屋、基础设施、企业等破坏情况进行了调查，累计行程80余万千米，调查范围达50万平方千米，完成了汶川地震烈度分布图的编制和地震灾害损失评估任务。在完成现场调查评估的基础上，主动会同国务院有关部门、灾区地方政府和企事业单位进行反复核实论证，确定了初步评估结果，为最终确定损失结果提供了第一手重要资料。

广泛开展宣传引导工作，为抗震救灾营造良好舆论氛围。中国地震局迅速启动新闻应急预案，第一时间向社会公布震情灾情信息，四川、甘肃、陕西等多个省地震部门及时召开新闻发布会，公布权威信息。各单位通过电视、广播、网络和报刊等媒体，正面回应公众疑惑，澄清事实，平息谣言。充分发挥门户网站作用，开辟网站专栏，加大信息发布和宣传引导力度。紧急发放上百万份宣传手册、折页和音像制品，宣传防震减灾知识。积极配合中宣部完成"众志成城、万众一心"抗震救灾展览。

认真落实恢复重建各项任务，保障恢复重建工作顺利进行。及时修订并发布灾区地震动参数区划图，为科学确定恢复重建抗震设防标准提供依据。会同有关部门研究制定了灾区过渡安置房建设用地安全评价工作方案，组织数十名专家赴灾区协调、指导和帮助地方政府做好选址工作。组织专家参与完成防灾减灾专项规划编制工作。联合有关部门和地方政府成立协调组和专家顾问组，稳步开展地震遗址博物馆规划建设。有关省（自治区、直辖市）地震部门积极参与对口支援灾区的恢复重建任务，作出了应有贡献。

全面开展科学考察，为科学研究和总结奠定基础。在先期开展应急性、抢救性科考的基础上，组织400余名科考队员开展全面深入的科学考察，获得了大量宝贵的第一手资料，这些资料已经或正在发挥重要作用。中国地震局还承担了国家汶川地震专家委员会办公室职责，会同科技部、国土资源部开展了大量协调和服务工作，同时，积极配合国土资源部推进汶川特大地震科学钻探项目的立项及实施工作。

（三）防震减灾综合能力建设取得明显进展

地震系统各单位、各部门充分汲取汶川地震经验启示，认真查找工作中存在的薄弱环节，积极推进防震减灾综合能力建设，取得了明显进展。

修订《中华人民共和国防震减灾法》，防震减灾法制化建设迈上新台阶。《中华人民共和国防震减灾法》历经数十次修改完善，于2008年底通过全国人大常委会审议，将于2009年5月1日正式施行。此次修订工作是在总结《中华人民共和国防震减灾法》实施10年来的经验基础上，充分汲取汶川地震抗震救灾经验启示，进行的一次全面修订。修订后的《中华人民共和国防震减灾法》，由48条增加到93条，法律强化了政府职能、部门职责和法律责任，内容更加全面，制度更加健全，为促进防震减灾事业发展提供了更加有力的法治保障。此外，我们研究制定了《地震安全性评价资质管理实施细则》，发布实施了2项国家标准和14项地震行业标准，现行地震标准总数达60项。地方立法工作取得新进展，许多省（自治区、直辖市）出台了加强防震减灾工作的地方性法规规章。

夯实基础，震情保障能力进一步增强。"十五"数字地震项目正式通过验收，防震减灾基础设施和技术系统基本实现数字化、网络化，并在汶川地震中发挥了作用。完成地震速报技术系统升级，组织开展首届全国地震速报竞赛，速报时效和准确性得到进一步提高。高度重视汶川地震对全国其他地区的影响，组织力量在南北地震带、华北、新疆等重点地区连续开展多项前兆流动观测，加强震情监视跟踪和分析研判。认真研究各方面专家关于地震预测的意见建议，加强交流合作。北京、天津、河北、山东、辽宁、上海、广东等省（直辖市）地震部门、中国地震台网中心以及机关有关司室，密切配合，通力合作，圆满完成了奥运地震安全保障任务。

齐抓共管，社会综合防御地震灾害能力进一步提升。汶川地震后，各省级地震部门协助地方政府，积极推进本地区防震减灾工作，出台了一系列政策措施。其中，宁夏、黑龙江、江西、海南等省（自治区）出台了全面加强防震减灾工作的意见，云南制定了全面加强防震减灾能力建设的十项重大措施，新疆维吾尔自治区对全面实施抗震防灾工程作出部署。农居地震安全工程由示范向全面推开，2008年又有6个省（自治区、直辖市）召开会议、11个省（自治区、直辖市）专门下发文件对农居防震保安工作作出部署。各单位进一步强化防震减灾知识宣传普及工作，会同有关部门开展了前所未有的高频次、大规模的宣传活动，公众防震减灾综合素质进一步提升。会同教育部联合召开科普示范学校现场经验交流会，推广经验。

加强队伍建设，地震应急救援能力进一步提高。会同有关部门及时研究编制了国家救援队扩建方案，该方案已经党中央批准，正在组织实施。海南18个市县全部成立了地震灾害紧急救援队伍，云南、天津等地决定在原有基础上进一步扩大救援队伍规模，北京等地决定组建地震专业救援队伍。国家地震现场工作队力量进一步充实，各直属单位应急处置任务更加明确。与安全监管总局建立了地震灾害和安全生产事故信息通报、协调机制。各省级地震部门结合实际，积极与当地相关部门建立了地震快速应急通道、灾情信息快速发布等机制。颁布实施了地震应急避难场所国家标准，目前全国已有143个城市建设了地震应急避难场所。依托国家地震救援训练基地开展了17次有针对性的培训演练。高效应对处置了新疆、西藏、云南、青海、甘肃等15次破坏性地震事件。

除以上几项主要工作外，其他各项工作也都取得了明显进展。在地震科技创新方面，2008年新增"973项目"1项、国家科技支撑计划2项、地震行业科研专项51项，项目新增资金合计近2亿元。地震电磁探测试验卫星工程项目立项工作迈出新步伐，获得国家"863计划"支持。科技人才队伍建设稳步推进，全年共举办各类培训班174期，培训近9000人次。在发展规划、预算与项目管理方面，制定印发了《国家"十二五"防震减灾规划体系》《国家地震安全计划管理办法》，确定了重大项目管理新模式。以"预算书"形式发布年度预算，确保预算公开透明。中国地震背景场探测工程项目正式立项批复。地方"十一五"项目实施进展顺利。在干部队伍建设和机构改革方面，印发了《中国地震局关于加强科学民主决策的规定》等3项制度，制定出台了《2008—2012年干部教育培训规划》，事业单位改革稳步推进，各单位岗位设置实施方案已正式批复。2008年对27个局属单位领导班子进行调整。在涉及群众切身利益方面，下达了参照公务员法管理人员的津贴补贴资金，彻底解决了地震系统公费医疗挂账问题，全面发放京外单位离退休职工购房补贴。创办《震苑晚晴》刊物，举办老年书画美术展、摄影展等活动，为展示老同志的风采搭建了良好平台。

（四）党风廉政建设各项任务全面落实

2008年，地震系统各单位、各部门认真贯彻落实十七届中央纪委第二次全会和国务院第一次廉政工作会议精神，按照全国地震局长会暨党风廉政建设工作会议的部署，全面推进反腐倡廉建设，有力地促进了防震减灾事业发展。

党政主要负责同志亲自抓，党风廉政建设责任制进一步落实。中国地震局党组高度重视反腐倡廉工作，坚持党风廉政建设与防震减灾工作一起部署，一起推进。既按照中央纪委的统一要求全面落实各项任务，又结合地震系统的实际情况突出工作重点。为谋划好全年工作，中国地震局组织两个调研组，深入实际，深入基层，总结经验，发现问题，认真研究地震系统反腐倡廉工作特点，努力提高工作水平。部署工作时突出"实"字，注意在细化工作任务上下功夫，将局机关贯彻落实2008年度党风廉政建设工作任务分解为4大方面25项29条，落实到各个部门。推进工作中注意在加强督促检查上下功夫，中国地震局党组成员带队，检查考核了5个单位党风廉政建设责任制贯彻落实和领导干部廉洁自律情况，指导11个局属单位召开领导班子民主生活会，听取7个单位主要负责人和纪检组长（纪委书记）述职述廉，年中、年底两次听取机关各部门和京区直属单位贯彻落实党风廉政建设工作汇报。

局属各单位党组（党委）认真贯彻2008年全国地震局长会暨党风廉政建设工作会议部

署，结合本单位实际，将党风廉政建设工作任务细化分解落实到领导班子成员和相关部门。

根据中央纪委的要求，中国地震局党组对地震系统落实党风廉政建设责任制10周年工作进行了全面检查，结果表明，绝大多数单位落实了领导干部"一岗双责"，做到了党风廉政建设与防震减灾工作一起部署、一起落实、一起考核，做到了年初有安排，明确任务，年中有检查，督促落实，年底有考核，责任追究。

以廉政文化建设为载体，廉洁自律教育进一步深化。2007年中国地震局党组决定用两年时间，集中开展形式多样、内容丰富的廉政文化建设系列活动，以此为载体，推进廉洁自律教育。两年来，地震系统全体动员，上下互动，广泛参与，开展了多层次、多形式的廉政文化建设活动，充分展示了廉政文化的说服力、吸引力、感染力，充分发挥了廉政文化的教育、示范、熏陶和导向作用。

在地震系 47个单位分8个赛区开展廉政文化建设知识竞赛活动的基础上，2008年举行了总决赛，中国地震局党组同志、各单位各部门主要负责人和大家一起观摩比赛，一起接受教育。廉政文化建设征文活动得到了地震系统上上下下的重视，从领导干部到台站职工，从院士专家到离退休同志，积极响应，广泛参与，共征文1500余篇。组织召开地震系统廉政文化建设经验交流会，认真总结经验，安排部署下一阶段工作任务。开展争先创优活动，组织对各单位进行分片区的上门检查和考评。

两年来的廉政文化建设系列活动，对全体干部职工进行了生动的廉政教育，在地震系统营造了浓厚的廉政建设氛围，为反腐倡廉工作的深入开展提供了精神动力和思想保障，促进了防震减灾事业的健康发展。

以制度建设年为契机，约束机制进一步规范。2008年是中国地震局党组决定的制度建设年，我们认真贯彻落实中央建立健全惩治和预防腐败体系2008—2012年工作规划，结合地震系统实际，集思广益，制定印发了《中国地震局党组落实〈工作规划〉的实施办法》，提出了未来几年地震系统反腐倡廉建设工作的总体要求、阶段目标和工作措施，明确要在民主决策和监督等7个方面建立42项规章制度。按照中国地震局的总体要求，各单位也结合实际制定了相应的工作规划。

2008年，中国地震局局机关制定了基本建设管理、预算管理等17项财务管理制度，出台了加强重大决策贯彻落实情况监督检查、领导干部任职试用、事业单位岗位管理、政府信息公开等制度，进一步规范了工作程序。局属各单位结合实际，以"执行、废止、修订、制定"等方式对现有制度，特别是党组（党委）议事规则、民主决策程序、干部选拔任用、招录工作人员、项目管理、招投标、大额资金审批、政府信息公开以及党风廉政建设责任制等重要制度进行了认真清理。在建立健全制度体系的同时，各单位、各部门加强对制度执行情况的监督检查，增强制度落实的执行力。制度建设年活动的扎实开展，完善了制度体系，增强了地震系统干部职工的制度意识。

以领导干部为重点，监督制约工作进一步加强。印发《中国地震局党组关于加强局属单位党政主要负责人教育和监督的意见》，对各单位党政主要负责人提出勤政廉政要求，加强对领导干部权力运行的监督和制约。

派出巡视组对部分局属单位进行巡视。对2007年被巡视单位进行回访，督促检查整改方案的落实情况。改进巡视方式，注重与审计、干部选拔任用专项检查工作的结合。巡视组对干部职工反映的问题进行认真核实。党组专题听取巡视组汇报，高度重视巡视意见，有针对性地解决发现的问题，有力地促进了被巡视单位的工作。

坚持谈话制度。对新任司局级干部由监察司进行任职廉政谈话教育。各单位纪检组长（纪委书记）认真履行职责，落实谈话制度。不同方式的谈话，起到了关口前移、防微杜渐的作用。

二、关于汶川地震科学总结与反思

汶川地震抗震救灾是对我国应急管理和防灾减灾工作的一次重大检验，震后各地各部门都开展了总结反思工作。汶川地震对防震减灾工作的检验、考验更为直接、全面，可以说，启示警示十分深刻，经验教训尤为宝贵。因此，中国地震局党组决定在地震系统开展汶川地震科学总结与反思工作，要求各单位、各部门深入思考如何更好地推进防震减灾工作，进一步提升防震减灾能力。

（一）汶川地震科学总结与反思的目的和意义

汶川地震科学总结与反思，就是要对我们的工作思路进行全面系统的对照检查，作进一步的细化完善，使之对当前和今后一段时期的防震减灾工作具有更有力、更直接的指导意义；就是要以这次地震为标尺，用这次地震来衡量，找出在体制、机制等方面与实际要求不相适应的地方，积极推进改革创新；就是要改进和加强工作，进一步提升地震部门自身能力和社会防御地震灾害能力，将防震减灾事业推向新的发展阶段；就是要正视地震科技水平较低的现实，努力提升地震科技对防震减灾事业的贡献率，科学指导今后防震减灾工作。

做好汶川地震科学总结与反思，不仅涉及科学本身的问题，还涉及社会管理的各个方面，同时也涉及公共服务的各个环节，是一项全面系统的工作，时间紧迫、任务艰巨。为确保取得实实在在的成效，中国地震局党组成立了由全体党组同志参加的领导小组，成立了由系统内外两院院士、资深专家和老领导参加的科学咨询委员会，印发了科学总结与反思大纲。自 2008 年 8 月启动以来，地震系统各单位、各部门按照中国地震局党组统一部署，坚持科学理性、广泛民主、客观真实、一切为了发展的原则，上下共同参与，形成了 46 个单位的科学总结与反思报告，形成了政务、地震监测、地震预报、震害防御、应急救援、地震科学技术等 6 个领域的报告，形成了面向地震行业、社会、政府的 3 个专项报告，并在此基础上初步完成了汶川地震科学总结与反思总报告。

（二）汶川地震科学总结与反思的主要认识

防震减灾工作方针和基本思路是科学的、正确的。汶川地震充分表明，党中央、国务院确立的"预防为主、防御与救助相结合"的工作方针和三大战略要求，符合我国多震灾国情和防震减灾实践，符合以人为本、科学发展的正确方向。地震部门认真贯彻防震减灾工作方针，确立了牢固树立"震情第一"观念、切实加强"两个能力"建设、建立健全"3＋1"体系、始终坚持"四个面向"的基本思路，符合党中央、国务院对防震减灾工作的战略要求，符合防震减灾事业科学发展的客观实际。

监测预报是应对地震灾害的基础工作。"中国数字地震观测网络"项目经受住了汶川地震的考验，获取了大量的地震观测数据，为地震速报定位、震后趋势判定和科学研究提供了丰富的第一手资料。国家和区域地震台网快速测定地震三要素，为党和政府迅速部署抗震救灾提供了最重要的决策依据。地震预测预报科技人员顶住压力，紧急加密会商，实时跟踪震情发展变化，较好地判定了地震类型和震后趋势，为政府组织抗震救灾、稳定社会秩序发挥了作用。

震灾预防是减轻地震灾害的有效途径。在北川等极重灾区城镇，尽管80%以上房屋建筑倒塌，但是采取科学合理抗震设防措施的房屋建筑，仍能"立而未倒"，达到了大震不倒、减少人员伤亡的减灾效果。震区内依据地震安全性评价结果进行抗震设防的重大建设工程，均经受住了汶川地震的考验，包括紫坪铺在内的1996座水库都没有产生大的破坏和严重后果。农居地震安全工程取得显著成效，四川省什邡县师古镇的农居80%损坏，而该镇宏达新村地震安全农居100%完好无损，甘肃省文县临江镇东风新村地震安全农居在汶川地震中也安然无恙。防震减灾科普示范学校在震时应急措施得力、处置得当，如四川德阳孝泉中学、绵阳桑枣中学等震时疏散快速有序，师生无一伤亡。

应急救援是应对地震灾害的重要手段。逐步建立健全的"横向到边，纵向到底"的地震应急预案体系，以及平时有针对性的多层次、多形式的演练，为有力有序有效应对汶川地震提供了重要依据。多年形成的现场工作机制、协调指挥机制、联动机制在开展现场余震监测、震害调查与损失评估等方面起到了较好作用。多种形式及时发布权威信息，加强舆情分析，正确引导舆论，宣传普及地震科普知识，平息谣传事件，维护了正常社会秩序。近年来我国地震灾害紧急救援力量、救援装备和救援能力有了强化和提升，国家地震灾害紧急救援队参加了多次国内外救援行动，积累了丰富的实战经验，形成了特色优势。同时还陆续成立了26支省级地震救援队。

科技创新是应对地震灾害的重要支撑。经过多年不懈努力，地震科技取得了一系列重要研究成果，形成了具有特色和一定优势的专业学科，建立了地震科技创新平台，地震科技基础条件明显改善，服务领域不断拓展。数十年地震基础科研工作，积累了丰富的全国活动构造资料，对全国活动构造基本特征有了整体的认识。我国自主研发的地震观测仪器和快速定位、震源机制快速测定、震源破裂过程反演、地震介质参数计算等技术，为震后及时准确获取地震三要素和同震位移场特征奠定了重要基础。利用最新的地震灾害损失模型和震后灾情判断技术，在震后数小时给出死亡人数超过万人、经济损失超过千亿元的初步估计，为国务院抗震救灾总指挥部及时决策提供了重要参考依据。

在充分肯定成功经验的同时，也必须正视我们工作中存在的问题和不足。一是地震监测能力不高、服务功能不全，地震预报水平还比较低。二是城乡抗震设防能力和行政监管能力不足。三是应对大震巨灾准备不足，应急救援体制机制不完善。现行地震应急预案应对大震巨灾存在缺陷。四是地震科技创新能力不强。

（三）以科学发展观统领防震减灾各项工作

防震减灾工作必须牢固树立全面预防观。防震减灾工作的根本宗旨，就是防御和减轻地震灾害损失，保护人民生命财产安全，促进经济社会可持续发展，归根结底就是要最大限度地减轻地震灾害造成的人员伤亡和经济损失。实现这一目标，最重要、最根本的就是要坚持"预防为主、防御与救助相结合"的防震减灾工作方针，这是经过多年防震减灾实践检验，特别是经过汶川特大地震检验被证明是正确的方针。因此，地震系统各单位，不论是省局还是直属单位，地震系统广大干部职工，不论是管理人员还是科技人员，都要牢固树立和坚持全面预防观，并落实到具体工作中去。尤为重要的是，要通过地震部门的工作使各级政府也能树立和坚持正确的全面预防观，并在各地经济建设和社会发展中得以贯彻实施。

防震减灾必须统筹协调全面发展。一是最大限度减轻地震灾害必须统筹地震部门自身能力和社会防御地震灾害能力建设。汶川地震全面检验了全社会及地震部门的防震减灾能力，推进防震减灾事业发展，必须在提升地震部门自身能力的同时，强化社会管理和公共服务，全面提高全社会的防震减灾能力。二是落实全面预防观必须统筹监测预报、震灾预防、应急救援三大体系协调发展。要统筹防震减灾总体布局，优化资源配置，确保监测预报、震灾预防、应急救援三大体系相互促进、相互支持、协调发展。三是提升防震减灾实效必须统筹地震科技对防震减灾三大工作体系的支撑和引领作用。没有地震科技的发展和创新，防震减灾三大工作体系也就失去了立足之本，一方面要通过地震科技创新支撑防震减灾三大工作体系，另一方面也要通过地震科技创新，引领、规划、布局好防震减灾三大工作体系。

提升防震减灾能力必须创新发展举措。一是创新地震监测预报体制机制，坚持不懈地推进地震预测预报探索和实践。要重新规划地震预测整体布局，整合地震预测力量，建立长中短临多路探索的工作机制和组织体系，着重加强中长期地震预测研究。加强台网功能和布局的设计研究，确定各类台网任务和科学目标、技术要求，对现有监测方法和台网功能进行全面评估，并实施优化调整。二是强化抗震设防监管，提高地震安全保障能力。建立健全法律制度和地震标准体系，建立建设工程抗震设防要求的监管体系和机制，着力提高建筑物抗震设防能力。继续推进建设工程抗震设防要求纳入基本建设管理程序，推进抗震设防要求与行业抗震设计规范衔接。加快农村民居地震安全工程的深入实施，引导乡镇居民和农民建设具有较强抗震能力的房屋，逐步改变我国乡镇和农村不设防状况。全面加强防震减灾宣传和科普教育。进一步完善地震重点监视防御区制度。三是强化地震应急准备，提高地震应急处置能力。要推进地震应急预案的修订完善，发挥预案的更大作用，适应各类地震灾害的应对，提高预案的针对性和可操作性。进一步发挥各级抗震救灾指挥部办公室作用，完善工作制度，明确工作程序，实现信息共享。充分利用公共资源，畅通部门与公众沟通渠道，引导公众参与灾情速报和抗震救灾工作。切实增强地震灾情获取和分析研判能力。坚持新闻宣传与应急处置并重原则，建立新闻发言人、职能部门管理人员与专家相互配合的新闻发布机制，掌握新闻宣传主动权。四是大力推进科技创新，着力提升支撑能力。要以防震减灾任务需求为第一导向，统筹科技发展布局，优化科技资源配置，构建科技创新体系，完善科技评价制度。建立和完善地震科技评价体系，探索建立科研项目管理问责制，完善地震科技评价和激励机制、追踪问效制度、科研项目库以及科研人员信誉档案。重点培养高层次的科技领军人才、高素质的业务骨干，实现人才队伍建设的协调发展。完善地震科学数据共享机制。

汶川地震科学总结与反思，已取得了阶段性重要成果。各单位、各部门务必要按照中国地震局党组的统一部署和要求，在已有工作的基础上进行深层次的思考，继续深化认识，充实内容，丰富完善总结反思成果。与此同时，要根据总结反思得出的正反两方面的启示，既要将好经验、好做法坚持并推广应用到防震减灾工作实践中，提高防震减灾实效，也要对照存在的问题和不足，明确方向任务，研究解决问题的办法，认真加以改进和完善，切实把总结反思成果的效益充分发挥出来、体现出来。

三、2009年防震减灾工作主要任务

汶川地震后，防震减灾工作面临的形势发生了深刻变化，我们要正确认识和准确把握新形势、新要求，这是做好当前和今后一段时期防震减灾工作的重要前提。

（一）努力做好全年震情监视跟踪工作

面对复杂严峻的震情形势，各单位、各部门务必保持清醒认识和高度警惕，扎扎实实地做好震情监视与跟踪工作。针对年度重点危险区和值得注意地区，要制定并落实有针对性的跟踪措施，加强观测资料分析研究，及时调查核实各类异常，努力捕捉震情信息。

研究制定地震预报发展规划，充分发挥长中短临不同尺度预测预报成果在减轻地震灾害中的各自作用。坚定不移地推进地震预测预报探索和研究，坚持监测预报科研实验相结合、长中短临预报相结合、专群相结合，改进震情会商机制，努力提高预测预报的科学性和准确性。要进一步加强中国大陆中强地震，特别是7级以上地震中长期危险性预测与研究，不断提高对强震孕育发生机理的认识。

要研究制定全国台网划分方案和台网发展规划，加快地震台网现代化建设。统筹台网资源，研究制定地震速报和烈度速报技术方案，逐步在重点地区开展地震烈度速报和预警系统试点。进一步完善和规范台网运行管理，确保台网稳定高效运行。研究制定台网数据常规产出和震后快速产出方案，加快开展震源机制、地震破裂过程等地震参数产出工作，不断丰富服务产品，努力提升社会服务能力与水平。进一步加强火山、水库等监测台网管理。完善信息网络技术系统，提高监测信息的管理和服务水平。

2009年和2010年这两年大事多、要事多，我国将迎来新中国成立60周年庆典、举办2010年上海世博会和广州亚运会。要充分借鉴奥运地震安全保障成功经验，拓宽工作思路，提高服务意识，加强实战演练，从地震速报、震情跟踪、应急应对和新闻宣传等方面切实做好地震安全保障。

（二）着力提升城乡综合防御地震灾害能力

加大推进抗震设防要求纳入基本建设管理程序和审批流程力度，特别要加强对学校、医院等公共建筑和人员密集场所抗震设防要求的行政监督检查，积极参与各行业抗震设计规范的制定、修订和审查，确保抗震设计规范与抗震设防要求协调统一。继续开展城市地震安全社区示范试点，总结经验并做好推广工作。制定《地震安全性评价工程师执业办法》《地震安全性评价资质行政许可实施细则》，进一步规范地震安全性评价资质管理和执业行为，加强对重大工程、生命线工程地震安全性评价管理。

加快推进新一代地震动参数区划图的编制，加强与相关行业沟通，制定各类建设工程抗震设防超越概率水准，建立健全建设工程抗震设防标准体系。加快减振隔震等抗震设防技术研发和推广应用，及时将成熟适用的抗震防灾新技术纳入工程建设标准。开展地震重

点监视防御区活断层探测和地震危险性评价工作，进一步查清活动断层特别是具有发生强震背景的活断层分布。加大对市县防震减灾工作的指导力度，探索市县防震减灾工作行业管理新机制，切实发挥市县地震部门在防震减灾社会管理、社会动员、社会宣传工作中的重要作用。

按照国家汶川地震恢复重建工作总体要求，四川、甘肃、陕西等重灾区各级地震部门要认真组织，精心施工，积极推进基础设施恢复重建任务的落实，要加强监督，专款专用，确保安全。各有关单位要积极协助和配合地方政府，将防震减灾工程和措施纳入本地区对口支援灾区规划中，加强技术指导和服务。

（三）全面做好应对重大地震灾害各项准备工作

各单位、各部门要立足于防大震、救大灾，切实提高地震突发事件应对能力。要牵头组织修订好《国家地震应急预案》，完善应对大震巨灾的内容，加强对各级各类预案编修工作的分类指导。开展有针对性的培训和演练。针对地震重点危险地区和重要时段，制定应急准备工作方案，有序有效处置地震突发事件。

会同有关部门抓紧实施国家救援队扩编方案，并以此为契机，加强能力锻炼和培训，确保通过联合国国际重型救援队认证测评。云南、宁夏、江苏等省级救援队要按照已有方案尽快完成队伍扩编。继续推进市县地震救援队伍特别是地震重点监视防御区的队伍建设，制定实施《社区志愿者地震应急与救援工作指南》，扎实推进地震志愿者队伍建设。探索建立省、市、县地震救援队伍协调调用工作机制，提高队伍快速反应能力和协同应对能力。充分发挥国家地震救援培训基地的优势和作用，为应急管理人员和救援队伍提供专业化培训，提高地震应急指挥和救援能力。加强各级地震现场应急工作队伍建设，优化人员配备，完善应急装备，进一步提高现场应急处置能力。积极推进应急避难场所规范化建设。

继续推进地震应急区域联动工作，提高协同作战能力。深化与军队、公安、武警、安监总局的合作，完善应急救援协作联动机制。建立健全各级抗震救灾指挥部办公室工作制度，建立完善部门间的信息共享机制。要逐步完善地震灾害损失会同评估机制，完善地震灾害快速评估系统，加快推进地震灾害信息平台建设。推进国家应急管理人员培训基地和甘肃国家陆上搜救基地建设。认真筹备并召开好国际搜救咨询团亚太地区2009年度会议，继续发挥中国在国际救援领域的作用。探索建立大震时我国接受国际救援的工作机制。

（四）全面推进《中华人民共和国防震减灾法》贯彻实施

《中华人民共和国防震减灾法》实施在即，各单位、各部门一定要按照统一部署，把学习宣传、贯彻落实好这部法律作为当前一项重要工作切实抓紧、抓好、抓实。

认真组织好法律的学习宣传。精心组织筹备好《中华人民共和国防震减灾法》实施座谈会和全国宣传贯彻《中华人民共和国防震减灾法》电视电话会议。为使大家全面深入学习这部法律，还安排了专题讲座。要组织地震系统广大干部职工认真学习、全面掌握法律的基本内容和精神实质。同时也要积极向地方各级政府、部门及社会公众宣传，在全社会掀起学习宣传这部法律的高潮，提高全民防震减灾法制观念。

积极推进履行法定职能。修订后的《中华人民共和国防震减灾法》对各级政府、地震部门和其他相关部门的管理职能进行了全面规定，其中政府的职能28项，其他部门的职能22项，地震部门的职能26项。各单位、各部门要深刻领会，明确任务，找准定位不缺位，切实履行好法律赋予的每一项社会管理和公共服务职责。要加强监督检查，把履行职能作为今后工作考核的重要内容之一。对于赋予政府的职能，要当好参谋；对于赋予其他相关部门的职能，要积极配合，形成合力，共同推进法律的全面贯彻实施。

加快修订完善配套法规规章。要抓紧清理现有法规规章，凡与法律要求不一致的要加快修订，尚未制定的要着手研究制定。2009年要重点推进《破坏性地震应急条例》等修订工作。各级地震部门也要以此为契机，抓紧推进地方性法规的制定和修订工作。要因地制宜，加强地震紧急救援、农居抗震设防等立法研究，条件成熟的力争纳入地方立法计划。要加强防震减灾技术标准体系建设，特别是围绕社会管理和公共服务需求，抓紧研究制定救援队建设、地震现场应急工作等一批急需、实用的地震标准。

（五）深入开展防震减灾宣传教育

组织编制好《防震减灾科普宣传教育专项规划》，围绕服务社会公众、提高全民素质，明确今后一段时期防震减灾宣传教育方向和内容。各单位也要结合实际，着手编制本地区防震减灾科普宣传教育规划。要集中力量实施科普宣传精品工程，组织编创一批形式多样、内容丰富、浅显易懂的科普宣传作品，培养造就一支高素质科普专家队伍，为科普宣传教育提供人才保障。

各单位要以首个"防灾减灾日"为契机，针对不同宣传教育对象，采取灵活多样的形式，开展全方位的防震减灾宣传活动，力求取得实实在在的效果。继续组织好唐山大地震纪念日、国际减灾日、科普日等重要纪念日的宣传活动，逐步实现防震减灾科普宣传活动常态化。在认真总结汶川抗震救灾和奥运地震安全保障成功经验的基础上，做好地震突发事件和重大活动、重要时段的地震安全新闻保障工作，主动引导舆论，维护社会稳定。

建立完善与教育、科协等部门和团体的合作机制，不断推广科普示范学校经验，大力普及中小学校防震减灾教育。充分发挥科普教育基地作用，让越来越多的公众走进基地，了解知识，掌握技能。积极推进将防震减灾宣传教育纳入各级党政培训机构教学计划，切实提高各级领导干部地震应急指挥决策能力。2009年要配合中组部做好首期地方干部地震应急救援培训班的有关工作。

（六）努力提升地震科技对防震减灾事业的贡献率

要加强特色研究所建设。地震部门的研究所，最突出的特色就是承担并完成好防震减灾科技创新任务，为提高防震减灾能力作贡献。因此，要紧密结合防震减灾事业发展需求，进一步明确各研究所的发展方向和目标，赋予研究所重大科技创新和防震减灾任务。各研究所要加强基础性、前瞻性、实用性研究，加速科研成果转化，把科技转化为能力，把能力转化为效益。

大力实施人才强业战略。要用好现有人才，特别是在重大项目中大胆使用和锻炼人才，放手让有发展潜力的青年人才担当重任，"逼"其早日成才。实施公派出国留学专项、局"百人计划"工程和"交流访问学者计划"等，重点培养青年科技人才和创新人才。加强防震减灾人才培养基地建设，发挥好局属各教育机构的人才培养和继续教育资源优势。制定并实施好地震行业引进高层次人才的办法，做好引进领军人才和急需人才工作。引才关键在于引心，通过人文关怀、感情沟通，激励人才防震减灾事业心和归属感，最大限度地发挥人才的创造活力和创造潜能。

健全项目管理和评价机制。2009年要以地震行业科研专项为试点，加强科研项目管理问责制，条件成熟时扩大到所有科研项目。建立健全基础研究、应用研究、技术研发等地震科技项目的分类评价方法。要加快汶川地震科学考察成果产出，力争在灾区恢复重建、地震科学研究和防震减灾工作中发挥重要作用。组织实施好汶川地震断裂带科学钻探工程，深化对地震成因及其动力学过程的认识。继续推进地震电磁探测试验卫星工程项目立项，拓展空间对地观测技术在地震监测中的应用。

（七）加快规划编制和重大项目组织实施

国家地震安全计划对提高我国防震减灾能力至关重要，各单位、各部门要把实施计划作为当前和今后一个时期重要工作来抓。要严格执行《国家地震安全计划管理办法》，扎实做好项目实施各项工作。要完成中国地震背景场探测项目可研报告编制和初步设计，机关有关司室、中国地震台网中心要按照职责分工做好可研报告编制的组织和沟通协调。要尽快完成国家地震社会服务工程项目建议书批复和可研报告编制工作，抓紧启动国家地震专业基础设施和国家地震预报实验场项目立项。

截至2008年底，"十一五"省级重大项目已有半数启动实施，各单位要加强领导，精心组织，确保项目顺利实施。尚未立项的，要积极争取本地区投资主管部门的支持，加快项目立项，并做好与国家地震安全计划的衔接。继续推进中国大陆构造环境监测网络项目实施。积极开展"中国喜马拉雅计划"申报的组织论证工作，争取在一两年内完成项目立项。与此同时，要及早完成"十五"数字地震项目竣工决算。按照财政部加强预算执行管理的要求，规范预算资金使用，提高预算执行质量。

全面启动"十二五"规划编制工作。要以科学发展观为指导，把战略研究成果及汶川地震科学总结与反思成果吸收到规划中来，做好防震减灾事业发展的总体安排和统筹协调。要通过规划编制，把"十二五"期间的发展目标和工作重点确定下来，使之成为开展防震减灾工作共同遵循的行动指南。按照规划编制大纲的要求，抓紧推进规划体系中各个规划的编制工作，力争2009年年底基本完成，2010年进行评估论证。

（八）巩固和扩大学习实践科学发展观活动成果，加强干部队伍和精神文明建设

学习实践科学发展观既是一项长期的重大政治任务，也是一项常抓不懈的工作，需要在实践中不断推进、不断深化、不断提高和不断创新。首先是要建立加强理论学习的长效机制。各单位在学习实践活动中探索和采取了很多有效的学习方式，要长期坚持下去，继续坚持理论联系实际的学风，学以致用，把学习成果转化为推动防震减灾工作的实际行动。其次是要建立创新体制机制的长效机制。要以与时俱进的精神、实事求是的态度和锐意改革的勇气，下大力气抓好长效机制建设，不断完善改革发展思路，创新体制机制，使防震减灾事业始终充满生机与活力。再次是要建立抓好整改落实的长效机制。整改落实工作既是推进科学发展的必然要求，也是对广大党员群众的庄严承诺。各单位要把整改落实工作纳入年度工作任务一起部署、一起落实、一起检查，主要负责同志要亲自抓。

大力加强领导班子和干部队伍建设。把领导班子思想政治建设放在突出的位置，强化理论武装，坚定理想信念，坚持和完善民主集中制，加强制度建设，进一步提高民主生活会质量。深化干部人事制度改革，积极探索符合中国地震局实际、体现科学发展观和正确政绩观的干部考核评价办法。坚持德才兼备、以德为先的标准和正确的用人导向，注重从基层一线选拔干部，选好配强领导班子，特别是一把手。

进一步关心职工生活，切实解决涉及群众切身利益的突出问题，真正为群众办实事、解难题。继续做好离退休干部工作，落实好老同志的政治待遇、生活待遇，真心、真情、真诚为老同志服务，充分发挥离退休人员的积极作用。继续做好安全、保密、信访、维护稳定等各项工作，努力提升后勤服务保障能力。

四、2009年党风廉政建设工作主要任务

2009年，党风廉政建设工作要全面贯彻十七届中央纪委三次全会和国务院第二次廉政工作会议精神，继续坚持标本兼治、综合治理、惩防并举、注重预防的方针，切实抓好《〈建立健全惩治和预防腐败体系2008—2012年工作规划〉实施办法》的落实，着力解决党员干部党性党风党纪方面存在的突出问题，以党风廉政建设和反腐败工作的新成效，促进防震减灾科学发展。

（一）加强检查指导，推动重大决策和重要部署的贯彻落实

纪检监察部门要认真履行党章和法律赋予的职责，围绕防震减灾中心工作，会同或配合有关部门加强调查研究，加强督促检查，保证中央和中国地震局重大决策部署、政策措施落实到位。加强对政治纪律执行情况的监督检查。各单位要深入开展政治纪律教育，在思想上、政治上始终同党中央保持高度一致，认真落实中国地震局党组的决策部署，杜绝有令不行、有禁不止的现象。

（二）加强党性修养，树立和弘扬良好作风

要把改进领导干部作风作为促进科学发展的重要切入点，着力提高领导干部的党性修养、道德水平、全局观念，着力培养领导干部的责任意识、民主意识、团结意识。要建立完善决策、执行、监督机制，增强班子团结，推进民主决策，推行工作目标责任考核制，形成奖勤罚懒机制。要积极探索，创造条件，通过试点，推行领导干部履职情况公示制度、完成任务评价制度、重要工作督导制度，对领导干部履职、服务、勤政情况进行评价和监督，促使领导干部增强敬业精神，提高服务水平和工作能力。

（三）加强组织协调，确保《中国地震局党组落实〈工作规划〉的实施办法》落实到位

《中国地震局党组落实〈工作规划〉的实施办法》，提出了未来几年的总体要求、工作目标，并对工作任务进行了责任分解。各单位、各部门要结合实际，认真规划，认真落实。

坚持"四个纳入"，即把反腐倡廉教育纳入党组（党委）理论学习中心组学习计划，纳入干部教育培训规划，纳入机关党校教学计划，纳入局管干部、新任领导干部、后备干部、新录用公务员和新招聘事业单位工作人员的培训。深化干部人事制度改革，形成干部选拔任用科学机制，完善干部考核评价体系。积极推进事业单位岗位设置管理工作和专业技术人员评价机制改革。深化防震减灾工作规范化和标准化管理的改革，建立规范化管理体系。

（四）加强监督制约，以他律促自律

要积极探索监督关口前移的方式和途径，促使领导干部忠于职守、廉洁奉公，确保权力正确行使。要认真贯彻《中国地震局党组关于加强局属单位党政主要负责人教育和监督

的意见》，总结近年来巡视工作、领导干部述职述廉、指导局属单位开好民主生活会、检查考核党风廉政建设责任制落实等情况，制定配套制度，规范工作程序，提高工作质量。

各单位、各部门要认真贯彻落实中办、国办近期印发的《党政机关厉行节约若干问题的通知》和《关于坚决制止公款出国（境）旅游的通知》精神，在公款出国、公务车配备使用、接待费支出、楼堂馆所建设、控制一般性支出、治理"小金库"等方面严格执行中央有关规定，厉行节约，坚决制止奢侈浪费。

各单位要在落实党风廉政建设责任制的实践中，形成党组（党委）统一领导、纪检组（纪委）协调配合、各有关部门齐抓共管的领导体制和工作机制。主要负责人要认真履行第一责任人的政治责任，领导班子其他成员要认真抓好职责范围内的反腐倡廉工作，将重点任务分解到班子成员和相关职能部门，做到"三明确一落实"，即工作目标任务明确、完成时限明确、牵头与配合部门明确，承担的责任层层分解，落实到人。要建立科学考核评价体系，考核结果与领导干部业绩评定、奖励惩处、选拔任用挂钩。

（中国地震局办公室）

基层一线选拔干部，选好配强领导班子，特别是一把手。

进一步关心职工生活，切实解决涉及群众切身利益的突出问题，真正为群众办实事、解难题。继续做好离退休干部工作，落实好老同志的政治待遇、生活待遇，真心、真情、真诚为老同志服务，充分发挥离退休人员的积极作用。继续做好安全、保密、信访、维护稳定等各项工作，努力提升后勤服务保障能力。

四、2009年党风廉政建设工作主要任务

2009年，党风廉政建设工作要全面贯彻十七届中央纪委三次全会和国务院第二次廉政工作会议精神，继续坚持标本兼治、综合治理、惩防并举、注重预防的方针，切实抓好《〈建立健全惩治和预防腐败体系2008—2012年工作规划〉实施办法》的落实，着力解决党员干部党性党风党纪方面存在的突出问题，以党风廉政建设和反腐败工作的新成效，促进防震减灾科学发展。

（一）加强检查指导，推动重大决策和重要部署的贯彻落实

纪检监察部门要认真履行党章和法律赋予的职责，围绕防震减灾中心工作，会同或配合有关部门加强调查研究，加强督促检查，保证中央和中国地震局重大决策部署、政策措施落实到位。加强对政治纪律执行情况的监督检查。各单位要深入开展政治纪律教育，在思想上、政治上始终同党中央保持高度一致，认真落实中国地震局党组的决策部署，杜绝有令不行、有禁不止的现象。

（二）加强党性修养，树立和弘扬良好作风

要把改进领导干部作风作为促进科学发展的重要切入点，着力提高领导干部的党性修养、道德水平、全局观念，着力培养领导干部的责任意识、民主意识、团结意识。要建立完善决策、执行、监督机制，增强班子团结，推进民主决策，推行工作目标责任考核制，形成奖勤罚懒机制。要积极探索，创造条件，通过试点，推行领导干部履职情况公示制度、完成任务评价制度、重要工作督导制度，对领导干部履职、服务、勤政情况进行评价和监督，促使领导干部增强敬业精神，提高服务水平和工作能力。

（三）加强组织协调，确保《中国地震局党组落实〈工作规划〉的实施办法》落实到位

《中国地震局党组落实〈工作规划〉的实施办法》，提出了未来几年的总体要求、工作目标，并对工作任务进行了责任分解。各单位、各部门要结合实际，认真规划，认真落实。

坚持"四个纳入"，即把反腐倡廉教育纳入党组（党委）理论学习中心组学习计划，纳入干部教育培训规划，纳入机关党校教学计划，纳入局管干部、新任领导干部、后备干部、新录用公务员和新招聘事业单位工作人员的培训。深化干部人事制度改革，形成干部选拔任用科学机制，完善干部考核评价体系。积极推进事业单位岗位设置管理工作和专业技术人员评价机制改革。深化防震减灾工作规范化和标准化管理的改革，建立规范化管理体系。

（四）加强监督制约，以他律促自律

要积极探索监督关口前移的方式和途径，促使领导干部忠于职守、廉洁奉公，确保权力正确行使。要认真贯彻《中国地震局党组关于加强局属单位党政主要负责人教育和监督

的意见》，总结近年来巡视工作、领导干部述职述廉、指导局属单位开好民主生活会、检查考核党风廉政建设责任制落实等情况，制定配套制度，规范工作程序，提高工作质量。

各单位、各部门要认真贯彻落实中办、国办近期印发的《党政机关厉行节约若干问题的通知》和《关于坚决制止公款出国（境）旅游的通知》精神，在公款出国、公务车配备使用、接待费支出、楼堂馆所建设、控制一般性支出、治理"小金库"等方面严格执行中央有关规定，厉行节约，坚决制止奢侈浪费。

各单位要在落实党风廉政建设责任制的实践中，形成党组（党委）统一领导、纪检组（纪委）协调配合、各有关部门齐抓共管的领导体制和工作机制。主要负责人要认真履行第一责任人的政治责任，领导班子其他成员要认真抓好职责范围内的反腐倡廉工作，将重点任务分解到班子成员和相关职能部门，做到"三明确一落实"，即工作目标任务明确、完成时限明确、牵头与配合部门明确，承担的责任层层分解，落实到人。要建立科学考核评价体系，考核结果与领导干部业绩评定、奖励惩处、选拔任用挂钩。

（中国地震局办公室）

中国地震局党组书记、局长陈建民在贯彻实施《中华人民共和国防震减灾法》座谈会上的讲话（摘要）

（2009年4月29日）

一、提高认识，深刻领会贯彻实施《中华人民共和国防震减灾法》的重要意义

防震减灾实践经验表明，依靠法制，才能保障防震减灾工作措施的落实，才能动员全社会积极参与防震减灾活动，才能不断提升防震减灾的整体能力。这次《中华人民共和国防震减灾法》修订，是根据我国经济社会发展和防震减灾事业发展新形势，在总结防震减灾工作经验，特别是总结汶川特大地震抗震救灾工作经验的基础上，对防震减灾法律制度进行的全面修改完善。《中华人民共和国防震减灾法》的修订，坚持以人为本、科学减灾的指导思想，坚持突出重点、全面防御的发展战略，坚持预防为主、防御与救助相结合的工作方针，坚持防震减灾服务经济社会发展、适应经济社会发展的根本要求，体现了党中央、全国人大、国务院对防震减灾工作的一系列指示精神，体现了各地、各部门以及专家、社会公众的意见，体现了近年来防震减灾工作的实践经验，凝聚所有参与法律修订和审议工作人员的共同智慧。推进《中华人民共和国防震减灾法》的全面贯彻实施，对促进我国防震减灾事业发展具有重要的意义。

第一，贯彻实施《中华人民共和国防震减灾法》，是推进依法行政的根本要求。管理防震减灾工作，必须坚持依法行政，必须遵循《中华人民共和国防震减灾法》的规定。国务院发布的《全面推进依法行政实施纲要》，对建立法治政府、推进依法行政提出了明确要求。做好《中华人民共和国防震减灾法》的贯彻实施工作，依法加强对防震减灾工作的管理，规范全社会的防震减灾活动，是推进依法行政的根本要求。

第二，贯彻实施《中华人民共和国防震减灾法》，是基于我国地震灾情的切实需要。重大地震灾害，危及人民生命财产安全，阻碍经济发展，影响社会稳定。我国地震多、频度高、震级大、灾害重。长期以来，我们经受了重大地震灾害的考验，在防御和应对地震灾害的实践中，不断积累了成功的经验。《中华人民共和国防震减灾法》就是将这些成功的经验予以制度化、规范化。同时，基于多震灾的国情，贯彻实施《中华人民共和国防震减灾法》，对于增强全社会的防震减灾意识具有重要的意义。

第三，贯彻实施《中华人民共和国防震减灾法》，是实现防震减灾目标的重要保障。2004年，国务院提出了我国防震减灾工作目标，即：到2020年，我国基本具备综合抗御6级左右、相当于各地区地震基本烈度的地震的能力，大中城市、经济发达地区的防震减灾

能力力争达到中等发达国家水平。要实现这个工作目标，必须动员全社会的力量共同参与防震减灾活动，逐步增强全社会防御地震灾害的整体能力。《中华人民共和国防震减灾法》对各级人民政府、政府相关部门以及社会组织和个人承担防震减灾的职责、义务进行了全面的规范，为动员全社会参与防震减灾活动提供了制度保障。

第四，贯彻实施《中华人民共和国防震减灾法》，是坚持以人为本、科学减灾的具体体现。开展防震减灾工作必须深入学习实践科学发展观，坚持以人为本、科学减灾。《中华人民共和国防震减灾法》确立的法律制度体现了科学发展观的根本要求，推进《中华人民共和国防震减灾法》的贯彻实施，按照法律规定推进防震减灾工作，是贯彻落实科学发展观的具体体现。

二、明确措施，推进《中华人民共和国防震减灾法》全面贯彻实施

防震减灾是一项系统的社会工程，只有全社会积极参与、共同努力，切实增强防震减灾整体能力，才能取得防震减灾的实效。贯彻实施《中华人民共和国防震减灾法》，是全社会的共同责任，地震部门将着重做好以下几个方面的工作。

第一，强化法制宣传教育。《中华人民共和国防震减灾法》对防震减灾各领域的工作进行了全面的规定。地震部门将采取有力措施，积极开展《中华人民共和国防震减灾法》的培训、学习活动，使全系统干部职工全面正确地掌握法律制度，为推进《中华人民共和国防震减灾法》全面贯彻实施打下坚实的基础。同时，我们将加强与相关部门的协调配合，组织好《中华人民共和国防震减灾法》的社会宣传和法律普及活动，利用各种舆论工具，广泛宣传这部法律。开展各项学习、宣传活动，切实将《中华人民共和国防震减灾法》宣传到社会的方方面面，努力提高全社会的防震减灾法制意识，为贯彻实施《中华人民共和国防震减灾法》营造良好的氛围。

第二，健全配套法规规章。这次《中华人民共和国防震减灾法》的修订，增加了一系列新的法律制度，并对一些法律制度进行了修改、补充、完善。我们将根据《中华人民共和国防震减灾法》的规定，结合本行业工作实际，健全配套的法规规章，建立相关的技术标准，全面规范防震减灾各环节的工作。同时，我们将及时做好已有法规规章和技术标准的修订工作，保障法律的严肃性。

第三，加大行政执法力度。地震部门将认真履行法律赋予的执法职责，加强执法队伍建设，健全行政执法制度，明确执法责任，抓住重点、突破难点，总结经验、以点带面，大力推进行政执法工作。依法及时纠正违法行为，做到依法执法、敢于执法、善于执法，保证有法必依、执法必严。特别要针对一些突出问题和薄弱环节，加大执法工作力度，切实将法律规定落到实处。

第四，推进法定职责履行。我们将对《中华人民共和国防震减灾法》赋予地震部门的管理职责进行全面的清理，逐一制定具体的工作方案，建立岗位责任制，将责任落实到部门、落实到人，有计划、有步骤地推进法定职责的全面履行。对《中华人民共和国防震减灾法》赋予有关人民政府的管理职能，我们将努力为政府当好参谋，切实将防震减灾工作纳入经济社会发展，统一部署、精心安排、积极推进。

第五，加强部门协调配合。防震减灾工作的开展，具有系统性、全局性、长期性。《中华人民共和国防震减灾法》对政府相关部门的管理职责进行了规定。在推进法律贯彻实施过程中，地震部门将积极加强与相关部门的工作沟通与联系，依法履职，协同配合，及时研究解决《中华人民共和国防震减灾法》实施中的问题，齐抓共管，形成合力，共同推进我国防震减灾能力的提升。

三、强化监督，保障法律制度的全面贯彻落实

在《中华人民共和国防震减灾法》的贯彻实施过程中，地震部门将自觉接受全国人大的监督，积极向全国人大汇报工作，听取工作意见。我们将积极配合全国人大常委会和全国人大有关专门委员会，开展《中华人民共和国防震减灾法》执法检查和执法调研活动。我们将加强层级监督，对下级部门贯彻实施《中华人民共和国防震减灾法》的工作，做到有部署、有督促、有检查。我们将与各相关部门通过开展联合检查的方式，及时、全面掌握各行业贯彻实施《中华人民共和国防震减灾法》的情况，共同推进法律的贯彻实施。同时，我们将按照《中华人民共和国防震减灾法》和国务院的有关要求，推进防震减灾政务信息公开，自觉接受社会的监督。

《中华人民共和国防震减灾法》的发布实施，是我国防震减灾事业发展进程中的一件大事。地震部门一定不辜负全国人大对防震减灾工作的期望，以此次座谈会的召开为契机，依法履职，扎实工作，全面推进《中华人民共和国防震减灾法》的贯彻实施，为促进防震减灾与经济社会的协调发展，为构建安全和谐的发展环境，为夺取全面建设小康社会新胜利，作出新的、更大的贡献！

（中国地震局办公室）

中国地震局党组成员、副局长刘玉辰在2009年全国震害防御工作会议上的讲话（摘要）

（2009年4月15日）

一、过去一年，防震减灾工作经受了大震巨灾的洗礼

2008年是中国发展史上不平凡的一年，也是防震减灾工作经受严峻考验的一年。地震战线的全体同志在党中央、国务院的坚强领导下，全方位投入汶川地震抗震救灾工作，全方位履行地震部门的管理职能，全方位服务经济社会发展大局，全方位经受大震巨灾的洗礼，突出表现在以下几个方面。

（一）齐心协力，积极应对汶川地震灾害

汶川地震发生后，中国地震局快速测定地震参数，及时上报党中央国务院。胡锦涛总书记第一时间作出重要指示，温家宝总理第一时间奔赴地震灾区，国务院第一时间成立抗震救灾总指挥部，各级政府及政府相关部门第一时间启动地震应急预案。

中国地震局强化震情监视跟踪，集中150余名骨干力量赶赴灾区，增设100余个监测点，开展地震现场监测，坚持24小时动态跟踪和滚动会商，分析处理了近5万次余震。紧急集结专业救援队伍，国家地震灾害紧急救援队和19支省级地震救援队共计4000余人，迅速赶赴地震灾区，以过硬的专业素质、无畏的拼搏精神，攻坚克难，科学施救，在整个抗震救灾的战役中发挥了先锋突击队的作用。广泛开展宣传引导工作，第一时间向社会公布震情灾情信息，通过召开新闻发布会，紧急印制发放宣传材料，依靠电视、广播、网络和报刊等媒体，正面回应公众疑惑，澄清事实，平息谣言。迅速开展地震灾害损失评估，组织1000名专家和技术骨干开展现场工作，分赴6个受灾省（自治区、直辖市），对244个受灾县（区、市）进行全面调查，累计行程80余万千米，调查范围达50万平方千米，完成了地震灾害损失评估任务。全面开展科学考察，组织400余名科考队成员，深入地震灾区进行科学考察，获得大量宝贵的第一手资料。地震灾害发生后，各级地震部门凝聚成一个整体，团结奋战，顽强拼搏，开展了大量卓有成效的工作，为夺取抗震救灾胜利作出了重要贡献，得到了党中央、国务院的高度肯定。

（二）群策群力，成功修订《中华人民共和国防震减灾法》

在全国人大和国务院的高度重视下，在相关部门的大力支持下，在全社会广泛关注和积极参与下，历经数十次修改完善，《中华人民共和国防震减灾法》于2008年底通过全国人大常委会审议，2009年5月1日正式施行。此次法律修订工作，是在总结《中华人民共和国防震减灾法》实施10年来的经验基础上，充分汲取汶川地震抗震救灾经验启示，对防震减灾法律制度进行的一次全面修改、完善。修订后的《中华人民共和国防震减灾法》，由

48 条增加到 93 条，结构更加合理、内容更加全面、制度更加完善。《中华人民共和国防震减灾法》的修订，坚持以人为本、科学减灾的指导思想，坚持突出重点、全面防御的发展战略，坚持防震减灾服务与适应经济社会发展的根本要求，坚持以预防为主、防御与救助相结合的工作方针。强化了政府职能、强化了部门职责、强化了社会参与、强化了条件保障、强化了科技支撑、强化了法律责任。

（三）强化措施，加强防震减灾社会管理

各省级地震部门积极推动当地政府出台有关防震减灾工作的政策措施，宁夏、黑龙江、江西、海南等省（自治区）发布了全面加强防震减灾工作的意见，云南省制定了全面加强防震减灾能力建设的十项重大措施，新疆对全面实施抗震防灾工程作出部署。按照国务院关于实施农村民居地震安全工程的要求，总结经验，拓展途径，打开由示范向全面推开的良好局面，2008 年又有 6 个省（自治区、直辖市）召开会议、11 个省（自治区、直辖市）专门下发文件对农居防震保安工作作出部署，甘肃、云南省决定在 5～10 年内完成数以百万计的抗震民居的建设。2008 年，对 1000 余项国家和省级重点建设工程地震安全性评价结果进行了审定。会同教育部联合召开科普示范学校现场经验交流会，推广经验。会同民政、建设、交通等部门建立了重特大地震灾害损失联合评估工作机制，与安全监管总局建立了地震灾害和安全生产事故信息通报、协调机制。各省级地震部门结合实际，积极与当地相关部门建立了地震快速应急通道、灾情信息快速发布等机制。

（四）夯实基础，完善防震减灾公共服务

"十五"数字地震项目正式通过验收，防震减灾基础设施和技术系统基本实现数字化、网络化，先进的监测手段在汶川地震中为政府提供决策服务。按照中国地震局的统一部署，北京、天津、河北、山东、辽宁、上海、广东等省（直辖市）地震部门，密切配合，通力合作，圆满完成了奥运地震安全保障任务。及时修订并发布《四川甘肃陕西部分地区地震动参数区划图》，为科学确定恢复重建抗震设防要求提供依据。会同有关部门研究制定了《地震灾区过渡安置房建设用地安全评价工作方案》，组织数十名专家赴灾区协调、指导和帮助地方政府做好选址工作。为社会提供防震减灾知识服务，会同有关部门通过各类媒体，以及举办讲座、知识竞赛等形式，开展了前所未有的高频次、大规模的宣传活动，公众防震减灾综合素质进一步提升。

二、展望未来，防震减灾综合能力全面提升任重道远

2008 年汶川 8.0 级特大地震灾害，造成了重大人员伤亡和财产损失，给灾区乃至全国的经济社会造成了重大影响，引起了国际社会的普遍关注。增强防震减灾综合能力是防震减灾工作的中心任务，是当务之急，是重中之重，也任重道远。我们必须清醒地认识到增强防震减灾能力的长期性、系统性、复杂性。推进防震减灾工作，着重要在健全机制、强化措施、提升能力方面下功夫。

（一）推进事业发展，必须健全机制

经过长期的探索，我国确定了以预防为主、防御与救助相结合的工作方针。按照这个方针推进防震减灾工作，必须健全政府的决策机制、平时的协调机制、震时的联动机制。

（二）推进事业发展，必须强化措施

国务院提出了防震减灾工作的奋斗目标，并对防震减灾工作进行了多次全面部署。中国地震局党组也提出了推进防震减灾事业发展的工作思路。实践证明，努力实现防震减灾工作的奋斗目标具有重要的现实意义，落实国务院提出的工作部署至关重要，中国地震局党组提出的工作思路切实可行。从近年来的实际情况来看，总体上是好的，进展很顺利，成效很显著。推进防震减灾事业发展，关键是强化措施、狠抓执行。

（三）推进事业发展，必须提升能力

在防震减灾工作中，正确处理政府、政府部门、社会公众的关系，至关重要。在防震减灾的过程中，政府的职能是领导，部门的职能是执行，社会的职能是参与。只有不断提升政府领导能力、提升部门执行能力、提升社会参与能力，才能真正增强防震减灾整体能力。

三、新的一年，震害防御和法制建设面临繁重的任务

（一）大力推进《中华人民共和国防震减灾法》的贯彻实施

全面推进《中华人民共和国防震减灾法》的贯彻实施，着重要做好以下几个方面的工作。一是完善配套法规规章。依据《中华人民共和国防震减灾法》新规定和新形势的要求，积极推进配套行政法规、地方法规、部门规章、政府规章的修订和制定工作。二是推进法制宣传教育。要坚持防震减灾方针政策宣传与法制宣传相结合、坚持法制宣传与科普宣传相结合、坚持社会公众宣传与重点对象宣传相结合、坚持集中宣传与经常性宣传相结合，创新法制宣传的形式，拓展法制宣传的渠道，讲究法制宣传的质量，切实将《中华人民共和国防震减灾法》宣传贯彻到社会的方方面面。三是加大行政执法力度。要抓住重点、突破难点，总结经验、以点带面，依据《中华人民共和国防震减灾法》的规定，大力推进行政执法工作，做到依法执法、敢于执法、善于执法。四是强化法制监督检查。要积极争取人大、政府开展《中华人民共和国防震减灾法》执法检查和行政检查活动，推进法律制度的落实。五是提高社会管理水平。要依法动员和规范全社会积极参与防震减灾活动，形成全社会共同抵御地震灾害的局面。要依据《中华人民共和国防震减灾法》的规定，建立科学的工作运行机制，提高应对地震灾害的能力；要规范行政行为、创新管理方式、提高行政效率。六是强化公共服务能力。要以保障全社会的地震安全为宗旨，在地震监测预报、地震灾害预防、地震应急救援、震后恢复重建各个领域，为社会提供全面的公共服务，推进政务信息公开，与社会形成互动，全面提升防震减灾能力。

（二）大力推进防震减灾法定职能的全面履行

《中华人民共和国防震减灾法》赋予各级人民政府管理防震减灾工作的职能，需要各级地震工作主管部门为政府当好参谋，要站在防震减灾服务于当地经济社会发展的高度，将防震减灾工作纳入经济社会发展的全局，促进协调发展；要注重加强部门协调，由地震工作主管部门负责的工作，要争取相关部门的支持，由相关部门共同负责的工作，要建立协调配合机制，形成工作的合力；要注重社会广泛参与，推进法定职能的履行不能脱离社会，要从社会需求出发，满足社会对防震减灾的现实需要。

（三）大力推进建设工程抗震设防监管

全面规范将抗震设防要求纳入基本建设管理程序和审批流程的管理行为；积极参与重大建设工程的审查，确保重大工程依法开展地震安全性评价，并按照经审定的地震安全性评价报告确定的抗震设防要求进行抗震设防；制定《地震安全性评价工程师执业办法》等规章制度，规范地震安全性评价执业行为；推进农村民居和城市社区地震安全工程实施；加强与相关部门的协调，积极参与各行业抗震设计规范的制定、修订和审查，保证行业抗震设计规范与抗震设防要求协调统一；加强与相关部门的沟通，制定各类建设工程抗震设防超越概率水准，建立统一的建设工程抗震设防标准体系；抓进度、抓质量、抓协调，积极推进新一代地震动参数区划图的编制工作。

（四）大力推进防震减灾社会防御工作

充分发挥市、县地震工作部门的窗口作用，动员社会力量积极参与防震减灾活动。组织召开市县防震减灾工作评比会和市县防震减灾工作区域研讨会，进一步发挥市县防震减灾工作指导委员会办公室的作用，从职能定位、机构建设、贯彻落实2020年防震减灾奋斗目标等方面，加大对市县防震减灾工作的指导力度，进一步提高市县防震减灾工作机构自身能力和服务社会的能力。强化科普宣传教育，不断提高公众防震减灾意识和应急避险能力。继续扩大和教育部门的合作，推进把防震减灾教育纳入中小学素质教育内容，推进科普示范学校建设。加强对科普专家团队的培养，组织创作防震减灾科普宣传作品。指导各地开展多种形式的科普宣传教育活动，尤其要组织好5月12日防灾减灾日相关活动。继续推进各地将防震减灾相关内容纳入各级党政培训机构教学计划，提高各级领导干部领导和参与防震减灾工作的能力。按照国务院的统一要求，继续做好汶川地震灾后恢复重建的相关工作。

（五）大力推进地震标准体系建设

进一步加强标准宣传力度，通过培训、橱窗宣传以及其他宣传媒介进一步提高地震系统的标准意识，促进标准成为管理和各项业务过程的重要支撑手段，推进地震标准化工作进入良性循环状态。紧密结合汶川地震的总结与反思，围绕防震减灾中心工作，深刻分析公共管理和社会服务的需求，优先制定防震减灾三大工作体系急需的技术标准和管理标准，不断完善地震标准体系。加强地震科技工作中相关技术标准的研究与应用，集中优势力量，扎实开展地震标准基础研究，促进科研成果的转化和推广。

（中国地震局办公室）

中国地震局党组成员、副局长赵和平 在2009年全国地震应急救援工作会议上的讲话（摘要）

（2009年6月1日）

一、真抓实干，地震应急救援工作取得显著成绩

2007年全国地震应急救援工作会议以来，各单位认真贯彻落实会议精神，按照"1234"的防震减灾工作思路，牢固树立震情第一观念和大应急意识，立足于防大震、救大灾，从应急准备、应急响应、应急处置、应急恢复等各个环节，加强地震应急救援能力建设，为防震减灾事业作出了贡献。

（一）成功应对汶川特大地震

汶川8.0级特大地震是新中国成立以来破坏性最强、波及范围最广、救灾难度最大的一次地震。在党中央、国务院和中央军委坚强领导下，全党全军全国各族人民众志成城、迎难而上，迅速展开气壮山河的抗震救灾工作，奋勇夺取抗震救灾斗争重大胜利，谱写了感天动地的英雄凯歌。灾情就是命令，时间就是生命。地震行业广大干部职工第一时间投身到抗震救灾工作中，认真负责、紧张有序、快速高效地履行职责，经受了重大考验，为抗震救灾工作作出了积极贡献。

全面开展考察。对龙门山断裂带中北段发震构造、灾区建（构）筑物和生命线工程破坏进行应急性科学考察，查明汶川特大地震地表破裂带的展布与运动学特征，对绵竹、汉旺镇、曲山镇和长虹集团、攀钢集团长钢公司等进行调查，详细评定汶川、北川、青川、都江堰、什邡、德阳、绵竹、绵阳、安县、江油等地的地震烈度。

（二）圆满完成奥运应急保障

举办2008年北京奥运会是中华民族百年梦想。根据中国地震局奥运地震安全保障领导小组的部署，各单位、部门积极落实奥运地震安全应急保障的各项工作，积极稳妥采取各项工作措施，圆满完成奥运应急保障任务。奥运地震应急保障工作方式和工作机制为今后重大活动的地震安全应急保障积累了丰富经验，极大促进了应急工作的规范化和制度化。

（三）深入开展汶川地震总结反思

汶川地震是对中国地震应急救援体系的一次全面检验，应该说我们经受住了考验，取得了较好成绩，但同时也暴露出很多不足。按照中国地震局党组统一部署，开展汶川地震应急救援总结与反思，深刻总结经验和教训，不断完善地震应急救援体系，大力推进地震应急救援能力建设，以期在未来大地震面前交出一份比汶川地震应急救援更优异的答卷。

（四）应急基础能力建设取得新进展

应急机构逐步加强。各级政府成立了抗震救灾指挥机构。中国地震局和31个省级地震

局设立了应急救援管理机构。应急制度逐步完善。近年来，地震应急工作制度建设不断完善。预案体系逐步完善。各级政府编制了专项地震应急预案，地震应急预案的管理也更加规范、更加科学。应急队伍逐步扩大。国家和26个省（自治区、直辖市）建立了地震灾害紧急救援队，市级和县级地震灾害紧急救援队也在各地逐步建立。技术平台初步建成。国家和省（自治区、直辖市）建设了地震应急指挥技术系统，60个城市建成了地震应急反应决策系统，建设了19套地震现场应急通讯系统，国家和26支省级地震灾害紧急救援队建设了紧急救援指挥调度系统。

（五）应急保障能力建设取得新突破

避难场所有力推进。各级地震部门积极推进省会城市和大中城市建设应急避难场所和疏散通道。应急储备初具规模。各单位通过"十五"项目的建设，中国地震局和31个省（自治区、直辖市）建成了国家和区域地震应急物资储备库。培训演练取得实效。各单位和部门开展了多种形式应急培训演练，从实战出发的应急救援队伍培训，以会代训的应急管理人员培训，提升专业技能的技术人员培训，提高自救互救能力的社区群众培训。科技支撑不断加强。借助国家科技支撑项目和地震行业专项对地震应急救援基础理论、技术和装备开展了研究和开发，不断提高地震的灾情获取、快速响应、应急指挥和科学救援能力。

（六）地震应急准备工作不断创新

推进地震重点危险区应急准备工作。地震应急准备是地震应急管理的基础和重要环节，这项工作开展的好坏直接影响到应急处置的成效和人民生命财产安全。加强区域地震应急协作联动工作。自地震应急区域协作联动工作开展以来，各区域协作联动工作机制、体制日渐成熟，工作机制运行也趋向平稳，机制建设逐步完善。开通12322防震减灾公益服务平台。2009年5月8日，中国地震局开通12322防震减灾公益平台，对于防震减灾更好地面向社会、服务公众具有重要的意义。总之，我国地震应急救援工作在党中央、国务院的正确领导下，在各方的共同努力下，取得了显著成绩。

二、把握形势，进一步增强做好地震应急救援工作的紧迫感和责任感

2008年，在党中央、国务院的坚强正确领导下，中国取得了汶川特大地震及其汶川地震后一系列强震应急救援和抗震救灾的伟大胜利，国家和地震系统的应急处置和紧急救援能力经受住了严峻考验。汶川地震后，中国地震应急救援工作的形势正在发生深刻变化，概括起来有以下五个方面。

一是党和政府对地震应急救援工作提出了新的更高要求。胡锦涛总书记在全国抗震救灾总结表彰大会、2008年两院院士大会和纪念汶川特大地震一周年活动的讲话中强调指出，提高防灾减灾能力，是保护人民生命财产安全、保卫改革开放和社会主义现代化建设成果的必然要求。要进一步加强应急管理能力建设，大力提高处置突发公共事件能力。

二是法律赋予了地震部门更多的应急救援管理职责。2009年5月1日施行的新修订的《中华人民共和国防震减灾法》，赋予各级政府28项职能、各级地震部门26项职能、各相关部门22项职能。这次修订后的《中华人民共和国防震减灾法》充分汲取了汶川特大地震成功的应急救援经验，更加突出地震应急救援工作体系建设的科学性、系统性、完备性、

社会性、有效性和内在协调性。

三是应急管理体制机制得到进一步巩固和发展。"党委领导、政府负责、属地管理、部门协同、军地联动、社会参与"的公共突发事件应急体制和机制，保障了汶川特大地震应急救援各项工作有力、有序、有效，充分体现了党的政治优势、组织优势和社会主义制度的优越性。汶川地震后，各级党委、政府、各部门和全社会更加重视公共突发事件应急管理工作，更加自觉地加速公共突发事件应急管理体系建设，更加重视部门协同、军地联动、区域协作机制建设。

四是复杂严峻的地震形势对应急救援工作提出了挑战。2008年我国共发生5级以上地震99次，其中有17次地震成灾，尤其是汶川特大地震，引发了巨大的直接灾害和次生灾害，再次凸现了地震灾害的突发性、毁灭性、连锁性。面对复杂严峻的震情形势，我们绝不能掉以轻心，麻痹大意。

五是中国地震局党组提出防震减灾创新发展的新思路、新方法和新举措。为了更好地适应新形势，满足新要求，实现防震减灾科学发展和又好又快地发展，中国地震局党组提出，一要牢固树立全面预防观。"预防为主、防御与救助相结合"的防震减灾工作方针，是经过多年防震减灾实践检验，特别是经过汶川特大地震检验被证明是正确的方针。二要树立大震巨灾应对意识。必须立足防大震、救大灾，增强社会各界对大震巨灾的危机意识，从源头上做好预防和应急准备，增强地震风险防范能力，最大限度地控制和消除各类风险和隐患因素，最大限度地减轻地震灾害损失。三要统筹协调全面发展。必须统筹地震部门自身能力和社会防御地震灾害能力建设；必须统筹监测预报、震灾预防、应急救援三大体系协调发展；必须统筹地震科技对防震减灾三大工作体系的支撑和引领作用。四要采取新举措创新发展。要创新地震监测预报体制机制，坚持不懈地推进地震预测预报探索和实践；强化抗震设防监管，提高地震安全保障能力；强化地震应急准备，提高地震应急处置能力；大力推进科技创新，着力提升支撑能力。

三、突出重点，大力推进地震应急救援工作

面对新的形势和新的任务，当前和今后一个时期，进一步加强地震应急救援工作，必须始终以科学发展观为指导，始终把人民生命安全放在首位，依靠科技，依靠法制，依靠全社会力量，切实强化地震应急救援基础，切实提高地震应急救援能力，努力做到"准备到位、响应快速、处置高效、救援迅速、保障有力"。

（一）认真贯彻落实防震减灾法

《中华人民共和国防震减灾法》对地震应急救援各环节的工作进行了全面规定，建立了应急指挥机构、应急预案、救援队伍、志愿者、灾害调查评估、避难场所等各项制度。各地、各部门要认真学习、全面落实《中华人民共和国防震减灾法》。只有深刻领会法规条文，才能依法行政、依法作为、依法推进地震应急救援工作体系建设。各地也要按照新的《中华人民共和国防震减灾法》，全面推进地方相关法规的修订工作，形成上下协调、科学完备的国家防震减灾法规体系，真正做到地震应急救援各项工作有法可依。

（二）建立健全地震应急救援管理体制

防震减灾是一项长期、复杂的社会系统工程，地震应急救援体系建设涉及全社会。各

地要充分汲取汶川地震成功经验，进一步健全地方各级政府防震减灾工作组织领导机构和抗震救灾指挥机构，切实加强各级抗震救灾指挥部办公室的常态化建设，特别是加速市县和基层地震应急救援管理机构或队伍建设，明确城市街道办事处、乡镇、企业、学校等基层单位应急管理责任人，做到各级地震应急管理工作的机构、职责、编制、人员、经费五落实。要建立健全常态和非常态下地震应急救援各项制度，明确工作机制和工作程序。要设立相应的技术管理部门，负责各级政府抗震救灾指挥部技术系统实时运行，采取切实有效措施，确保各级指挥部技术系统正常运转。

（三）建立健全地震应急救援工作机制

新修订的《中华人民共和国防震减灾法》非常重视应急救援和震灾评估等工作的协同联动机制建设，我们要抓住机遇，尽快完善地震应急准备机制、应急响应机制、应急协同联动机制、信息共享机制、震灾评估机制、应急服务机制，促进有限的应急救援专业资源和公共资源合理配置，全国资源和区域资源的优化配置，军地资源的科学配置，进一步提升应急救援工作效能。

（四）进一步加强地震应急预案体系建设

汶川特大地震全面检验了中国的地震应急预案体系建设成果，在实践中也积累了许多很好的经验，我们要认真总结这些经验，进而指导地震应急预案体系建设。2009年初中国地震局会同国务院有关部门对修订国家地震应急预案进行了部署，会同有关部门开展了预案修订工作，并将适时启动各级预案修订指南的编制。各地也要抓紧做好政府、部门和社会地震预案的修编工作，使修编后的地震应急预案更具针对性、实用性和可操作性，各项应急准备工作更科学、更完善。

（五）进一步加强地震应急救援综合能力

加强地震应急救援综合能力建设，就是要解决好影响和制约地震应急救援效能的瓶颈因素。当前和今后一个时期，各级地震部门要着眼抗震救灾指挥部办公室参谋助手等职能的发挥，进一步强化灾情获取能力、快速响应能力、辅助决策能力、应急保障能力、应急避险能力和应急服务能力等，高度重视地震破裂过程、烈度速报、震后快速评估结果等科技成果在地震应急救援行动中的应用，充分发挥现代科学技术在地震应急救援中的重要作用。

（六）进一步加强地震应急救援队伍建设

要立足大震情、着眼大应急，努力建设好"四级六类"地震应急救援队伍，即建设好国家级、省级、市县级和基层的地震灾害紧急救援队、地震现场工作队、各类志愿者队伍和地震应急救援管理队伍、专家队伍以及地震灾情速报队伍，以"四级六类"队伍为核心，不断增强地震应急救援工作的科学性、针对性和实效性，持续提升地震应急救援的灾情获取、快速响应、科学决策、紧急救援和现场处置能力。

（七）认真做好重点项目实施和规划编制

国家地震社会服务工程，把地震预警示范系统、国家地震灾情调查系统、国家地震应急联动协同支撑系统和国家地震灾害救援能力建设作为"十一五"期间优先实施项目。目前，国家地震社会服务工程项目已通过发改委论证，即将审批实施，四川救援培训基地项目也正在立项申请。各地也将本地区地震应急救援能力建设纳入当地的"十一五"重点项目,有的已经实施,并取得明显进展,有的正在按计划抓紧实施。中国地震局已着眼国家防震减灾事业发展需求,组织专家开展"十二五"防震减灾规划编制预研究工作,有些省(自治区、直辖市)地震局和直属单位也已开展"十二五"防震减灾规划预研究,并取得阶段性成果。

(八)积极参与国际合作和国际人道主义事务

几年来的实践证明,中国地震应急救援领域的国际合作与交流,以及卓有成效的国际救援行动,已成为国家外交的组成部分。我们要进一步加强地震应急救援方面的国际合作和交流,在国际人道主义事务中发挥更大的作用。2009年的任务很重,要筹备好国际搜救咨询团亚太地区2009年度会议,积极参加联合国灾害评估队(UNDAC)和亚太地区人道主义合作伙伴(APHP)的活动,组织实施好中日合作地震应急救援能力建设(JICA)项目,进一步加强与瑞士、荷兰、新加坡的合作交流,完成联合国组织的国际重型救援队测评。

(中国地震局办公室)

中国地震局党组成员、副局长修济刚在中国地震局直属机关2009年党的工作会议上的讲话（摘要）

（2009年3月5日）

一、关于2008年党建工作的回顾

2008年，地震部门的广大党员干部和全党、全国人民一起经历了历史罕见的汶川特大地震所带来的严峻挑战和考验。各级党组织带领广大党员干部，牢记宗旨、不辱使命、迎难而上，在抗震救灾、地震监测、灾害调查、科学考察、恢复重建等各项工作中作出了重要贡献。同时，各级党组织坚持高举旗帜、围绕中心、服务大局，抓党建、带队伍、促发展，保稳定，建设一流队伍、培育一流作风、创造一流业绩。特别是深入组织开展学习实践科学发展观活动，用马克思主义理论武装党员干部，在全面推进防震减灾事业又好又快发展中，充分发挥党组织的战斗堡垒作用和党员队伍的先锋模范作用，各项工作都取得了新的进展。

（一）在抗震救灾中充分发挥党组织的领导核心和战斗堡垒作用

面对突如其来的汶川特大地震，京区各级党组织和广大党员干部把抗震救灾作为最重要最紧迫的任务和最直接最现实的考验，快速反应、迅速行动。直属机关党委根据局党组的指示，及时发出紧急通知，对京区各级党组织和广大党员干部全力投入抗震救灾发起总动员。在中国地震局党组的领导下，各级党组织全力以赴、严密组织、科学指挥，为抗震救灾、地震监测、灾害调查、科学考察、恢复重建等各项工作的顺利完成提供了坚强的保证，在实践中检验和锻炼了队伍。广大党员以实际行动践行党章要求，充分发扬了连续作战、攻坚克难、勇于牺牲的大无畏精神，有21名青年业务骨干在一线递交入党申请书，19名同志火线入党。国家地震灾害紧急救援队被党中央授予"英雄集体"称号，国家地震灾害紧急救援队党支部被中组部、中央国家机关工委评为先进党支部，局机关震害应急救援司周敏、中国地震局地震应急搜救中心卢杰两位同志被中央国家机关工委评为优秀共产党员，卢杰同志还获得了中央国家机关工委授予的十大杰出青年光荣称号。

直属机关党委指导各级党组织开展了宣传动员、慰问表彰，震火募捐，收缴特殊党费、大型抗震救灾主题展览等一系列重要活动。京区直属单位1700多名共产党员共交纳特殊党费184.6万元，募集捐款70余万元，棉被1400多条。

组织开辟了"抗震救灾——我们在行动"专题网页，建立了与人民日报、紫光阁等主流媒体和中组部、中央国家机关工委等上级组织的信息专报通道，30多篇信息专报和先进事迹材料及时报送上级组织和主流媒体。其中"拼尽身上力，捐尽身上钱"和"哪里灾情最重，哪里就有我们的身影"等专报引起很大反响。中宣部对中国地震局在全国抗震救灾大型主题展览筹备工作中的突出表现给予特别表扬。

(二) 在深入学习实践科学发展观活动中,充分发挥党组织的组织保证作用

根据中央的统一部署,中国地震局于2008年10月初组织开展深入学习实践科学发展观活动。在局党组的精心组织领导下,各级党组织按照"提高思想认识,解决突出问题,创新体制机制,促进科学发展"的目标要求,紧紧围绕"党员干部受教育,科学发展上水平,人民群众得实惠"的指导思想,坚持解放思想,大胆改革创新,把开展汶川地震总结反思、提升防震减灾能力作为实践载体,紧密结合本单位工作任务和党员队伍实际,加强领导,精心组织,边学边改,着力找准并解决影响和制约科学发展的突出问题以及党员干部党性党风党纪方面群众反映强烈的突出问题,扎实推进学习实践活动的开展。通过思想动员、学习调研、开展解放思想大讨论,进一步加深了广大党员特别是党员领导干部对科学发展观的理解,更新了发展观念,开阔了发展思路。各级党组织按照局党组的要求,针对本单位科学发展的热点、难点问题,深入调研,撰写调研报告,形成了一批对各单位事业发展有指导意义的调研成果。通过召开领导班子民主生活会和党员组织生活会、形成领导班子分析检查报告、组织群众评议,进一步统一了思想,明确了影响和制约各单位科学发展的突出问题,为推进防震减灾事业科学发展,进一步加强党员队伍教育管理奠定了良好的基础。在整改落实阶段,各单位坚持把分析检查报告中提出的整改措施目标化、具体化、责任化,明确整改落实的目标、方式和时限要求,明确整改落实的具体措施,明确分管领导、分管部门的责任,切实找准突破口和切入点,有效解决问题,进一步完善体制机制。

(三) 在围绕中心、服务大局中,充分发挥党组织的服务和保障作用

一年来,我们坚持把党的执政能力建设和先进性建设贯穿到党建工作的各个方面,建立健全长效机制,不断增强基层党组织的凝聚力、创造力和战斗力。加强协调配合,改革创新,积极营造重视党建工作的内外部环境,努力提高党务干部的素质和能力,充分调动基层党组织和党员干部的积极性和主动性,大胆探索,与时俱进,使党的工作体现时代性、把握规律性、富于创造性。

一是紧密围绕党员队伍思想作风建设,积极探索和创新围绕中心、服务大局的党建工作新思路。积极倡导求真务实之风,深入调查研究,立足防震减灾事业发展实际,以改革创新的精神,紧密结合推动科学发展、促进社会和谐的新形势新任务,在实践中大胆探索,勇于创新,使党的建设更好地服务和保障防震减灾事业科学发展。

二是紧密围绕党风廉政建设,不断增强基层党组织民主意识和制度意识。各级党组织积极促进党建工作的制度化和规范化。把制度建设与思想建设、组织建设和作风建设有机地结合起来,深入落实党组(委)中心组学习制度、"三会一课"制度和民主集中制等各项制度。深入推进创建学习型党支部和学习型机关活动,不断提高党员和干部职工学习的自觉性、主动性,激发创新思维,不断促进业务能力、工作效率和质量的提高。

三是紧密围绕精神文明建设,不断创新党建活动新形式,丰富党建活动新内容。各单位党组织不断探索党的工作与防震减灾中心工作的结合点,积极尝试符合京区单位特点、党员干部喜闻乐见的党建工作形式,使广大党员和干部在丰富多彩的活动中学习提高,并以此带动整个地震队伍建设,推动地震系统思想政治和文化建设。

四是紧密围绕局党组的重大工作部署,不断发挥党组织、党员干部的战斗堡垒和模范带头作用。各级党组织坚持把党支部建设作为党的建设的基础工作、重点工作来抓,着力提高党支部服务中心工作的能力。充分发挥基层党组织推动发展、服务群众、凝聚力量、促进和谐的作用。

二、2009 年党建工作思路

2009 年党建工作的总体思路是:深入贯彻落实科学发展观,以学习宣传和全面贯彻落实党的十七大精神为重点,以加强党的执政能力和先进性建设为主线,以改革创新为动力,坚持党要管党,从严治党,认真贯彻为民、务实、清廉的要求,着力巩固深化学习实践科学发展观活动的成果,切实在党的思想、组织、作风、制度建设和反腐败建设上取得新成效,进一步开创基层党的建设新局面,在不断增强党的创造力、凝聚力和战斗力上下功夫,为服务工作大局、推动科学发展、促进社会和谐提供坚强的政治保证和组织保证。

(一)切实保障各项整改措施的落实,进一步巩固和扩大科学发展观学习实践活动成果

要坚持把学习实践科学发展观作为一项长期任务,与深入学习贯彻中央一系列新精神和重大决策部署结合起来,在落实整改方案上下功夫,在解决突出问题上下功夫,在完善体制机制上下功夫,确保学习实践活动取得实实在在的效果。活动期间,各级党组织带领广大党员干部,紧紧围绕贯彻落实科学发展观,针对查找出的影响和制约本单位科学发展的突出问题,群众反映强烈的突出问题以及党员干部党性党风党纪方面存在的突出问题,制定整改落实方案,做到落实项目明确、目标和时限明确、措施明确、责任明确。

我们要不断借鉴和总结学习实践活动的成功经验和做法,对京区党建工作中出现的新情况新问题,加强调查研究,有针对性地提出解决问题的办法。要继续找准党的建设与业务工作的结合点,坚持把服务科学发展作为新形势下党建工作的根本任务,按照中央国家机关工委的要求,围绕中心抓大事、围绕中心抓重点,切实起到保证、促进的作用。

(二)坚持围绕中心,服务大局,为防震减灾各项工作深入发展提供思想组织保障

2009 年是防震减灾事业面临重大发展机遇的一年。我们刚刚进行了汶川地震的总结与反思,对于防震减灾事业科学发展中存在的问题,如何解决,有哪些科学问题需要研究,进行了深入的思考,结合科学发展观学习提出了一些很好的建议和措施,这必将对地震科学的发展起到很好的作用。《中华人民共和国防震减灾法》将于 2009 年 5 月 1 日开始实施,这是中国防震减灾工作的根本大法,核心就是全面提高全社会的防震减灾能力。《中华人民共和国防震减灾法》颁布后,社会、政府对防震减灾的需求将会进一步增加,我们的任务会进一步加重,我们要认真谋划,扎实推进工作,切实履行法律赋予我们的职责。

(三)深入抓好保持共产党员先进性四个长效机制文件的贯彻落实,不断提高基层党组织的创造力、凝聚力和战斗力

加强基层党组织建设,是我们的重要基础工作。各级党组织要注意抓好四个长效机制文件和工委《关于加强和改进中央国家机关党的建设的意见》的贯彻落实,学习贯彻 2009 年即将召开的全国机关党的建设工作会议精神和新修订的《中国共产党党和国家机关基层组织工作条例》,按照"围绕中心,服务大局,拓宽领域,强化功能"的原则,抓好党建

工作责任制的落实，增强基层党组织的自主活动能力，按照有利于巩固党的执政地位、有利于发挥党的领导作用、有利于加强对党员教育管理的要求，切实提高基层党组织工作的针对性、实效性。

要坚持以党组理论学习中心组为龙头，带动政治理论学习的开展，努力探索增强理论学习效果的有效途径，坚持"三会一课"、民主评议党员等制度，党员领导干部要继续带头讲好党课，开好党员领导干部双重民主生活会。要带头深入实际，调查研究。要加强对党员队伍的教育、监督和管理，坚持"党要管党、从严治党"方针，提高党员的自律意识。

（四）积极开展"争先创优"活动，扎实推进机关作风和党风廉政建设

要以"创建文明机关，争做人民满意公务员"活动为龙头，带动京区各单位"争先创优"活动的开展。要教育广大党员干部坚持以人为本，执政为民，把维护好、实现好、发展好人民群众的根本利益作为一切工作的出发点和落脚点。要积极引导广大党员干部，特别是领导干部，深入学习、努力实践在中央党校春季开学典礼上强调的领导干部要加强党性修养提高综合素质，努力提高六个方面能力的要求，大兴求真务实之风，弘扬正气，发扬地震人艰苦奋斗、爱岗敬业，无私奉献精神，打造一支作风过硬、业务精湛的队伍。

要认真落实党风廉政建设责任制，建立和完善反腐败的领导体制和工作机制，加强对各项规章制度执行情况的监督检查，加强对重点单位部门、重大项目、重要资金和关键环节的监督检查，保证项目、资金和干部安全。要发挥各级党组织的监督作用，深入开展反腐倡廉宣传教育，加强廉政文化建设，抓好党员领导干部廉洁自律，规范从政行为，不断巩固思想道德防线，把党风廉政建设和反腐败斗争引向深入。

（五）加强精神文明建设，做好新形势下的思想政治工作和群众工作

各级党组织和工青妇等群众组织要统筹协调，精心组织，通过各种形式和途径，展示新中国成立 60 年来取得的辉煌成就，展示防震减灾事业艰辛、不平凡的历程，展示地震战线广大党员干部蓬勃向上、开拓进取的精神风貌，引导党员干部进一步坚定发展马克思主义、走社会主义道路、坚持改革开放的信心和决心。要认真组织好、积极推进地震系统的文化建设，要充分利用网络、杂志、专集等方式。要组织党员干部开展有利于身心的文体活动，精心组织好第二届京区职工运动会和第三届京区老同志运动会。要进一步维护职工权益，搞好直属机关工会的换届选举工作。要积极探索和实践帮扶机制。高度重视和充分发挥工青妇等群众组织的作用，把解决思想问题与解决实际问题相结合，把思想政治工作与业务工作相结合，做好理顺情绪、平衡心理、化解矛盾的工作，维护单位与社会的稳定。

（中国地震局办公室）

中国地震局党组成员、纪检组长张友民在2009年全国地震系统廉政文化建设成果展览开幕式上的讲话（摘要）

（2009年4月13日）

全国地震系统廉政文化建设系列活动启动两年来，按照中国地震局党组的统一部署，地震系统的广大干部职工踊跃参与，齐心协力，活动开展得有声有色。地震系统的廉政文化建设活动，内容比较丰富，形式比较多样。大家从参与中学习，从参与中受教育，从参加廉政文化活动中知道党中央、中央纪委提倡什么，反对什么，应该做什么，不能做什么；在参与活动的过程中，知荣辱、明是非，强党性、提素质。

地震系统的廉政文化建设活动，紧密结合各单位的业务工作、紧紧围绕防震减灾工作大局扎实推进，各项系列活动已圆满完成，并且已经取得了明显的阶段性成果，培养和营造了地震系统干部廉洁干事的工作环境和文化氛围，大大地提高了各级干部抓党风廉政建设的自觉性和廉洁从政的责任意识，为党风廉政建设和防震减灾工作作出了应有的贡献。

地震系统的廉政文化建设活动，是我们地震系统廉政文化建设工作的一次总结和检验，也是局属各单位活动成果的汇报和展示。同时，也为大家相互交流、相互学习、共同提高，提供了一次契机。

通过参观，总结经验，查找不足，取别人之长，补自己之短，在此基础上，认真贯彻中央纪委第三次全会和全国地震局长会暨党风廉政建设工作会议精神，切实做好2009年的反腐倡廉工作，推进防震减灾事业又快又好地发展。

（中国地震局办公室）

中国地震局党组成员、副局长阴朝民在2009年全国地震观测资料统评表彰暨地震观测技术交流工作会议上的讲话（摘要）

(2009年12月21日)

这次会议的主要任务是对全国地震监测系统2008年度地震观测资料质量进行全国统评，总结交流提高地震观测质量经验，研究讨论地震监测发展的新方向新技术，并对获得前三名的台站进行表彰。

一、充分认识地震观测资料在防震减灾工作中的地位和作用

多年来，台网产出的丰富的观测资料为服务地震学科发展、地震预测预报、地震应急救灾以及国防和外交等方面发挥了重要的基础作用，为政府科学决策和社会公众咨询提供了及时可靠的依据。在不断拓展地震观测资料专业服务和公共服务领域的同时，也要始终把观测质量和服务质量放在首位。为此，我们要在全面总结汶川地震监测工作经验的基础上，根据新形势下地震观测资料产出和服务工作的新要求和新任务，发展新一代应急地震监测产品和地震速报业务，致力于打造地震监测公共服务品牌和精品。在我国尽快建立基于测震台网和强震动台网的快速处理和产出发布的平台，实现提供保障公众安全的快速应急信息、减轻地震灾害损失的基础信息以及服务社会公众的咨询信息。

一是要继续做好地震新参数测定与推广应用工作。新参数是在挖掘测震台网潜力，进一步丰富产出产品而进行的有益探索，几年来先后在新疆、甘肃等10个省级地震局进行了试点，效果不错。中国地震局地震预测研究所要在第一批试点工作的基础上，继续在全国遴选10个左右的单位作为第二批试点开展新参数测定试点工作，进而要在全国范围内铺开推广应用。

二是要积极开展大震应急产品服务。服务大震应急是地震监测工作的一项重要任务。要依托中国地震台网中心国家台网技术系统、中国地震局地球物理研究所国家数据备份中心系统、中国地震局地震预测研究所数字地震实验室以及福建省地震局，建立起为大震应急服务的地震目录、震源机制、地震破裂、中强地震的烈度分布、精定位结果以及地震新参数等数据产品快速产出以及统一服务的工作机制。

三是要强化前兆各学科中心产出工作。各学科台网中心要进一步加强前兆观测的重力、地磁、形变、地电和地下流体等台网的原始产品、二次加工图像产品以及分析研究报告等产品的研究和产出服务工作，并利用各学科台网数据服务网站平台，为系统内外用户提供多学科、多层次的产品服务。各省级监测中心和台站要按照台网产出规定完成日常产出工作。各学科技术管理组要根据本学科特点制定完善适合自身的地震监测产品产出和服务管

理办法,将台网产出服务情况纳入台网综合评比,保障监测产出的质量和水平。

二、全面提高台网运行管理能力,确保地震观测资料质量和服务水平

在健全组织机构方面,要切实抓好国家学科中心实体化和各级地震监测业务管理机构建设,重点是各省级监测中心及其监测业务协调组织的建设。在完善技术系统方面,要依托国家"十一五"背景场工程,尽快完成观测技术系统升级改造任务,特别是前兆"九五"系统接入和并网工作要在 2010 年完成。

在健全制度标准方面,重点是依据新修订的《中华人民共和国防震减灾法》和《地震监测管理条例》做好台网设计审批、仪器入网管理以及人员上岗考核等相关配套管理办法制定工作,以及各类技术系统运行办法和细则的宣贯、执行、监督和检查工作,确保监测工作的各项制度有效实施。

在保障系统运行措施方面,首要任务是做好技能培训,提高队伍业务素质,继续实施好台站观测岗位考核培训和专项业务培训与技术交流;其次是要发挥好已经建成的国家专业设备备份备件中心和各区域维修中心台网运维保障功能,建立起省局用户、维修中心、仪器厂家以及学科技术管理组共同负责的专业仪器设备维修维护与质量检测体系;最后就是要继续发挥观测资料评比的激励促进作用,有效保障系统运行。

要在继续总结过去资料评比工作成功经验的基础上,加强综合管理,尽快完成评比工作从注重外在的记录质量向以评审资料的可靠性、实用性、服务性等为主的内在质量的转变。要进一步优化目前的评比设置,完善评比办法与评分标准,科学合理制定资料评比结果的奖惩制度。

三、高度关注观测技术系统发展,为提高地震观测水平提供保障

观测技术的发展和进步是支撑和引领地震监测工作实现科学发展的不竭动力。要密切关注和跟踪国际观测技术发展前沿动态,加大仪器研发力度,充分发挥我局科研院所研究力量,并联合大学、企业等社会研发力量,探索新的观测方法和手段,力争研发出针对地震发生背景、构造断裂变化、地震孕育、发展和发生等几个关键阶段的观测方法和仪器设备,为地震预报预测研究提供科学准确、真实可信的观测数据。同时要加快加强地震台网软件升级和更新。软件是台网运行的灵魂和核心,要针对台网实时监控、数据交换以及分析处理和服务等关键环节,研发出一系列功能齐全、方法先进的台网运行应用和服务软件,特别是结合预测预报需要的前兆观测台网的各类分析研究图形化产品软件系统,以及基于测震和强震台网的地震速报、烈度速报、地震预警和地震学分析研究等软件平台。

四、进一步加强学科专家团队建设,充分发挥专业管理优势

多年来的实践证明,采用学科协调组的管理形式,可以充分发挥专家集团的咨询、指导和服务作用,有利于促进了相邻学科方法的相互渗透以及台站整体水平的提高。经过实

践发展，各技术协调组形成了一整套卓有成效的技术牵头管理模式，在我国地震监测预报系统规范化建设和协调管理中起到了非常重要的作用。多年来，学科组始终坚持在中国地震局监测预报主管部门的领导下，追踪国内外科技前沿，编制监测预报发展规划，推动基础理论研究与应用，开展观测资料监控评比，编写各类教材、标准、规范，组织监测预报人员的培训，已成为中国地震局有力支撑的专家智囊和技术管理组织，为我局地震观测技术进步和台网规范管理作出了重要贡献。

随着中国地震局"十五"网络项目的建成和投入运行，台网运行和管理工作面临着新的形势和要求，我们要在继承和发扬现有学科技术管理经验成果的基础上，充分发挥专家集团优势，增强各学科管理的整体性、系统性和科学性，达到提高整体效益的目的。进一步强化学科技术协调和组织管理，加快推进学科管理组织机构实体化建设步伐，优化学科技术管理结构和层次，适时调整和加强新一届学科管理团队，合理配置人员队伍，加快各个层级的人才培养，尽快落实专门的地震观测技术管理组织机构和人员队伍，同时，要注重带动各省级地震部门的学科管理队伍建设和发展，努力形成上下协调统一、高效有序的地震观测技术管理格局，充分发挥学科管理和技术协调在推进地震监测工作发展的作用。

（中国地震局办公室）

地震与地震灾害

本部分包括四方面内容：一是全球 $M \geq 7.0$ 地震目录；二是中国大陆及沿海地区 $M \geq 4.0$ 地震目录；三是对中国及全球一年来（1月1日至12月31日）地震活动的综述、中国及世界地震灾害情况简介；四是将一年来我国各地地震活动及破坏性地震震害的宏观考察加以记载。

地震与地震灾害

本部分包括四方面内容：一是全球 $M \geq 7.0$ 地震目录；二是中国大陆及沿海地区 $M \geq 4.0$ 地震目录；三是对中国及全球一年来（1月1日至12月31日）地震活动的综述、中国及世界地震灾害情况简介；四是将一年来我国各地地震活动及破坏性地震震害的宏观考察加以记载。

2009年全球 $M \geq 7.0$ 地震目录

序号	发震时间（北京时间）月-日-时:分:秒	震中位置 纬度/°	震中位置 经度/°	深度/km	震级 M_S	震级 M_W	地点
1	01-04-03:43:51.5	-0.40	132.90	23	7.4	7.7	西伊里安地区
2	01-04-06:33:32.6	-1.43	133.80	33	7.2	7.4	西伊里安地区
3	01-16-01:49:40.6	47.08	154.65	36	7.3	7.4	千岛群岛地区
4	02-12-01:34:45.7	3.40	126.68	30	7.4	7.1	马鲁古海峡
5	02-19-05:53:42.2	-26.94	-175.70	18	7.3	7.0	克马德克群岛地区
6	03-06-18:50:26.1	80.30	-1.80	9	7.0	6.5	格陵兰海
7	03-20-02:17:40.6	-23.00	-174.70	34	7.7	7.6	汤加地区
8	04-07-12:23:29.2	46.22	151.93	30	7.0（m_B）	6.9	千岛群岛
9	04-16-22:57:04.2	-60.20	-26.80	20	7.0	6.7	南桑德韦奇群岛地区
10	05-28-16:24:45.3	16.70	-86.20	10	7.6	7.3	加勒比海
11	07-15-17:22:27.9	-45.74	166.41	4	7.7	7.8	新西兰南岛西海岸远海
12	08-04-01:59:55.3	29.00	-112.90	6	7.3	6.9	下加利福尼亚
13	08-09-18:55:54.0	33.12	138.02	299	7.1（m_B）	7.1	日本本州以南地区
14	08-11-03:55:38.6	14.22	92.78	25	7.7	7.5	安达曼群岛地区
15	08-16-15:38:19.2	-1.95	99.60	45	7.1	6.7	苏门答腊南部
16	09-02-15:55:00.0	-7.80	107.30	49	7.2	7.0	爪哇以南地区
17	09-30-01:48:10.7	-14.80	-171.57	16	8.1	8.1	萨摩亚群岛地区
18	09-30-18:16:05.4	-0.98	99.92	81	7.6	7.6	苏门答腊南部
19	10-01-09:52:27.2	-2.50	101.50	13	7.0	6.6	苏门答腊南部
20	10-08-06:03:12.9	-12.68	166.82	38	7.8	7.6	瓦努阿图（新赫布里底）
21	10-08-06:18:24.5	-12.60	166.30	35	7.9	7.8	瓦努阿图（新赫布里底）
22	10-08-07:13:47.9	-12.75	166.52	31	7.2	7.4	瓦努阿图（新赫布里底）

注：本资料根据全国统一编目（正式报）地震目录数据整理而成，矩震级 M_W 引自美国全球矩心矩张量项目（GCMT）数据中心，m_B 为中长周期体波震级。

经纬度中，正数值表示东经和北纬，负数值表示西经和南纬。

（中国地震台网中心）

2009年中国大陆及沿海地区 $M \geqslant 4.0$ 地震目录

序号	发震时间（北京时间）	震中位置		深度/	震级		地点
	月-日-时:分:秒	纬度/°N	经度/°E	km	M_S	M_W	
1	01-02-19:00:11.6	31.92	104.21	30	4.3		四川北川
2	01-06-05:52:57.1	33.20	100.87	8	4.0		青海久治
3	01-06-13:10:02.1	27.07	100.28	10	4.5（m_B）		云南玉龙
4	01-07-13:22:18.5	32.09	104.40	26	4.0		四川平武
5	01-07-18:27:04.0	27.70	93.20	10	4.0		西藏错那
6	01-10-21:13:22.3	35.19	85.67	255	4.6（M_L）		西藏尼玛
7	01-15-02:23:36.8	31.26	103.21	10	4.7	4.8	四川汶川
8	01-17-20:41:51.5	26.87	104.07	10	4.5		贵州威宁
9	01-18-16:19:19.4	28.80	102.10	15	4.0		四川冕宁
10	01-20-12:03:01.2	22.14	101.25	10	4.2		云南勐腊
11	01-21-11:27:54.6	35.69	82.69	21	4.2（m_B）		新疆于田
12	01-25-09:47:44.3	43.30	80.80	7	5.0	5.1	新疆察布查尔
13	01-27-09:02:53.3	35.09	81.89	5	4.7（M_L）		西藏日土
14	02-01-01:36:38.6	32.53	105.26	15	4.7（M_L）		四川青川
15	02-08-05:21:06.0	30.91	103.16	20	4.4		四川汶川
16	02-08-23:17:11.8	31.41	103.81	18	4.3		四川彭州
17	02-14-07:32:41.6	46.80	84.64	29	4.2		新疆额敏
18	02-15-21:52:59.4	36.50	83.80	15	4.1		新疆民丰
19	02-17-07:13:50.3	38.75	75.62	14	4.3		新疆阿克陶
20	02-17-12:42:51.4	39.90	75.60	13	4.0		新疆乌恰
21	02-18-11:06:06.9	30.70	87.16	10	4.9（M_L）		西藏尼玛
22	02-18-18:11:40.8	30.83	83.92	20	4.9	5.1	西藏仲巴
23	02-20-18:02:27.6	40.80	78.60	13	5.2	5.3	新疆阿合奇
24	02-20-18:02:58.4	40.77	78.58	6	4.7（M_L）	5.3	新疆柯坪
25	02-20-23:42:37.7	40.80	78.60	50	4.2		新疆阿合奇
26	02-25-22:11:06.2	30.90	82.70	20	4.3		西藏革吉
27	02-28-16:43:35.7	35.40	81.60	9	4.4	4.8	新疆于田
28	02-28-17:02:51.6	35.50	81.50	10	4.0		新疆策勒
29	03-01-08:09:36.4	26.90	104.20	11	4.2		贵州威宁
30	03-01-13:32:52.5	39.65	74.22	5	4.2		新疆乌恰
31	03-04-00:21:48.7	31.90	104.85	25	4.7		四川江油
32	03-09-10:41:29.2	32.31	104.91	15	4.0		四川平武

续表

序号	发震时间（北京时间）		震中位置		深度/	震级		地点
	月-日-时:分:秒		纬度/°N	经度/°E	km	M_S	M_W	
33	03-10-03:45:15.3		30.09	83.34	7	4.0		西藏仲巴
34	03-12-16:25:37.8		32.42	105.04	16	4.7		四川青川
35	03-16-14:01:20.6		28.03	87.61	6	4.0		西藏定结
36	03-18-08:29:22.4		30.40	83.10	6	4.2（m_B）		西藏仲巴
37	03-19-13:43:31.9		32.20	104.90	24	4.3		四川平武
38	03-20-14:48:56.5		43.38	124.84	7	4.2		吉林伊通
39	03-22-20:48:52.1		26.95	104.20	11	4.9		贵州咸宁
40	03-24-11:39:16.9		42.30	87.20	8	4.0		新疆和硕
41	03-28-19:11:20.5		38.90	112.93	8	4.3		山西原平
42	03-31-18:15:14.3		31.53	103.86	20	4.0		四川什邡
43	04-01-10:34:35.7		33.77	82.46	11	4.7	5.0	西藏改则
44	04-03-08:15:04.3		33.70	82.50	10	4.5		西藏改则
45	04-04-20:53:07.2		34.81	81.59	10	4.1		西藏日土
46	04-05-06:03:50.6		23.24	101.64	15	4.4		云南墨江
47	04-06-00:47:03.9		31.86	104.26	9	4.5		四川北川
48	04-14-04:37:09.8		25.99	99.79	10	4.6		云南洱源
49	04-14-10:29:20.5		25.96	99.73	13	4.3		云南洱源
50	04-18-11:56:30.6		42.80	130.50	564	5.4（m_B）		吉林珲春
51	04-19-10:43:04.3		34.85	85.05	14	4.3		西藏尼玛
52	04-19-12:08:18.1		41.27	78.27	30	5.4	5.4	新疆阿合奇
53	04-22-17:26:02.5		40.10	77.25	25	5.0	5.0	新疆阿图什
54	04-29-16:27:02.3		39.68	73.95	31	4.1		新疆乌恰
55	05-01-06:46:54.0		32.26	104.85	19	4.0		四川平武
56	05-07-22:52:25.9		32.49	105.18	21	4.0		四川青川
57	05-10-00:18:15.4		28.66	100.59	6	4.2		四川木里
58	05-10-22:47:41.6		46.81	125.28	7	4.2		黑龙江安达
59	05-12-10:27:35.4		42.32	84.78	11	4.1		新疆轮台
60	05-14-04:09:15.5		33.26	93.32	13	4.3		青海杂多
61	05-14-23:49:28.1		32.33	104.76	10	4.4		四川平武
62	05-20-02:36:08.5		35.20	91.18	9	4.1		青海治多
63	05-21-20:33:54.3		36.37	77.72	89	4.6	5.1	新疆皮山
64	05-29-01:23:17.0		34.35	93.17	15	4.2		青海治多
65	05-30-05:28:04.8		30.87	86.21	4	4.6（M_L）		西藏昂仁
66	06-01-13:27:42.7		30.21	87.84	5	4.7（M_L）		西藏谢通门
67	06-04-10:54:46.5		32.93	81.70	10	4.8	5.0	西藏日土

续表

序号	发震时间（北京时间）		震中位置		深度/km	震级		地点
	月-日-时:分:秒		纬度/°N	经度/°E		M_S	M_W	
68	06-04-14:44:47.5		32.85	81.60	10	4.3		西藏日土
69	06-05-19:13:16.7		39.68	82.58	15	4.1		新疆沙雅
70	06-06-02:58:13.5		39.71	82.57	16	4.0		新疆沙雅
71	06-06-17:44:35.4		31.00	86.32	10	4.6	4.9	西藏尼玛
72	06-07-10:50:12.5		38.98	92.18	10	4.6		新疆若羌
73	06-08-23:19:57.7		39.16	123.28	8	4.6（M_L）		黄海
74	06-09-09:52:00.5		33.90	89.22	7	4.0		西藏尼玛
75	06-12-01:59:22.5		42.09	82.91	19	4.1		新疆拜城
76	06-12-05:37:36.0		31.61	83.88	5	4.1		西藏改则
77	06-21-12:46:25.4		36.06	90.29	6	4.6	4.9	青海治多
78	06-30-02:03:51.5		31.46	103.96	24	5.5	5.3	四川什邡
79	06-30-13:40:24.8		31.48	103.98	10	4.2		四川什邡
80	06-30-15:22:20.8		31.46	103.98	24	5.0	4.9	四川什邡
81	07-03-03:00:09.0		34.30	84.70	10	4.2		西藏改则
82	07-06-03:31:18.3		35.49	81.74	29	4.0		新疆于田
83	07-09-19:19:14.2		25.60	101.03	6	6.3	5.7	云南姚安
84	07-09-21:14:23.7		25.54	101.04	13	4.2		云南姚安
85	07-10-17:02:01.3		25.60	101.05	10	5.4	5.2	云南姚安
86	07-10-20:57:30.7		25.57	101.00	13	4.7		云南姚安
87	07-13-00:01:18.3		25.54	101.04	10	4.9	4.9	云南姚安
88	07-13-07:31:30.2		43.66	130.36	584	4.7（m_B）		吉林汪清
89	07-16-12:44:30.0		38.86	101.43	6	4.5		内蒙古阿拉善右旗
90	07-17-22:35:40.3		31.38	103.90	25	4.4		四川彭州
91	07-19-12:44:29.0		40.69	122.67	6	4.3		辽宁海城
92	07-24-00:50:35.9		40.15	77.28	5	4.0		新疆阿图什
93	07-24-11:11:56.6		31.25	86.05	13	6.0	5.8	西藏尼玛
94	07-24-20:39:53.4		31.30	86.00	15	4.4		西藏尼玛
95	07-26-17:51:34.9		34.19	87.20	9	4.3		西藏尼玛
96	07-27-17:03:20.0		42.09	81.25	9	4.3		新疆拜城
97	07-28-11:17:58.2		39.79	74.47	50	4.2		新疆乌恰
98	08-01-05:54:39.1		31.78	104.08	26	4.2		四川茂县
99	08-03-23:06:38.2		31.26	103.66	23	4.0		四川都江堰
100	08-04-06:18:15.8		31.23	103.59	18	4.0		四川都江堰
101	08-08-21:26:18.4		29.40	105.49	11	4.4		重庆荣昌
102	08-09-10:37:53.6		35.60	81.59	12	4.4		新疆于田

续表

序号	发震时间（北京时间）月-日-时:分:秒	震中位置 纬度/°N	震中位置 经度/°E	深度/km	震级 M_S	震级 M_W	地点
103	08-09-12:02:05.2	35.54	81.70	10	4.8	5.1	新疆于田
104	08-09-12:21:38.6	35.74	81.47	10	4.2		新疆于田
105	08-10-20:42:52.9	43.56	130.59	584	5.3（m_B）		吉林汪清
106	08-11-13:48:45.0	25.54	101.07	6	4.1		云南姚安
107	08-12-05:41:22.8	25.56	101.07	7	4.0		云南姚安
108	08-13-15:41:49.6	34.13	88.94	9	4.3		西藏尼玛
109	08-19-20:31:05.8	37.45	94.42	6	4.4		青海格尔木
110	08-28-09:52:06.2	37.60	95.90	10	6.6	6.3	青海海西
111	08-28-10:14:57.1	37.70	95.84	6	5.5		青海海西
112	08-28-10:16:07.3	37.77	95.84	7	5.0		青海海西
113	08-28-10:42:29.6	37.66	95.78	6	4.2		青海海西
114	08-28-12:28:39.2	37.72	95.79	7	4.4		青海海西
115	08-28-18:13:59.0	37.67	95.79	7	4.4		青海海西
116	08-29-00:28:40.5	37.63	95.73	10	5.2	5.0	青海海西
117	08-30-02:43:51.0	37.67	95.80	7	4.7		青海海西
118	08-31-00:41:35.4	37.64	95.61	10	4.3		青海海西
119	08-31-01:15:49.7	37.85	95.65	10	5.3	5.4	青海海西
120	08-31-18:15:28.8	37.74	95.98	7	6.1	5.8	青海海西
121	08-31-22:04:33.1	37.61	95.93	6	4.1		青海大柴旦
122	09-01-05:51:35.9	37.65	96.05	8	5.1		青海海西
123	09-01-06:27:49.3	37.67	95.92	6	4.8	4.8	青海海西
124	09-01-08:16:03.8	37.70	95.97	7	4.5		青海海西
125	09-01-11:10:55.2	39.30	73.50	26	4.0		新疆阿克陶
126	09-01-18:06:51.3	37.68	95.73	9	4.2		青海海西
127	09-02-12:13:06.8	37.68	95.67	10	4.1		青海海西
128	09-02-18:16:10.4	41.72	81.53	10	4.5		新疆拜城
129	09-04-16:12:56.5	37.63	95.83	8	4.2		青海海西
130	09-05-15:28:31.8	34.25	81.78	25	4.2		西藏日土
131	09-05-16:59:19.3	37.67	95.80	9	4.2		青海海西
132	09-10-08:20:09.4	37.51	95.84	7	4.7	4.7	青海海西
133	09-10-17:43:01.4	27.68	103.90	10	4.2		云南大关
134	09-17-17:24:19.5	37.58	96.03	10	4.6		青海海西
135	09-18-07:14:51.2	41.65	97.05	6	4.6		甘肃肃北
136	09-18-08:43:25.4	37.67	95.66	8	4.7		青海海西
137	09-18-14:53:50.1	37.66	95.66	6	4.9		青海海西

续表

序号	发震时间（北京时间） 月-日-时:分:秒	震中位置 纬度/°N	震中位置 经度/°E	深度/km	震级 M_S	震级 M_W	地点
138	09-18-15:02:13.0	37.68	95.68	7	5.0		青海海西
139	09-19-16:54:13.8	32.90	105.56	8	5.2	4.9	陕西宁强
140	09-25-07:02:56.5	46.66	90.26	17	4.2		新疆青河
141	09-25-09:14:11.6	24.93	98.09	6	4.1		云南盈江
142	09-26-14:01:26.5	43.74	86.49	9	4.0		新疆呼图壁
143	09-26-23:23:19.2	47.64	88.94	13	4.3		新疆福海
144	09-28-10:43:21.2	35.75	95.79	6	4.6	4.8	青海都兰
145	09-29-14:01:10.6	30.84	83.26	13	4.9	5.0	西藏仲巴
146	09-30-04:14:49.1	41.95	83.71	4	4.8（M_L）		新疆库车
147	10-02-21:49:08.9	39.62	96.10	4	5.2	5.0	甘肃肃北
148	10-12-03:41:28.1	31.55	91.15	10	4.0		西藏安多
149	10-16-10:56:35.8	39.94	77.01	6	4.8	5.0	新疆伽师
150	10-17-03:29:12.0	35.24	92.19	9	4.9	4.9	青海治多
151	10-18-21:50:01.7	39.49	95.43	2	4.0		甘肃肃北
152	10-19-07:31:38.3	35.19	92.34	3	4.0		青海治多
153	10-20-00:42:42.8	32.05	104.54	11	4.6		四川北川
154	10-20-03:00:51.3	30.77	86.06	11	4.1		西藏昂仁
155	10-23-19:32:08.7	34.85	99.42	5	4.5		青海玛沁
156	10-25-19:40:47.4	34.90	80.40	10	4.8	5.0	西藏日土
157	10-29-21:28:00.5	32.58	105.19	10	4.6		四川青川
158	10-30-16:49:43.6	40.73	77.62	23	4.3		新疆阿合奇
159	11-01-12:51:22.0	24.79	101.04	13	4.2		云南楚雄
160	11-02-05:07:16.0	25.94	100.69	10	5.0	4.9	云南宾川
161	11-05-05:56:10.6	37.59	95.77	5	5.3	5.1	青海海西
162	11-05-07:31:32.5	34.48	109.14	6	4.2		陕西高陵
163	11-08-04:08:45.6	29.69	86.12	10	5.6	5.5	西藏昂仁
164	11-15-12:37:42.5	37.15	79.23	9	4.0		新疆墨玉
165	11-20-00:09:22.6	28.95	105.60	33	4.2		四川泸县
166	11-20-15:16:56.9	30.92	83.55	11	4.8	5.0	西藏仲巴
167	11-21-15:51:00.9	38.21	106.55	6	4.1		宁夏灵武
168	11-23-15:25:22.8	31.00	103.23	17	4.7		四川汶川
169	11-26-08:14:58.3	35.17	81.47	7	4.5	4.9	西藏日土
170	11-28-00:04:04.9	31.23	103.80	21	5.0	4.9	四川彭州
171	12-01-06:14:00.8	42.06	84.38	33	4.2		新疆轮台
172	12-04-00:57:07.4	42.24	106.79	4	4.3		内蒙古乌拉特后旗

续表

序号	发震时间（北京时间）		震中位置		深度/km	震级		地点
	月-日-时:分:秒		纬度/°N	经度/°E		M_S	M_W	
173	12-05-01:43:43.1		32.10	104.21	24	4.0		四川北川
174	12-06-12:33:17.3		35.93	77.44	72	4.6	5.2	新疆叶城
175	12-06-19:16:23.6		33.30	88.60	52	4.4		西藏尼玛
176	12-11-03:23:12.0		27.08	100.88	4	4.3		云南宁蒗
177	12-14-00:03:58.5		41.89	94.50	5	4.8		新疆哈密
178	12-14-20:14:42.9		39.52	74.73	8	4.0		新疆乌恰
179	12-18-13:19:28.6		32.58	92.55	11	4.1		西藏聂荣
180	12-19-18:25:57.4		38.49	101.54	6	4.5（M_L）		甘肃永昌
181	12-19-21:26:06.5		45.30	131.17	7	4.5（M_L）		黑龙江鸡东
182	12-21-05:31:12.3		44.49	123.01	8	4.5		吉林通榆
183	12-21-13:15:07.0		37.57	96.65	6	5.0	5.0	青海德令哈
184	12-25-20:45:26.1		37.85	76.74	4	4.0		新疆莎车
185	12-28-10:15:04.1		30.63	83.89	8	4.3		西藏仲巴
186	12-30-14:22:21.9		39.21	123.45	8	4.1		黄海

注：本资料根据全国统一编目（正式报）地震目录数据整理而成，矩震级 M_W 引自美国全球矩心矩张量项目（GCMT）数据中心，m_B 为中长周期体波震级，m_b 为短周期体波震级，M_L 为地方震级。

（中国地震台网中心）

2009 年地震活动综述

一、2009 年中国地震活动概况

据中国数字地震台网地震速报结果统计，2009 年，中国共发生 5.0 级以上地震 36 次，其中大陆地区 24 次、海域和台湾地区 12 次。其中 6.0 级以上地震 5 次，中国大陆地区 2 次，分别为 7 月 9 日云南姚安 6.0 级地震和 8 月 28 日青海海西 6.4 级地震；台湾地区花莲海域 3 次。2008 年 5 月 12 日汶川 8.0 级地震后半年内中国大陆出现中强地震高活跃，其后中国大陆进入调整起伏活动阶段。

2009 年中国地震活动有如下特点。

（1）2009 年，中国大陆共发生 5.0 级以上浅源地震 23 次，高于 1900 年以来年均 20 次的平均水平，仅发生 2 次 6.0 级以上地震，明显低于 1900 年以来年均 4 次的平均水平，最大地震为 8 月 28 日青海海西 6.4 级地震，与 2008 年相比，频度和能量释放均明显降低。

（2）2008 年 5 月 12 日汶川 8.0 级地震后至 6 月 4 日，中国大陆地区 5.0 级以上地震均为汶川余震；2008 年 6 月 5 日—7 月 14 日余震区以外地区活动显著，余震区活动较弱；2008 年 7 月 15 日—8 月 19 日余震区出现一组 6.0 级强余震起伏，其他地区活动相对较弱；2008 年 8 月 20 日—11 月 12 日，余震区以外地区强震频发，余震区活动较弱；2008 年 11 月 13 日—2009 年 1 月 15 日中国大陆仅余震区发生 3 次 5.0 级以上地震，活动较为突出；2009 年 1 月 16 日—5 月 31 日，余震区未发生 5.0 级以上地震，其以外地区发生 4 次 5.0 级以上地震，显示汶川余震区与中国大陆其他地区中强地震活动呈交替活动，2009 年 6 月后这种交替活动特征消失，余震区和中国大陆其他地区中强地震同步活动。在经过 2008 年 8—11 月较强活跃后，中国大陆 6.0 级以上地震平静 241 天，被 2009 年 7 月 9 日云南姚安 6.0 级地震打破，其后中国及邻近地区又进入相对活跃时段，相继发生 3 次 6.0 级以上地震（包括 9 月 21 日不丹 6.3 级地震），这样强－弱－较强的中强地震活动与 2001 年昆仑山口西 8.1 级地震和 2003 年俄中蒙 7.9 级地震后的中强地震活动相似，表明 2009 年处于汶川 8.0 级地震后的调整时段。

这种起伏活动特征也与历史上龙门山断裂带附近发生的三次 7.0 级以上地震（1933 年叠溪 7.5 级地震、1955 年康定 7.5 级地震和 1976 年松潘 7.2 级双震）后中国大陆的 5.0 级以上地震起伏过程基本相符，显示出龙门山断裂带附近 7.0 级以上地震后中国大陆地震调整过程的相似性。

（3）2001 年 11 月 14 日昆仑山口西 8.1 级地震后至 2005 年 4 月，中国及邻区 6.0 级以上地震以 2 个北东向带状分布为主，第一条是沿新疆边境地区，第二条是西藏仲巴至甘肃民乐。2005 年 4 月西藏仲巴 6.5 级地震后，中国大陆地区 760 天未发生 6.0 级以上地震，出现了 1900 年以来最长的 6.0 级地震平静。2007 年 5 月西藏日土、改则 6.1 级地震打破 6.0 级地震平静后，中国大陆及邻区 6.0 级以上地震形成了帕米尔至西藏东部北西向和云南宁洱至四川为主的分布特征，6.0 级以上地震分布格局改变。

（4）南北地震带是中国地震比较活跃的地区之一。2008年5月12日于南北地震带中段的龙门山断裂带上发生汶川8.0级地震，结束了1996年丽江7.0级地震后南北地震带超过12年的7.0级地震平静，其后发生8月30日四川攀枝花6.1级地震。2009年南北地震带还发生7月9日云南姚安6.0级地震和8月28日青海海西6.4级地震，表明南北地震带仍处于强震活跃时段。

（5）2009年青藏块体东部地区出现大范围的$M_L4.0$以上地震平静，该区2008年汶川地震后曾较为活跃，发生10月6日西藏当雄6.6级地震，2009年9月21日在平静区边缘、中国边界附近的不丹发生6.3级地震。

（6）2009年中国大陆东部地区未发生5.0级以上地震，活动水平较弱。1998年1月张北6.2级地震后华北地区6.0级以上地震平静时间已接近12年，且2006年7月文安5.1级地震后5.0级以上地震平静超过3年。2006年以来华北地区$M_L4.0$以上地震年频度为1980年以来的较低水平。2008年9月以来东南沿海地震带接连出现两次显著的3.0级地震平静，第一次从2008年9月8日至2009年3月22日，平静195天，为1970年以来最为突出的现象，3月23日福建平潭海域4.3级地震打破平静后，该区地震活动水平仍很低；第二次从2009年4月3日至8月4日，平静124天。

二、2009年全球地震活动概况

据中国数字地震台网地震速报结果统计，2009年，全球共发生7.0级以上地震20次，最大地震为9月30日萨摩亚群岛地区8.1级地震。2009年，全球地震活动仍维持前几年的活动格局，全球7.0级以上地震主要分布在环太平洋地震带西部和欧亚地震带东部，印度-澳大利亚板块活跃，日本地区继续活动，环太平洋地震带东北部继续平静，南美板块西边界平静。与2008年相比，全球地震频次略有增加，能量释放明显增加。

2009年全球7.0级以上地震活动有以下特点。

（1）2009年全球共发生7.0级以上地震20次，略高于1900年以来的平均水平（18次/年），与2008年（19次/年）相比，地震频次略有增加。2009年全球共发生7.5级以上地震8次，能量释放较2008年明显增加，达到1900年以来的平均水平。2001年以来全球8.0级强震处于高活跃时段，每年均有8.0级以上地震发生，至2008年12月共发生11次8.0级以上地震。2009年全球又发生1次8.0级以上地震，即萨摩亚群岛地区8.1级地震，表明全球8.0级地震继续活跃。

（2）2004年以来全球强震活动明显受印度尼西亚4次8.0级巨震活动影响，2009年处于2007年9月印度尼西亚8.5级和8.3级地震后的强起伏活动阶段。2004年12月26日印度尼西亚苏门答腊8.7级地震后，2005年1月—2006年3月全球强震活动水平逐渐衰减。2006年4月—2007年4月全球强震活动呈起伏活动状态，处于2004年、2005年印度尼西亚两次8.0级巨震后的调整时段。2007年4—8月全球出现了长达121天的7.0级以上地震平静，平静结束后全球强震频发，8—9月发生11次7.0级以上地震，包括9月12日、13日印度尼西亚苏门答腊南部海中的8.5级和8.3级地震。其后全球强震呈衰减状态，特别是2008年5月12日中国汶川8.0级地震后强震活动迅速衰减，2008年9—12月全球强震活动水平较低，在7.0~7.2级间起伏活动。2009年1月开始这种弱活动状态结束，全球地震活动进入强起伏活动阶段，至10月底发生6次7.7级以上地震，其中7.8级以上地震3次，8.0级以上地震1次。

（3）2009年印度—澳大利亚板块东北边界强震活跃，全球22次7.0级以上地震中有15次发生在该区，且处于2007年印度尼西亚8.5级地震后的强起伏活动阶段，这与2004年印度尼西亚8.7级地震后的2006年4月—2007年4月的活动非常相似，全球15次中的9次发生在该区。这样全球强震的时间和空间变化的相似可能预示印度尼西亚8.0级地震成组活动在未来几年内会持续。

（4）2008年5月8日日本本州东海岸近海7.1级地震结束了日本地区自2005年11月15日日本本州以东海中7.1级地震开始的近30个月的7.0级以上地震平静，至2008年12月共发生4次7.0级以上地震，2009年日本地区发生7.0级以上地震1次，显示该区仍处于活动阶段。1989年开始日本地区活跃与平静交替，1989—1996年处于活动状态，持续7年；1997—1999年平静，未发生7.0级以上地震；2000—2005年活跃，持续5年时间；2006—2007年平静，2008年5月后已经进入了新的活跃时段，未来几年日本地区还将处于强震活动阶段。

（5）自2005年6月15日美国加利福尼亚北部远海7.1级地震后，环太平洋地震带东北部未发生7.0级以上地震，为1900年以来最长的平静。2008年以来南美板块西边界未发生7.0级以上地震，平静2年，为1900年以来出现的第4次长时间平静。

（中国地震台网中心）

2009年中国地震灾害情况综述

一、2009年中国地震情况

2009年,中国境内共发生5级以上地震36次(大陆地区发生24次,海域和台湾地区发生12次),其中6.0~6.9级地震5次,5.0~5.9级地震31次,最大地震为2009年7月14日和12月19日同在台湾花莲海域发生的6.7级地震,大陆地区发生的最大地震为8月28日发生在青海省海西蒙古族藏族自治州的6.4级地震。

2009年中国M5.0及以上地震一览表

序号	月	日	北京时间 时:分:秒	纬度/°N	经度/°E	震级/M	震中位置
1	1	4	06:04:30.4	24.20	121.80	5.0	台湾花莲以东海域
2	1	15	02:23:36.2	31.30	103.30	5.1	四川汶川
3	1	25	09:47:44.1	43.30	80.90	5.0	新疆伊犁
4	2	20	18:02:29.5	40.70	78.70	5.2	新疆柯坪
5	4	18	11:56:32.2	42.70	130.70	5.3	吉林珲春与俄罗斯交界
6	4	19	12:08:18.4	41.30	78.30	5.5	新疆阿合奇
7	4	22	17:26:07.7	40.10	77.40	5.0	新疆阿图什
8	5	21	20:33:54.3	36.40	77.60	5.2	新疆叶城、皮山交界
9	6	28	17:34:54.0	24.20	121.80	5.1	台湾以东海中
10	6	30	02:03:50.5	31.40	104.10	5.6	四川绵竹
11	6	30	15:22:19.0	31.50	104.00	5.0	四川什邡、绵竹交界
12	7	9	19:19:13.3	25.60	101.10	6.0	云南姚安
13	7	10	17:02:00.9	25.60	101.00	5.2	云南姚安、祥云交界
14	7	14	02:05:01.4	24.10	122.20	6.7	台湾花莲海域
15	7	14	04:28:52.0	24.10	122.20	5.0	台湾花莲海域
16	7	16	18:48:10.5	24.10	122.30	5.2	台湾花莲海域
17	7	24	11:11:58.3	31.30	86.10	5.6	西藏尼玛
18	7	26	09:00:10.0	23.70	121.00	5.3	台湾南投
19	7	26	14:10:57.8	23.40	121.40	5.3	台湾花莲、台东交界
20	7	30	00:53:02.3	22.10	120.30	5.3	台湾屏东海域
21	8	28	09:52:06.0	37.60	95.80	6.4	青海海西
22	8	28	10:14:56.4	37.60	95.80	5.3	青海海西
23	8	29	00:28:40.8	37.70	95.80	5.0	青海海西
24	8	31	01:15:51.0	37.70	95.70	5.0	青海海西

续表

序号	月	日	北京时间 时:分:秒	纬度/°N	经度/°E	震级/M	震中位置
25	8	31	18:15:27.4	37.70	95.90	5.9	青海海西
26	9	19	16:54:14.3	32.80	105.60	5.1	陕西宁强、甘肃武都、四川青川交界
27	10	4	01:36:03.0	23.70	121.60	6.2	台湾花莲海域
28	11	2	05:07:16.4	26.00	100.70	5.0	云南宾川
29	11	5	05:56:09.2	37.60	95.80	5.1	青海海西
30	11	5	17:32:54.1	23.90	120.70	5.9	台湾南投
31	11	5	19:34:17.6	23.90	120.70	5.4	台湾南投
32	11	8	04:08:49.0	29.40	86.10	5.6	西藏昂仁、萨嘎交界
33	11	28	00:04:02.6	31.30	103.90	5.0	四川什邡、彭州交界
34	12	14	00:03:58.9	41.90	94.50	5.1	新疆哈密
35	12	19	21:02:13.9	23.80	121.70	6.7	台湾花莲海域
36	12	21	13:15:10.1	37.50	96.70	5.0	青海德令哈

二、2009年大陆地区地震灾害情况

2009年，大陆地区共发生5.0级以上地震24次，其中8次地震灾害事件，其中较大地震灾害事件2次，一般地震灾害事件6次。地震共造成3人死亡，404人受伤，直接经济损失接近27.38亿元。

8次地震灾害事件共造成大陆地区约134万人受灾，受灾面积约25248平方千米；造成房屋993300平方米毁坏，218203平方米严重破坏，6835403平方米中等破坏，2475538平方米轻微破坏。

2009年大陆地区地震灾害损失一览表

序号	时间		震中位置	震级 M	人员伤亡/人			房屋破坏/平方米				直接经济损失/万元
	日期	时:分			死亡	重伤	轻伤	毁坏	严重	中等	轻微	
1	1月25日	09:47	新疆维吾尔自治区伊犁哈萨克自治州察布查尔锡伯自治县	5.0	0	0	0	11020	54828	100594	98745	4612.03
2	2月20日	18:02	新疆维吾尔自治区阿克苏地区柯坪县	5.2	0	0	0	25891	76998	113059	221026	9068.36
3	4月19日	12:08	新疆维吾尔自治区克孜勒苏柯尔克孜自治州阿合奇县	5.5	0	0	0	5955	31023	87805	158166	4635.94

续表

序号	时间		震中位置	震级 M	人员伤亡/人			房屋破坏/平方米				直接经济损失/万元
	日期	时:分			死亡	重伤	轻伤	毁坏	严重	中等	轻微	
4	4月22日	17:26	新疆维吾尔自治区克孜勒苏柯尔克孜自治州阿图什市	5.0	0	0	0	5713	35085	29821	57507	2181.75
5	7月9日	19:19	云南省楚雄彝族自治州姚安县	6.0	1	31	341	834020	15560	5829419	1806768	215400.00
6	8月8日	21:26	重庆市荣昌县	4.0	2	0	1					2273.00
7	8月28日	09:52	青海省海西蒙古族藏族自治州	6.4	0	0	0	1200	4709	9815	40803	11080.97
8	11月2日	05:07	云南省大理白族自治州宾川县	5.0	0	2	29	109501	0	664890	92523	24530.00
	总计				3	33	371	993300	218203	6835403	2475538	273782.05

三、2009年大陆地区地震灾害主要特点

2009年地震灾害主要有以下特点。

（1）2009年全部地震灾害事件均发生在西部省份，5.0级以上地震也大多发生在西部省份。地震多发生在西部人口相对稠密的地区，经济条件相对落后，房屋抗震性能较差，导致了较严重的地震灾害，给本来经济条件落后的西部省份增加了很多救灾和恢复重建的经济负担。

（2）从各项历史数据对比来看，5.0级地震发生次数与历史平均数值持平。6.0级以上强震次数低于过去6年水平，直接经济损失与过去6年持平。2009年6.0级以上地震发生2次，过去6年年平均发生6.0级以上地震5.17次。2009年全年经济损失总数近27.38亿元。除汶川8.0级地震外，过去6年年均直接经济损失为30.41亿元。

四、2009年大陆地区主要地震及灾害特点

1. 新疆察布查尔5.0级地震

1月25日09时47分，新疆维吾尔自治区伊犁哈萨克自治州察布查尔锡伯自治县发生5.0级地震。地震没有造成人员伤亡，直接经济损失4612.03万元。此次地震的主要特点是：①根据烈度调查、余震分布和震源机制解综合分析，初步认为本次地震的发震构造为乌孙山山脊活动断裂带，全长300千米，呈近东西向展布，为向北逆冲为主的全新世活动断裂带；②此次地震发生于乌孙山中低山区内，虽然震级不大，但震源深度浅（7千米），

灾区内地形较为复杂,地表地震动放大效应显著,灾区范围相对较大;③灾区以牧业为主,绝大多数农牧民居住房屋以土木结构为主,该类房屋没有采取任何墙体与屋盖、墙体之间的加固措施和构造连接,一些房屋布局明显不合理,开间大、屋顶高。此外山前丘陵区许多房屋建造在孤立的山包和斜坡上,虽然经历地震的强度并不大,没有造成人员伤亡,但破坏程度较重;④新疆实施抗震安居工程已经5年,但各地进展很不平衡,伊犁州直属各县的推进相对滞后,特别是边远地区和山区仍有大量的不具备抗震性能的土木结构住房。通过在此次地震灾区的现场调查,察布查尔锡伯自治县南部山区抗震安居房仅占居民总户数的10%左右,这是灾害损失较为严重的重要原因。

2. 新疆柯坪5.2级地震

2月20日18时02分,新疆维吾尔自治区阿克苏地区柯坪县发生5.2级地震。地震没有造成人员伤亡,直接经济损失9068.36万元。此次地震的主要特点是:①根据烈度调查、余震分布和震源机制解综合分析,初步认为本次地震的发震构造为柯坪逆冲推覆构造带北部的黑尔塔格褶皱断裂带,是褶皱引发北西向的次级断裂活动造成的;②此次地震发生于黑尔塔格山区内,虽然震级不大,但震源深度浅(6千米),灾区房屋破坏程度相对较重;③灾区以牧业为主,绝大多数农牧民居住房屋以土木结构为主,土木结构房屋抗震性能差,并且灾区房屋普遍建造质量较差,农牧民的房屋多为危房,在这次地震中多为严重破坏,砖木结构破坏以老旧教室和牧民安置房为主,多为中等破坏,砖混砌体房屋质量较好,普遍基本完好;④自实施抗震安居工程5年以来,灾区抗震安居工程建设已初具规模。阿合奇县抗震安居工程建设完成率为66%,柯坪县约为50%,地震未对抗震安居房造成破坏,同时抗震安居工程的实施又增强了灾区群众的防震减灾意识,这也是未造成人员伤亡的重要原因之一。

3. 新疆阿合奇5.5级地震

4月19日12时08分,新疆维吾尔自治区克孜勒苏柯尔克孜自治州阿合奇县发生5.5级地震。地震没有造成人员伤亡,直接经济损失4635.94万元。此次地震的主要特点是:①本次地震的震中烈度为Ⅵ度,地震的烈度分布、震源机制解与迈丹断裂的活动性质基本一致;②灾区地震频发,虽然震级不大,但非抗震土木结构房屋容易破坏成为危房;砖混结构房屋抗震性能较好,普遍能抵御Ⅵ度地震影响;③农田水利设施普遍遭受了地震破坏,对灾区恢复生产存在不利影响;④经历柯坪5.2级地震后,为避免危旧房屋倒塌而产生次生灾害,灾区对达到中等破坏程度以上的非抗震土木结构房屋进行了限期搬迁拆除,避免了本次地震人员伤亡;⑤灾区抗震安居工程建设完成率约为66%,地震未对抗震安居房造成破坏,抗震安居工程发挥了明显的减灾效益。

4. 新疆阿图什5.0级地震

4月22日17时26分,新疆维吾尔自治区克孜勒苏柯尔克孜自治州阿图什市发生5.0级地震。地震没有造成人员伤亡,直接经济损失2181.75万元。此次地震的主要特点是:①本次地震的震中烈度为Ⅵ度,根据烈度调查,震源深度和震源机制解综合分析,初步认为本次地震的发震构造为柯坪推覆体中部的托克散阿塔能拜勒褶皱-断裂带;②灾区地处柯坪断块构造盆地,属洪积扇前缘潜水溢出带,地下水位较高,地基土层松软,以往多次震害表明,该区域地震动传播能量显著放大,易加重建筑物震害;③灾区地表土层含盐量大，对建筑物基础腐蚀严重。灾区土木结构房屋大部分在经过几年的使用后房屋基础及下部墙体腐蚀结构明显受损。当地土木结构房屋结构缺乏抗震措施，且房屋高度较高，大部分在3.3~3.7米，开间较大，屋盖较重，砌筑质量较差，在遭受到本次震级不大地震影响下，容易破坏。

5. 云南姚安6.0级地震

7月9日19时19分，云南省楚雄彝族自治州姚安县发生6.0级地震。地震造成1人死亡，372人受伤，直接经济损失21.54亿元。此次地震的主要特点如下。①本次地震震源浅，极震区房倒屋塌，达Ⅷ度破坏。震中紧邻姚安、大姚两县县城，两县县城房屋和基础设施遭受不同程度破坏，其中，姚安县县城遭受Ⅶ度破坏。②震区地处山区，地形起伏，山坡陡峭，交通条件差，给查灾、救灾带来极大困难。适逢雨季，震区大量出现滑坡、崩塌和泥石流。③震害叠加。近10年来，姚安、大姚地区中强地震十分活跃，先后发生了4组6级强震——2000年1月15日姚安5.9级、6.5级，2003年7月21日大姚6.2级、10月16日大姚6.1级地震，2008年8月30日、31日仁和—会理6.1级、5.6级地震。7月9日6.0级地震以后，又先后发生了一次5.2级和多次4级地震，如此罕见的高频度强震，造成当地震害屡屡叠加，不断加重灾情。④灾区大量烤房在地震中破坏，当时正值烤烟烘烤季节，成熟的烟叶得不到及时烘烤，造成较为严重的经济损失。⑤2000年姚安6.5级地震、2003年大姚6.2级、6.1级地震灾后恢复重建的房屋和已实施完成的地震安全农村民居工程经受住本次6.0级地震考验，基本完好，取得防震减灾实效。

6. 重庆荣昌4.0级地震

8月8日21时26分，重庆市荣昌县发生4.0级地震。地震造成2人死亡，1人受伤，直接经济损失2273万元。此次地震的主要特点如下。①2008年的汶川8.0级地震造成本次地震区Ⅵ度破坏，形成了一些危房和房屋裂缝，本次地震形成了地震破坏的叠加现象。②震前暴雨导致部分房屋变为危房，地震诱发使其倒塌或局部倒塌，造成人员伤亡。③本次地震受震源较浅，震前发生暴雨等因素的综合影响，形成震级小，烈度高，Ⅵ区范围偏大，破坏严重的异常现象。④荣昌县的昌元镇、昌州镇老城改造已经基本完成，新房屋大多数进行了抗震设计或者采用了政府部门推荐的抗震建筑图纸，因此，这两个镇的宏观破坏现象不太明显，损失较小。

7. 青海海西6.4级地震

8月28日09时52分，青海省海西蒙古族藏族自治州发生6.4级地震。地震没有造成人员伤亡，直接经济损失11080.97万元。此次地震的主要特点如下。①软弱地基场地，加剧了震害。大柴旦、锡铁山等地区大部分农牧民居住在湖边沼泽地，近年来降水量增大，地下水位上升，地基承载力下降，普遍存在基础变形和抗震能力急剧下降，地震时加剧了地基失稳，对地震动有局部放大作用。②震害叠加，土木房屋建筑破坏严重。青海省海西地区属于西部落后地区，由于经济条件的制约，灾区大量的土木结构房屋，建造时间早，基本不具有抗震性能。该类房屋建筑施工简单、整体性差，抗震性能差，6.4级地震发生后，又有多次中强地震不断袭击，产生疲劳效应，使得抗震性能极差的土木结构房屋破坏严重。③工矿企业损失严重。地震的高烈度区主要位于大柴旦行委的主要工矿企业，这些企业在修建设计时大多未按抗震设防标准设防，因而其破坏程度严重，导致大多数企业停工停产。④抗震安居房屋基本无损坏。2003年德令哈6.6级地震及2008年大柴旦6.3级地震后,海西州先后对德令哈市、大柴旦行委等地农牧民和城镇居民的房屋开始了重建。地震灾区中所抽查的乡村抗震安居房均基本完好,证明抗震安居工程对避免人员伤亡和减少经济损失、对灾民转移安置和社会稳定起到重要作用。

8. 云南宾川5.0级地震

11月2日05时07分,云南省大理白族自治州宾川县发生5.0级地震。地震没有造成人员伤亡,直接经济损失24530.00万元。此次地震的主要特点是:①与本地区同级别地震相比,本次地震灾区范围广;②震区地处山区,地形起伏、山坡陡峭、沟壑纵横,大量房屋建筑因边坡效应或受滑坡、滚石影响而震害加重;③震中附近中强地震十分频繁,2009年7月9日姚安6.0级地震中(两次地震微观震中相距60千米),震区大量房屋及基础设施已遭到破坏,本次地震加重灾情;④震后地质灾害隐患严重,应特别注意滑坡、崩塌滚石等地质灾害的排查。

(中国地震台网中心)

2009年全球重要地震事件的震害及影响

根据中国数字地震台网（CDSN）和美国地质调查局国家地震信息中心（USGS/NEIC）2009年1月1日—12月16日期间的观测资料，2009年世界地震活动度比往年频度高，强度低。世界不同地区情况差别大。全世界同期发生$M \geq 6.0$地震177次（2008年157次），其中$8.1 \geq M \geq 7.0$地震22次（2008年11次），无$M \geq 8.2$地震（2008年仅1次$M8.0$地震）。

2009年地震活动度的频度略高于往年的平均数，但强度按释放地震（波）总能量（2009年$25.9 \times 10^{16} \sim 28.9 \times 10^{16}$焦）低于20世纪百年期间的平均值（$29 \times 10^{16} \sim 42 \times 10^{16}$焦）。

全世界地震分布图像与百多年来世界地震台网观测各个年度总体形势大同小异。地震活动度在环太平洋地震带（包括印度尼西亚海沟-岛弧）大约为80%，三大洋脊和大陆裂谷带——大西洋脊、印度洋脊、太平洋脊和东非裂谷带依次分别大约为8%、3%、1%和小于1%。北大陆地震带——欧亚地震带和北美地震带依次分别大约为6%和2%。

值得提出的是东非裂谷带马拉维湖地区少有的"中强震群"活动。12月6日—12月10日东非裂谷带马拉维湖地区的中强震群活动是今年特有的一组震群。不仅就世界范围而言十分少有，也是这个地区数十年一遇的"中强震群"，在33千米×12千米范围内，$M5 \sim 5.9$先后7次，震源深度均为10千米。7次地震同一震源重复。1人死亡，轻度破坏。

根据国外新闻媒体实时报道，2009年全世界13次地震有灾情，与往年比较一般属于较轻灾害。死亡和失踪人数总计1502~1900人，受伤超过10万人。总计大约30万栋房屋、建筑倒塌或严重破坏。直接经济损失总计50亿~80亿美元。印度尼西亚苏门答腊省首府巴东市地区地震灾情最重，伤亡和破坏损失占当年世界地震灾情总数的80%以上。

2009年亚洲灾情最重的地区是印度尼西亚巴东市及其附近。印度尼西亚全国在2009年有5处先后6次灾情程度不同的地震发生，总计伤亡达10万人。其中巴东市及其附近9月30日7.7级地震死亡人数超过1500人，5万~10万人受伤，近20万座房屋建筑被破坏，其中9万座被严重破坏，全国经济损失20亿~50亿美元。

2009年欧洲较大地震灾害为在意大利中部拉奎拉附近发生的6.3级地震，207人死亡，1500人受伤，5万多人无家可归，直接损失以10亿美元计（20亿~30亿美元）。

南太平洋，美属萨摩亚群岛2009年9月29日发生7.9级地震，170人死亡，数百人受伤，破坏不轻。这一带是太平洋板块俯冲带，大地震高发区。震源较浅，地震多在近海水域，一般没有灾情；震级较大的中深源地震多在海岛陆地居民区，容易成灾。

中美洲，哥斯达黎加2009年1月8日发生6.1级地震，洪都拉斯5月28日发生7.1级地震，灾情均较严重。

洪都拉斯是中美洲很少发生地震的地区之一，偶尔有几次灾情很轻的记载，多在南部和西部边境与危地马拉、尼加拉瓜以及萨尔瓦多等国接壤地区。南部入海口水域（13.0°N，87.8°W，h100km）于1951年5月6日发生一次$M6.5$地震，死亡人数400。

哥斯达黎加中美洲地震区，较大地震（$M=5\sim6$）活动"准周期"约40年。近海和滨海地带多为浅源地震，内地浅源和中深源都有记录。自1799年至今，影响比较大的大约20次。一次重灾是1910年4月发生的6.4级地震，震中在圣何塞和卡塔戈两省边境地区（9.8°N，84.0°W），首都和省会及其附近受到中等程度破坏，死亡人数650人。

（中国地震台网中心）

各地区地震活动

首都圈地区

1. 地震活动性

据中国地震台网测定结果统计，2009年首都圈地区共发生1.0级以上地震167次，2.0级以上地震21次，3.0级以上地震1次，最大地震为11月22日天津宁河3.1级地震。

2. 主要活动特征

（1）2009年1.0级以上小震活动年频次相比2008年略有下降，但仍在近年来的均值水平附近。2.0级、3.0级和4.0级以上地震年频次持续2004年以来的低值状态。地震活动总强度仍持续2000年以来的低活动状态，尤其在2006年文安5.0级地震后持续下降并达到1980年以来的最低值。京津地区自1996年北京顺义4.0级地震后一直没有发生中等以上地震，仍处于明显的缺震背景中。

（2）首都圈地区1.0级以上地震活动空间分布特征为：中西部地区小震主要沿河北三河—北京延庆—内蒙古兴和在北西向上呈带状分布；东部地区仍以唐山震区的北东向分布为主，相比2008年的活动有所增强，首都圈的21次2.0级以上地震中有13次发生在此。

（中国地震台网中心）

北京市

1. 地震活动性

据中国遥测地震台网测定，2009年行政区共记录到$M_L \geq 1.0$地震64次。其中$M_L 1.0 \sim 1.9$地震57次，$M_L 2.0 \sim 2.9$地震6次，$M_L 3.0 \sim 3.9$地震1次。最大地震为2009年10月3日昌平$M_L 3.0$地震。

2. 主要活动特征

（1）地震频次与往年平均水平相比仍偏低。2009年，行政区发生$M_L \geq 1.0$地震64次，略低于1970年以来约66次的年平均水平；发生$M_L \geq 2.0$地震7次，低于1970年以来约11次的年平均水平；发生$M_L \geq 3.0$地震1次，低于1970年以来约2次的年平均水平。

（2）$M_L \geq 4.0$地震继续平静。1970年以来，北京行政区$M_L \geq 4.0$地震平均3~4年发生1次。自1996年12月16日顺义$M_L 4.5$震群以来，北京地区已13年未发生$M_L \geq 4.0$地震。

（3）2009年10月3日，昌平区发生$M_L 3.0$地震，是北京地区2009年度最显著的地震活动。北京行政区1998年以来平均每年发生1次$M_L \geq 3.0$地震（2004年、2005年和2008年除外，其中2008年最大地震为4月29日海淀$M_L 2.9$地震，震级稍小），该地震属于北京地区正常的地震活动。

（北京市地震局）

天津市

1. 地震活动性

2009年，天津市行政区范围内共记录到1.0级以上地震9次，其中1.0~1.9级地震6次，2.0～2.9级地震2次，3.0级以上地震1次，最大地震为2009年11月22日宁河3.1级地震。

2. 主要活动特征

2009年天津地区 $M \geq 1.0$ 地震数目和强度略高于2008年，主要分布在宁河和滨海新区北部，属于唐山老震区地震活动的范畴。2009年天津地区没有地震灾害发生。

（天津市地震局）

河北省

1. 地震活动性

据河北省测震台网测定，2009年河北省共发生地震950次，$M_L 1.0$ 以下地震284次，$M_L 1.0 \sim 1.9$ 地震554次，$M_L 2.0 \sim 2.9$ 地震107次，$M_L 3.0 \sim 3.9$ 地震5次，无4.0级以上地震。最大地震为2009年4月15日00时38分河北唐山（39.70°N，118.38°E）$M_L 3.4$ 地震。

2. 主要活动特征

（1）2009年4月15日河北唐山 $M_L 3.4$ 地震发生后3天内共发生余震16次，以4月15日07时25分 $M_L 3.1$ 地震为最大。

（2）与上年度相比，地震频度有所增强，但强度减弱。

（3）地震主要分布在张家口—渤海地震带与河北平原地震带南端，小震活动仍然集中在唐山老震区与邢台老震区。

（河北省地震局）

山西省

1. 地震活动性

2009年山西地区共发生 $M_L \geq 1.0$ 地震662次，其中1.0～1.9级地震553次，2.0～2.9级地震96次，3.0～3.9级地震12次，4.0～4.9级1次，最大地震是2009年3月28日原平 $M_L 4.7$ 地震。

2. 主要活动特征

2009年山西地区 $M_L \geq 3.0$ 地震空间分布特征是：大同盆地1次，忻定盆地4次，临汾盆地3次，东部山区3次，西部山区2次。

（1）小震活动保持低水平。从山西地区地震年频度统计结果分析，2009年度2.5级以上小震次数接近多年活动水平。$M_L \geq 3.0$ 地震2009年发生了13次，与2008年的14次近于持平，但低于近几年18次的平均值。

（2）$M_L \geq 3.0$ 地震空间分布较为集中，主要集中在忻定盆地和临汾盆地，太原盆地无 $M_L \geq 3.0$ 地震发生。

（3）地震活动水平为近5年来最高。2009年3月28日发生原平 $M_L 4.5$ 地震，改变了2004年5月27日原平 $M_L 4.1$ 地震以来山西地震低水平活动，打破了1970年以来4.0级平静间隔时间最长的格局。

（山西省地震局）

内蒙古自治区

1. 地震活动性

2009年，内蒙古自治区发生 $M_L \geq 1.0$ 地震597次，其中 $M_L 1.0 \sim 1.9$ 地震313次，$M_L 2.0 \sim 2.9$ 地震234次，$M_L 3.0 \sim 3.9$ 地震42次，$M_L 4.0 \sim 4.9$ 地震6次，$M_L 5.0 \sim 5.9$ 地震2次，无 $M_L \geq 6.0$ 地震。最大地震是2009年12月21日科尔沁左翼中旗与吉林省通榆县交界处发生的 $M_L 5.1$ 地震。

2. 主要活动特征

（1）$M_L \geq 3.0$ 地震频度仍维持较高水平。2009年发生 $M_L \geq 3.0$ 地震50次，与

2007年38次、2008年45次相比，地震活动频度有较大上升。

（2）地震活动东西部地区强、中部地区弱。2009年发生的2次$M_L≥5.0$地震分布在内蒙古自治区西部地区和东部地区，地震强度水平相当。内蒙古自治区中部地区地震强度水平相对低。

（3）地震丛集活动区。2009年地震活动出现3个丛集活动区：阿拉善右旗与甘肃山丹交界地区、乌海市-蒙宁交界地区、扎兰屯地区。

（内蒙古自治区地震局）

辽宁省

1. 地震活动性

2009年，辽宁及邻区（38°N～43.5°N，119°E～126°E）共发生$M_L≥2.0$地震188次，其中$M_L≥3.0$地震31次，$M_L≥4.0$地震7次。2009年度辽宁境内最大地震为2009年1月1日海城$M_L4.2$地震，震中位于（40.63°N，122.90°E）。邻区最大地震为2009年3月20日吉林四平$M_L4.8$地震，震中位于（43.42°N，125.05°E）。

2. 主要活动特征

（1）3.0～4.0级地震持续活跃。2004—2007年辽宁地区3.0级地震年频次较低，分别为8次、15次、13次和18次。从2007年底开始3.0级地震日趋活跃，2008年辽宁地区发生3.0级以上地震25次，2009年持续活跃，达到31次，均超过2000年以来的均值水平（22次/年）。其中，2009年4.0级地震活跃程度达到1970年以来的极值。自2008年11月3日海城4.0级震群开始，辽宁及邻区陆续发生11次4.0级以上地震，分别为：2008年11月3日海城4.1级、2008年11月9日海城4.0级、2008年11月14日海城4.8级、2008年12月11日新民4.1级、2009年1月1日海城4.2级、2009年1月23日内蒙古敖汉旗4.2级、2009年3月20日吉林四平4.8级、2009年6月8日北黄海4.7级、2009年7月19日海城4.0级、2009年11月8日锦州凌海4.1级和2009年12月30日北黄海4.5级地震。2000年以来辽宁地区4.0级地震频次年均约3次，可见2009年辽宁及邻区4.0级地震之活跃。

（2）北东向$M_L≥3.0$条带结束。2008年1—11月辽宁及邻区发生的13次$M_L≥3.0$地震呈东北向条带分布，在条带内发生了2008年11月3日海城4.0级震群，共发生$M_L≥4.0$地震4次，最大地震为2008年11月14日$M_L4.8$地震。在海城震群持续发展期间，2008年12月4日庄河发生了$M_L3.2$地震，由此打破2008年1—11月辽宁地区原有的3.0级地震沿北东向分布的带状格局。

（3）震群活动较频繁。2008年11月3日—2009年12月30日，辽宁地区共发生4次震群活动，其中最显著的是2008年11月3日—2009年1月1日发生在辽宁海城地区的4.0级震群，记录小震501次，最大地震为11月14日$M_L4.8$地震。其余三次分别为2008年12月26日—2009年1月11日北黄海、2009年1月23日—3月11日辽阳葠窝水库和2009年4月1日—4月5日普兰店小震群活动。

（辽宁省地震局）

吉林省

1. 地震活动性

据吉林省地震台网测定，2009年吉林省共发生1.0级以上地震40次，其中2.0

级以下地震33次，2.0~2.9级地震1次，3.0~3.9级地震1次，4.0~4.9级地震5次（其中包括两次深源地震），最大地震为12月21日发生在吉林省通榆县 M4.7 地震和8月5日发生在吉林省抚松县4.6级地震。全年释放能量为 1.72×10^{19} 焦，高于2008年。长白山天池火山共发生63次地震，其中可确定震级的地震20次，最大地震为1.0级地震。

2. 主要活动特征

（1）地震活动频度有所下降，但强度上升。2009年地震活动频度低于2008年度，与历年地震活动水平相当，虽然地震频度略低于2008年度，但由于发生3次4.0级以上地震，能量释放远远高于2008年。吉林省历史上曾发生过多次中强地震，最大地震为1119年松原前郭6¾级地震，该地震是目前东北地震区最大的一次地震。自20世纪70年代吉林省地震台网建立以来，共记录省内地震799次，最大地震为2006年3月31日前郭5.0级地震，这些地震基本上沿断裂构造带分布。1999年以来省内 $M_L > 2.0$ 地震年均频度为23次，2005年16次，2006年26次，2007年18次，2008年35次，2009年22次，与1999年以来的地震年均频度相当。

（2）地震活动空间分布图像与2008年有所不同。2008年呈条带状分布，西部地震活动减弱，地震向东转移。2008年2.0级以上地震主要分布于伊通—舒兰断裂带以东区域，尤其是集中在伊通—舒兰断裂带与敦化—密山断裂带及其次级的北西向断裂围限的小块区内。而2009年发生的地震主要分布于三个区域内：西部分布于前郭县—乾安县交界的查干花镇及邻近区域内，中部主要分布于伊通—舒兰断裂带及附近区域，东南部沿浑江断裂带及附近区域分布。

（3）地震活动的时间分布呈现较有规律的分段成丛活动特征。2009年吉林省内地震活动集中发生于1—2月、3月下旬至6月初、7月至10月上旬，时间分布呈现较有规律的分段成丛活动特征。

（4）长白山火山地震活动水平继续降低。截至2009年10月，长白山火山小震频度为63次，其中可确定震级的地震20次，为近4年来的最低值。2009年记录到的火山地震最大震级仅为1.0级，地震强度也降低。

地震活动趋势：2006年3月31日，在吉林省松原市的乾安县—前郭一带发生5.0级地震，是吉林省近40年来发生的最大地震。这次地震后，东北地区中等以上地震仍然活跃，2009年吉林省内地震活动尤其是有感地震是吉林省建立地震观测台网以来最为活跃的，有感地震的分布遍及省内中部、西部及东部区域，而且2009年小震活动与有感地震活动特征有所类似，沿主要断裂构造及其交汇部位分布，据2009年吉林省地震学指标分析，吉林省地震活动仍有异常显示，因此，吉林省及邻区仍存在发生破坏性地震的构造背景。

（吉林省地震局）

黑龙江省

1. 地震活动性

2009年，黑龙江省记录可定位地震109次，地震活动主要分布在黑龙江省东部地区，其中2.0~2.9级地震9次，3.0~3.9级地震2次，4.0级以上地震2次，最大地震为5月10日安达4.2级地震。2009年黑龙江省2.0级以上地震活动主要集中在5月，记录到4次，最大震级为4.2级。

2. 主要活动特征

2009年，黑龙江省境内发生4.0级以

上地震 2 次，分别为 5 月 10 日安达 4.2 级地震和 12 月 19 日鸡东 4.0 级地震。5 月 10 日安达 4.2 级地震震中位于黑龙江省安达市（46.82°N，125.28°E），震源深度 7 千米；12 月 19 日鸡东 4.0 级地震震中位于黑龙江省鸡西市鸡东县（45.30°N，131.17°E），震源深度 7 千米。

（黑龙江省地震局）

上海市

1. 地震活动性

据上海市地震台网测定，2009 年，上海市及其邻近地区（29°N～34°N，119°E～124°E）共记录到 $M_L1.0$ 以上地震 95 次，其中 $M_L1.0～1.9$ 地震 52 次，$M_L2.0～2.9$ 地震 35 次，$M_L3.0～3.9$ 地震 8 次。最大地震为 2009 年 1 月 9 日 01 时 41 分发生在江苏东台近海的 $M_L3.5$ 地震，释放的总能量为 5.2×10^9 焦。

2009 年上海监视区（30.0°N～32.4°N，119.6°E～123.0°E）共发生 $M_L1.0$ 以上地震 32 次，其中 $M_L2.0～2.9$ 地震 13 次，$M_L\geq3.0$ 地震有 1 次，最大地震为 2009 年 11 月 7 日 17 时 03 分上海松江发生的 $M_L3.1$ 地震。

2009 年上海行政区共记录到小震 14 次，其中松江震群小震共计发生 8 次。

2. 主要活动特征

（1）2009 年上海地区地震活动水平略低于 1970 年以来的平均水平，3.0 级以上地震活动频次虽略有增加，但强度与 2008 年相比有所下降。

（2）地震活动空间分布与 2008 年相比有所南移，上海行政区小震较为活跃，并发生了松江震群。

（3）江苏南黄海沿岸地区地震活动性参数仍存在多项背景性异常。

（上海市地震局）

江苏省

1. 地震活动性

据江苏省地震台网测定，2009 年，江苏省及邻近海域（30.5°N～36°N，116°E～125°E）共发生 $M_L\geq2.0$ 地震 44 次。其中 $M_L2.0～2.9$ 地震 37 次，$M_L3.0～3.9$ 地震 7 次，未发生 $M_L4.0$ 以上地震。最大地震为 2009 年 11 月 13 日南京江宁 $M_L3.4$ 地震，该地震造成南京、镇江部分居民有震感。

2. 主要活动特征

2009 年江苏地震活动总体水平偏低，发生 $M_L2.0$ 以上地震频次明显低于 2008 年度的 59 次，发生 $M_L3.0$ 以上地震的频次也低于 2008 年度的 12 次。从地震活动的空间和时间分布来看，没有明显的丛集现象。但地震活动背景较弱的苏州至上海一带，小震活动有一定增强，在时间上也表现出丛集的特性。地震活动较为频繁的南黄海海域，地震活动水平相对较弱，2009 年南黄海海域共发生 5 次 $M_L3.0$ 以上地震，较 2008 年度及 1970 年以来的平均水平都明显偏低。2009 年 11 月 13 日南京江宁发生的 $M_L3.4$ 地震是 2009 年度最为显著的地震，该地震是继 2007 年 12 月 30 日南京江宁 $M_L3.0$ 地震和 2008 年 7 月 6 日镇江句容 $M_L3.6$ 地震后，南京附近地区发生的又一次显著的有感地震，较为引人关注。

（江苏省地震局）

浙江省

1. 地震活动性

据浙江省地震台网测定，2009 年，浙

江省境内共发生 $M_L \geq 1.0$ 地震 41 次，最大地震为 9 月 12 日及 10 月 9 日宁波皎口 $M_L 3.3$ 地震。

2. 主要活动特征

（1）皎口水库震群活动是 2009 年度浙江省区域显著地震活动事件。

（2）2009 年地震活动频度与强度均高于 2008 年。

（3）珊溪水库仍有小震活动。

（浙江省地震局）

安徽省

1. 地震活动性

2009 年，安徽省发生记录到的地震总次数为 1169 次，其中 1.5 级以上地震 25 次，最大地震为 2009 年 4 月 6 日肥东县梁园镇 3.5 级地震。

2. 主要活动特征

与 2008 年相比，1.5 级以上地震频次明显升高，且强度有所增强。地震主要发生在 2009 年 3 月、4 月、5 月、6 月以及 8 月。2009 年安徽省发生的 25 次 1.5 级以上地震，空间分布相对集中，主要分布在安徽中西部地区，其中发生霍山 3.3 级震群序列和肥东 3.5 级地震序列，地震主要发生在土地岭—落儿岭断裂、磨子潭—晓天断裂、郯庐断裂带、涡河断裂和太和—五河断裂附近。

（安徽省地震局）

福建省及其近海地区（含台湾地区）

1. 地震活动性

根据福建省地震台网测定，2009 年，福建及近海地区发生 $M_L \geq 1.0$ 地震 280 次，其中 $M_L 1.0 \sim 1.9$ 地震 226 次，$M_L 2.0 \sim 2.9$ 地震 49 次，$M_L 3.0 \sim 3.9$ 地震 4 次，$M_L 4.0 \sim 4.9$ 地震 1 次，最大地震为 3 月 23 日平潭海域 $M_L 4.3$ 地震；台湾海峡地区发生 $M_L \geq 2.0$ 地震 17 次，其中 $M_L 2.0 \sim 2.9$ 地震 13 次，$M_L 3.0 \sim 3.9$ 地震 4 次，最大地震为 7 月 6 日海峡南部 $M_L 3.7$ 地震；台湾地区发生 $M_L \geq 3.0$ 地震 285 次，其中 $M_L 3.0 \sim 3.9$ 地震 211 次，$M_L 4.0 \sim 4.9$ 地震 66 次，$M_L 5.0 \sim 5.9$ 地震 6 次，$M_L 6.0 \sim 6.9$ 地震 2 次，最大地震为 12 月 19 日花莲海域 $M_L 6.3$ 地震。

2. 主要活动特征

（1）2009 年福建及近海地区地震活动水平相较于 2008 年显著减弱，地震频次和强度水平均有较大程度下降。福建古田水口和东山海域地区 1.0 级以上小震活动相对集中。最大地震为 3 月 23 日平潭海域 $M_L 4.3$ 地震，平潭岛强烈有感，福建地区普遍有感，但未造成人员伤亡和财产损失，该地震是 1992 年南日岛 5.2 级地震后福建北部沿海地区发生的最大地震，其发生亦延续了自 2007 年顺昌 4.9 级、4.7 级双震后福建及近海地区 4.0 级地震持续活动的状态。

（2）2009 年台湾海峡地区地震活动强度与 2008 年相当，但 $M_L 3.0$ 地震频次有所减少，主要分布于台湾海峡中南部地区。台湾海峡地区延续了 2008 年以来 $M_L \geq 4.0$ 地震平静状态。

（3）2009 年台湾地区地震活动水平相较于 2008 年有所上升，出现 $M_L \geq 6.0$ 地震增强活动，最大为 12 月 19 日花莲海域 $M_L 6.3$ 地震。$M_L \geq 4.0$ 地震主要相对集中分布在台湾东部及近海地区。

（福建省地震局）

江西省

1. 地震活动性

据江西省地震台网测定，2009年，江西省境内共发生$M_L \geq 1.0$地震73次，其中$M_L 2.0 \sim 2.9$地震21次、$M_L 3.0 \sim 3.9$地震3次，分别为2009年1月14日南昌$M_L 3.1$地震、4月20日分宜$M_L 3.2$地震和5月20日分宜$M_L 3.1$地震。

2. 主要活动特征

（1）2009年地震活动水平与2008年基本持平。地震活动呈现震级不大、北部地区地震强度大于南部以及南部分布较为集中的特征。

（2）江西中部地区（26.5°N～28.5°N）的地震活动相对南部（26.5°N以南）和北部（28.5°N以北）地区活跃，其中分宜县在2008年4月24日发生$M_L 3.3$地震后，2009年再次发生2次$M_L 3.0$以上地震，并且造成较大的社会影响。

（3）赣南地区自2005年9月21日寻乌$M_L 3.9$地震后，截至2009年12月，$M_L 3.0$以上地震已平静51个月。$M_L 2.0$以上地震也相对缺乏，表现为显著平静。

（江西省地震局）

山东省

1. 地震活动性

2009年，山东内陆及邻近海域（34°N～39°N，114°E～124°E）共发生M_L（下同）≥ 2.0地震76次，其中，2.0～2.9级地震69次，3.0～3.9级地震6次，4.0～4.9级地震1次，无5.0级以上地震发生。海域最大地震为3月25日黄海4.0级，内陆最大地震为10月27日鄄城与河南范县交界3.8级。全年共发生有感地震5次，分别为7月13日莒县2.9级、8月3日河南范县与鄄城交界地区3.2级、10月14日临沂市与临沭县交界2.9级、10月17日莱州近海3.2级和10月27日河南范县与鄄城交界3.8级地震。

2. 主要活动特征

2009年，地震活动主要分布于胶东半岛及两侧海域、沂沭带和鲁西南地区。自2007年7月10日蓬莱4.4级地震开始，地震活动水平增强，形成由南黄海北部延伸至渤海的一条北西向3.0级地震条带，但汶川地震后3.0级以上地震活动明显减弱并且持续至今。2009年胶东半岛及北部海域地区无4.0级以上地震发生，3.0级地震仅发生1次。2009年11月开始，长岛附近海域小震活动明显增强，至12月4日累计频次达29次，表明胶东半岛及北部海域地区背景应力有增强的迹象。沂沭断裂带及其西北向分支断裂地区2009年地震活动水平仍然偏低，3.0级地震持续平静，2.0级小震活动频次与2008年持平（11次）。该区域2009年以来最显著的特点是小震群活动增多，5月、9月和10月在临沭附近分别发生最大震级为1.3级、1.6级和2.9级3次小地震序列。冀鲁豫交界地区2009年度地震活动强度较往年有所减弱，无4.0级以上地震发生，仅发生3次3.0级地震（3月11日河南范县与鄄城交界发生3.0级地震，8月3日河南范县发生3.2级有感地震，10月27日河南范县与鄄城交界发生3.8级有感地震），2.0级以下小震19次，主要集中在濮阳。

（山东省地震局）

河南省

1. 地震活动性

2009年，河南省地震台网共记录2.0

级以上天然地震8次，其中3.0级以上地震2次，年度最大地震为12月20日河南修武3.6级地震。地震活动主要分布在聊兰地震带的濮阳地区和河淮地震带及以南地区，相对2003年以来地震活动主要在豫北聊兰带而言，地震活动的主体地区明显向南移动。2009年，河南省地震释放的总能量为1.05×10^{10}焦，大约为上个年度地震释放总能量的3%，地震活动水平明显减弱。

2. 主要活动特征

聊兰地震带上2.5级以上地震活动水平明显降低，洛阳至平顶山一线的地震活动水平明显增强。2009年9月12日河南宜阳2.2级震群和2009年11月13日河南新安1.9级震群的发生，标志着晋陕豫交界地区地下应力场的进一步增强。

（河南省地震局）

湖北省

1. 地震活动性

据湖北省地震台网测定，2009年，湖北省境内共发生1.0级以上地震121次，其中$1.0 \leq M < 2.0$地震107次，$2.0 \leq M < 3.0$地震14次，最大地震为2009年1月13日巴东2.6级地震。

2. 主要活动特征

（1）湖北省地震活动水平总体低于2008年，未发生3.0级以上地震，地震大部分集中分布在湖北西部地区的巴东—秭归等地。

（2）三峡水库自2009年9月15日00时开始第二次试验性蓄水，地震频次和强度较2008年有所降低。三峡重点监视区的微震活动主要集中在巴东高桥断裂、秭归泄滩镇和屈原镇等地区。

（湖北省地震局）

湖南省

1. 地震活动性

2009年，湖南省境内共发生$M_L \geq 1.0$地震97次，其中1.0~1.9级地震57次、2.0~2.9级地震39次、3.0~3.9级地震1次，最大地震为3月21日发生在宁乡的$M_L 3.1$地震。

2. 主要活动特征

从地震活动空间看，主要分布在湘北地区的石门县，湘中地区的宁乡、娄底以及湘南地区的郴州市。其中，$M_L \geq 2.0$地震相对集中在湘中地区。汶川地震后，湖南及邻区地震活动水平相对增强。

（湖南省地震局）

广东省

1. 地震活动性

2009年，广东省地震台网共记录到广东省及其近海发生$M_L \geq 1.0$地震715次，其中658次$M_L 1.0$~1.9地震，54次$M_L 2.0$~2.9地震，3次$M_L 3.0$~3.9地震，震级最大的为2009年8月22日阳江（21.8°N，117.9°E）$M_L 3.3$地震。

2. 主要活动特征

（1）2009年，广东省及近海地震活动格局与往年相比没有明显变化，地震活动空间分布主要集中在河源、阳江、南澳三个老震区，61%的$M_L \geq 2.0$地震发生在此三个老震区，2009年度最大的$M_L 3.3$地震发生在阳江。

（2）强度、频度明显减弱，为1970年以来最低，2009年度全省仅发生$M_L \geq 3.0$地震3次，$M_L \geq 2.0$地震54次，都为广东省地震台网1970年有记录以来的最低值。

三个老震区除了南澳维持在近年来的平均水平，阳江、河源地区地震活动水平都显著下降。

（广东省地震局）

广西壮族自治区

1. 地震活动性

2009年，广西壮族自治区地震台网共记录广西壮族自治区及北部湾M_L0.0以上地震805次，其中0~0.9级地震554次、1.0~1.9级地震199次、2.0~2.9级地震49次、3.0~3.9级地震3次，陆地最大地震为3月5日百色市隆林县M_L3.1地震，海域最大地震为11月19日北部湾M_L2.9地震。

2. 主要活动特征

地震主要分布在桂西北和桂东南地区，中小地震持续活跃，地震频次和强度较2008年有所下降。

（广西壮族自治区地震局）

海南省

1. 地震活动性

据海南省地震台网测定，2009年，海南省及其邻近海域（17.7°N~20.5°N，108.0°E~111.7°E）共发生M_L≥1.0地震12次，其中M_L1.0~1.9地震5次，M_L2.0~2.9地震7次，最大地震是4月7日海南省临高县西北部约60千米的北部湾海域M_L2.6地震。海南岛陆地上的最大地震是6月1日琼海市北部—定安交界M_L2.4地震。

2. 主要活动特征

地震的空间分布陆地主要在琼东北海口南部与文昌、琼海交界及其近海地区7次，琼南部三亚市、陵水县近海地区2次。

（海南省地震局）

重庆市

1. 地震活动性

据重庆市地震台网测定，2009年，重庆地区共发生M_L≥1.0地震372次，其中1.0~1.9级地震313次，2.0~2.9级地震54次，3.0~3.9级地震4次，4.0~4.9级地震1次。最大地震为8月8日荣昌M_L4.5（4.0）。地震主要集中分布在荣昌、石柱、忠县、巫山、巫溪、奉节、万州等地。

2. 主要活动特征

2009年，重庆市地震活动水平明显升高。尤其是荣昌地区3.0~4.0级地震显著增强，先后发生1月24日3.3级、7月6日3.2级、8月8日4.0级以及10月26日荣昌—隆昌交界3.3级地震。其中8月8日发生的荣昌4.0级地震打破了重庆地区持续6年多的M_L4.0地震的平静。2009年三峡库区重庆段地震活动水平不高，地震主要分布在石柱、万州、巫山与湖北巴东交界地区。

（重庆市地震局）

四川省

1. 地震活动性

据四川省地震台网测定，2009年，在四川省内共记录M_L2.0以上地震5142次，其中2.0~2.9级地震4500次，3.0~3.9级地震574次，4.0~4.9级地震63次，5.0~5.9级地震5次。2009年四川地区最显著的地震事件是2008年5月12日汶川8.0级地震的5次5.0级以上余震。最大的是2009年6月30日什邡、绵竹间5.6级地震。地震活动水平高于历史平均水平,但远低于2008年。截止到2009年12月31日,汶川余震区共记录余震67264次。2009年记录2.5级以上有感余震1519次。这5次较强余震分别是2009年1月15日汶川5.1级,6月30日什邡—绵竹间5.6级和5.0级,9月19日青川—宁强—武都交界5.1级以及11月28日什邡、彭州交界5.0级较强余震。

2. 主要活动特征

(1) 四川及邻区地震活动空间分布集中。3.0级以上地震相对集中于鲜水河断裂带南段、安宁河断裂带、马边地区、川滇交界地区、宜宾—自贡地区以及川北马尔康及川青交界地区。2009年川滇块体东边界4.0级地震活动明显减弱,在川东南华蓥山断裂附近相对活跃。

(2) 汶川余震活动特点。汶川余震区虽然持续活跃,但呈现起伏性平稳衰减态势。2009年度出现4组较突出起伏活动,这4组起伏活动的最高震级维持在5.0级水平。第一组是1月15日汶川5.1级地震前后,第二组是6月30日什邡—绵竹间5.6级和5.0级地震前后,第三组是9月19日青川—宁强—武都交界5.1级地震前后,第四组是11月28日什邡、彭州交界5.0级地震前后。汶川余震展布于整个余震区,表明仍处于余震调整期。2009年记录的1519次2.5级以上有感余震仍然沿整个余震区南段、中段和北段较均衡展布,表明汶川余震区仍处于余震调整期。

(四川省地震局)

贵州省

1. 地震活动性

2009年,贵州省境内共记录到地震633次,其中2.0~2.9级地震44次,3.0~3.9级地震7次,4.0~4.9级地震2次。最大地震为3月22日发生在威宁的4.7级地震。

2. 主要活动特征

(1) 地震活动空间分布集中。地震主要集中于垭都—紫云断裂带附近的威宁、水城—六枝一带,黔中有少部分地震分布,剑河三板溪库区的小震活动相对活跃。

(2) 时间分布不均匀。贵州境内2.0级以上地震频次较高的月份为2009年1月、3月、7月、10月,在时间分布上具有一定的不均匀性。

(3) 地震频度和强度高于往年平均水平。

(贵州省地震局)

云南省

1. 地震活动性

据云南省地震台网测定,2009年,云南省及周边地区(21°N~29°N,97°E~106°E)共记录到 $M \geq 3.0$ 地震71次,其中3.0~3.9级地震55次,4.0~4.9级地震13次,5.0~5.9级地震2次,6.0~6.9级地震1次,云南省内最大地震是2009年7月9日姚安6.0级地震。

2. 主要活动特征

(1) 滇东北川滇交界地区,自汶川地震后,3.0~4.0级地震持续活跃,最显著的是1—3月贵州威宁4.0级震群,最大地震达4.7级。

(2) 2009年滇西地区大理、保山、德宏一带3级地震较为集中,盈江老震区3.0~4.0级地震持续活跃,9月25日发生了4.2级地震。

(3) 滇西南至滇南地区3.0级地震也较为活跃,特别是中老交界地区2009年以来4.0级地震发生频繁。

(4)滇西北川滇交界地区,7月9日姚安6.0级地震和11月2日宾川5.0级地震均发生在地震活动水平相对较低的地区。

(云南省地震局)

陕西省

1. 地震活动性

2009年,陕西省数字地震遥测台网共记录到发生在宁强的地震333次,其中$M_L 0.0\sim 0.9$地震107次,$M_L 1.0\sim 1.9$地震175次,$M_L 2.0\sim 2.9$地震45次,$M_L 3.0\sim 3.9$地震5次,$M_L 4.0\sim 4.9$地震0次,$M_L 5.0\sim 5.9$地震1次,最大地震为9月19日$M_L 5.4$地震。2009年11月5日陕西省西安市临潼区与高陵县交界处发生$M_L 4.8$地震,本次地震震感范围较大,临潼区、高陵县、西安市区和咸阳等地均有震感,地震未造成人员伤亡。2009年陕西省数字地震遥测台网共记录到此次地震余震154次,其中$M_L 0.0\sim 0.9$地震55次,$M_L 1.0\sim 1.9$地震82次,$M_L 2.0\sim 2.9$地震15次,$M_L 3.0\sim 3.9$地震2次,最大余震为11月20日$M_L 3.6$。此次地震震中烈度为Ⅴ度强,位于临潼区境内的雨金镇和任留乡的马庄、白龙沟、新集和垣头等地区。除宁强地震和高陵$M_L 4.8$地震余震外,2009年陕西省数字地震遥测台网记录到本省区可定震中地震188次,其中$M_L 0.0\sim 0.9$地震33次,$M_L 1.0\sim 1.9$地震130次,$M_L 2.0\sim 2.9$地震23次,$M_L 3.0\sim 3.9$地震1次,$M_L 4.0\sim 4.9$地震1次,最大震级$M_L 4.8$。$M_L 3.0$以上地震分别是2009年9月24日留坝$M_L 3.5$地震和11月5日高陵$M_L 4.8$地震。地震频次相对于近几年大幅增多,与2008年度大体相当,地震强度略高于上一年度,最大震级高于1970年来平均年最大震级($M_L 3.5$)。另外,2009年陕西省数字地震遥测台网共记录到塌陷地震43次,最大震级$M_L 4.0$,主要分布在府谷、神木、榆林、耀县、富平等地;记录到爆破事件18次,主要分布在柞水、华县、洛南、旬阳、略阳等地。

2. 主要活动特征

(1)汶川地震后,陕西地震活动明显增强,2009年度小震频次依然较高,空间分布仍然维持了上一年度分布特征,主要分布在陕南西部。

(2)时间上,2009年1—6月省内地震活动起伏不大;7月出现一丛小震密集活动,频次为2009年度最高(29次),但震级较小(最大地震为汉阴$M_L 1.9$);9月地震活动增强,$M_L 2.0$以上地震达到6次,发生留坝$M_L 3.5$地震;10月地震活动减弱,相对平静;11月5日发生高陵$M_L 4.8$地震;12月小震较为活跃(25次,最大地震为宜君$M_L 2.7$)。总体上呈现前半年弱,后半年强的特点。

(3)11月5日高陵$M_L 4.8$地震前震中附近小震比较活跃,分布集中。

(陕西省地震局)

甘肃省

1. 地震活动性

2009年,甘肃省共发生$M\geqslant 2.0$地震132次。其中,2.0~2.9级地震117次,3.0~3.9级地震11次,4.0~4.9级地震4次,最大地震为10月2日发生的肃北4.9级地震。

2. 主要活动特征

2009年地震活动在时间上具有成丛性,2.0级以上地震在1月、2月、4月、10月、11月活动水平较高,11月达到最高水平,其余时间活动水平较低，3.0级以上地震主要集中在9月、10月；地震活动在空间上延续了2006年以来甘肃地区地震活动的格局，2.0级以上地震主要分布于祁连山地震带西段和东段的古浪周围及甘青川交界地区；3.0级以上地震在祁连山西段与阿尔金交汇部位最为集中，其余地区分布不集中。2009年10月2日，在甘肃省肃北县发生了4.9级地震，微观震中为（39.67°N，96.08°E），位于祁连山断裂西段和阿尔金断裂东段交汇处的野马山断裂上，余震比较发育。

（甘肃省地震局）

青海省

1. 地震活动性

据中国地震台网测定，2009年，青海境内共发生$M_S \geq 5.0$地震7次，最大地震为8月28日大柴旦6.4级地震。5.0级以上地震主要为大柴旦序列地震。据青海省地震台网测定，2009年，青海省境内发生$M_L \geq 2.0$以上地震651次。其中2.0~2.9级地震500次；3.0~3.9级地震94次；4.0~4.9级地震44次；5.0~5.9级地震12次；6.0~6.9级地震1次，为8月28日大柴旦6.4级地震。

2. 主要活动特征

（1）2009年8月28日大柴旦6.4级地震是继2008年11月10日大柴旦6.3级地震后在原震区又一次发生的6.0级以上地震，也是2009年全国发生的最大地震。

（2）地震主要分布在祁连构造带、大柴旦地区及附近区域（沿大柴旦—宗务隆山断裂和恩拉山断裂）、唐古拉地区、阿尔金断裂带。

（3）2009年9月18日以来青海及邻区$M_L 4.0$左右地震出现增强活动，特别是祁连带西段地区先后发生了8次地震。

（4）2009年10月2—23日玉树杂多县东北发生一起震群活动，小震密集活动在10月2日，当天就发生小震72次，截至10月23日震群活动结束，共记录到小震120次，最大的为2日18时04分发生的$M_L 2.7$地震。

（青海省地震局）

宁夏回族自治区

1. 地震活动性

2009年，宁夏回族自治区及邻区（35°00′N~40°40′N，103°30′E~107°40′E）共发生$M_L 2.0$以上地震250次（不包括华亭地区），其中$M_L 2.0$~2.9地震213次，$M_L 3.0$~3.9地震33次，$M_L 4.0$~4.9地震4次，无$M_L 5.0$以上地震。最大地震为2009年11月21日宁夏灵武$M_L 4.6$地震。

2009年宁夏回族自治区境内共发生$M_L 2.0$以上地震100次，其中$M_L 2.0$~2.9地震86次，$M_L 3.0$~3.9地震12次，$M_L 4.0$~4.9地震2次，无$M_L 5.0$以上地震，最大地震为2009年11月21日灵武$M_L 4.6$地震，次大地震为11月21日同心$M_L 4.2$地震。

2. 主要活动特征

（1）与2008年地震活动相比，2009年宁夏回族自治区及邻区弱震活动空间上主要集中在以往地震多发的区域，如宁夏石嘴山以北至内蒙古阿拉善左旗一带、宁夏中卫中宁至同心一带、宁夏固原至泾源一带。

（2）2009年宁夏回族自治区及邻区$M_L 4.0$以上地震明显活跃。2009年11月21日宁夏回族自治区境内发生2次$M_L 4.0$地震，首先同心发生$M_L 4.2$地震预示着同心地震窗开窗,接着灵武发生 M_L4.6 地震,表明宁夏境内中等地震活动有宁夏南部和北部短期内呼应现象。

(3)2009年宁夏回族自治区及邻区地震活动水平总体上偏高,地震活动频次和强度为近几年高值。

(宁夏回族自治区地震局)

新疆维吾尔自治区

1. 地震活动性

2009年,新疆维吾尔自治区及邻区共发生2.0级以上地震901次。其中2.0~2.9级地震693次,3.0~3.9级地震165次,4.0~4.9级地震36次,5.0~5.9级地震7次,无6.0级以上地震。2009年4月19日新疆阿合奇县发生的5.8级地震为新疆2009年度最大地震。

2. 主要活动特征

(1)2009年新疆地区无6.0级以上地震发生,地震活动频度显著低于2008年。

(2)2.0~2.9级地震频度低于过去6年的平均活动水平。

(3)3.0~5.9级地震活动频度略高于除2008年外的各年平均活动水平。

(4)新疆周边地区强震活跃,2009年8月20日在青海海西州发生6.4级地震,震中位置距新疆较近。

(新疆维吾尔自治区地震局)

重要地震与震害

2009年1月15日 四川汶川5.1级地震

一、地震基本参数

发震时刻：2009年1月15日02时23分
微观震中：31°17′N，103°15′E
震　　级：$M=5.1$
震源深度：10km

二、烈度分布与震害

为汶川8.0级地震余震，发生范围处于汶川地震余震区范围之内，未造成严重的房屋破坏和人员伤亡，但在汶川地震中遭到了损坏且在恢复重建中仅进行了简单维修的部分民居有轻微破坏（具体主要表现为房屋老裂缝的加大、加宽），个别达到中等破坏；少数地区出现小规模的山体崩塌、飞石；恢复重建房屋基本上无明显破坏。

（四川省地震局）

2009年1月25日 新疆察布查尔5.1级地震

一、地震基本参数

发震时刻：2009年1月25日09时47分
微观震中：43°22′N，80°49′E
震　　级：$M=5.1$
震源深度：7km

二、烈度分布与震害

通过对灾区震害调查，确定极震区烈度为Ⅵ度，等震线长轴呈近东西向，该烈度区长半轴20.8km，短半轴14.7km，面积961km²。本次地震造成总直接经济损失4612.03万元，其中察布查尔县约3155.88万元，昭苏县1258.15万元，兵团农四师198万元。灾区恢复重建经费需7671.34万元，属一般破坏性地震。

（新疆维吾尔自治区地震局）

2009年2月20日 新疆柯坪5.2级地震

一、地震基本参数

发震时刻：2009年2月20日18时02分
微观震中：40°42′N，78°42′E
震　　级：$M_S=5.2$
震源深度：6km

二、烈度分布与震害

通过对灾区震害调查，确定极震区烈度为Ⅵ度，等震线长轴呈北西向，该烈度区长半轴37km，短半轴31km，面积

3600km²。本次地震造成直接经济损失9068.36万元，其中柯坪县约4811.85万元，阿合奇县4183.51万元，兵团农一师73万元。灾区恢复重建经费需13500万元，属一般破坏性地震。

（新疆维吾尔自治区地震局）

2009年3月20日
吉林伊通4.2级地震

一、地震基本参数

发震时刻：2009年3月20日14时48分
震　　级：$M=4.2$
微观震中：$43°22'N$，$124°59'E$
震源深度：7km

二、烈度分布与震害

此次地震的宏观震中位于伊通县黄岭子乡马家沟村一带，震中烈度为Ⅴ度。地震震感强烈，有感范围较大，长春、四平、辽源、通化、吉林及松原市长岭县有明显震感，地震没有造成房屋破坏和人员伤亡。极震区（Ⅴ度）村民普遍有强烈震感，感觉到上下晃动，墙壁落灰，门、瓦、窗发出哗哗声响，并伴有类似放炮的声音。黄岭子林场、白杨岭屯等村民也有类似感觉，但感觉程度相对较小，没有发现震前宏观现象。

（吉林省地震局）

2009年4月19日
新疆阿合奇5.5级地震

一、地震基本参数

发震时刻：2009年4月19日12时08分
微观震中：$41°18'N$，$78°18'E$
震　　级：$M_S=5.5$
震源深度：7km

二、烈度分布与震害

通过对灾区震害的调查，确定极震区烈度为Ⅵ度，等震线长轴呈北东走向，该烈度区长半轴60km，短半轴21.5km，面积4050km²。灾区受灾人口约8997人，1995户，地震没有造成人员伤亡。灾区内各类居民住房和公用房的破坏总面积为292949m²，其中房屋毁坏5955m²，严重破坏31023m²，中等破坏87805m²，轻微破坏158166m²。民房损失1933.79万元，教育系统损失449.07万元，卫生系统损失173.86万元，其他公用房屋损失838.94万元，灾区内围墙、棚圈损失445.28万元，水利设施损失5655万元，交通系统损失230万元。地震造成直接经济损失约4635.94万元，其中阿合奇县约3247.27万元，乌什县1388.67万元，灾区恢复重建经费需6864.66万元，属一般破坏性地震。

（新疆维吾尔自治区地震局）

2009年4月22日新疆阿图什5.0级地震

一、地震基本参数

发震时刻：2009年4月22日17时26分
微观震中：40°06′N，77°24′E
震　　级：$M_S=5.0$
震源深度：7km

二、烈度分布与震害

通过对灾区震害的调查，确定极震区烈度为Ⅵ度，等震线长轴呈北东向，该烈度区长半轴38km，短半轴14.5km，面积1730km²。地震造成直接经济损失约2181.75万元，灾区恢复重建经费需3497万元，属一般破坏性地震。

（新疆维吾尔自治区地震局）

2009年5月21日新疆叶城、皮山交界5.2级地震

一、地震基本参数

发震时间：2009年5月21日20时33分
微观震中：36.4°N，77.6°E
震　　级：$M_S=5.2$
震源深度：92km

二、烈度分布与震害

本次地震没有造成人员伤亡和经济损失。

（新疆维吾尔自治区地震局）

2009年6月30日四川什邡、绵竹交界5.6级地震

一、地震基本参数

发震时刻：2009年6月30日02时03分
微观震中：31°27′N，103°58′E
震　　级：$M=5.6$
震源深度：20km

二、烈度分布与震害

发生范围处于汶川地震余震区范围之内，未造成严重的房屋破坏和人员伤亡，但在汶川地震中遭到了损坏且在恢复重建中仅进行了简单维修的部分民居有轻微破坏，个别达到中等破坏。

（四川省地震局）

2009年7月9日云南姚安6.0级地震

一、地震基本参数

发震时刻：2009年7月9日19时19分
微观震中：25°36′N，101°06′E
震　　级：$M=6.0$
震源深度：10km

二、烈度分布与震害

宏观震中位于姚安县官屯乡，极震区烈度为Ⅷ度，等震线形状呈椭圆形，长轴走向为北西向，灾区总面积为6958km²。地震灾区主要涉及楚雄彝族自治州的姚安县、大姚县、南华县、牟定县、永仁县及大理白族自治州的祥云县、宾川县等7个县（区、市）的35个乡镇、228个行政村。受灾人口201739户、803206人，失去住所人数约149990人。地震造成1人死亡，31人重伤，341人轻伤。经云南省地震灾害损失评定委员会评定，2009年7月9日姚安6.0级地震造成的直接经济总损失为215410万元，其中：姚安县85740万元，大姚县49690万元，南华县22150万元，牟定县16410万元，永仁县3520万元，元谋县700万元，武定县500万元，祥云县22740万元，宾川县13260万元，弥渡县700万元。

（云南省地震局）

2009年8月8日重庆荣昌4.4级地震

一、地震基本参数

发震时刻：2009年8月8日21时26分
微观震中：29°24′N，105°30′E
宏观震中：重庆市荣昌县昌元、广顺街道之间
震　　级：$M_S=4.4$
震源深度：11km

二、烈度分布与震害

受本次地震影响较大的（位于Ⅵ度区内）是荣昌县的安富镇东部、广顺镇、昌元街道、昌州街道，面积约259km²，人口约29.6万人；其次是荣昌县的龙集镇、荣隆镇（部分）、古昌镇、路孔镇、清升镇、清江镇、双河镇、直升镇、大足县的珠溪镇、双路镇、邮亭镇，以及四川省的隆昌县城东部、石燕桥镇、界市镇（部分），面积约444.1km²（未含四川），人口约31.4万人（未含四川），位于Ⅴ度区内。宏观震中位于广顺、昌元街道之间，震感强烈，有地声。有感范围波及四川省隆昌县，重庆市的大足县、永川区等地。此次地震造成一些年久失修的土木或砖木结构房屋倒塌，个别承重墙严重开裂，部分二层挑梁横向移位，少数房屋掉瓦；砖混结构房屋个别承重墙墙体有崩裂现象，抹灰层脱落，少数非承重墙严重开裂；框架结构无破坏，家具和物品移动，有隆隆地声。地震导致倒塌房屋187间，形成危房267间。因灾死亡2人，轻伤1人，紧急转移人口436人。地震造成直接经济总损失2273万元。

（重庆市地震局）

2009年8月28日青海海西6.4级地震

一、地震基本参数

发震时刻：2009年8月28日09时52分
震　　级：$M=6.4$
微观震中：37°36′N，95°48′E

二、烈度分布与震害

本次地震没有造成人员伤亡。此次地震最大烈度为Ⅶ度，其中Ⅶ度区面积

1013km², Ⅵ度区面积 5354km²，Ⅴ度区面积 28863km²。

(青海省地震局)

2009年9月19日甘肃武都、四川青川交界5.0级地震

一、地震基本参数

发震时刻：2009年9月19日16时54分
微观震中：32°55′N，105°32′E
震　　级：$M=5.0$
震源深度：10km

二、烈度分布与震害

发生范围处于汶川地震余震区范围之内，未造成严重的房屋破坏和人员伤亡，但在汶川地震中遭到了损坏且在恢复重建中仅进行了简单维修的部分民居有轻微破坏，个别达到中等破坏。

(四川省地震局)

2009年11月5日陕西临潼、高陵交界4.2级地震

一、地震基本参数

发震时刻：11月5日7时31分
微观震中：34.5°N，109.2°E
震　　级：$M_S=4.2$
震源深度：6km

二、烈度分布与震害

本次地震烈度主要为Ⅳ、Ⅴ、Ⅴ+三个烈度区，最高烈度为Ⅴ度强（Ⅴ+），面积约3km²，长轴大致呈北西向，长约2.3km，短轴近东北向，长约1.5km，位于临潼区境内。Ⅴ度区面积约330km²，长轴近西北西向，长24km，短轴北北东向，长16.5km。本次地震未造成人员伤亡，对震中区造成破坏极小，仅对局部地点和个别房屋造成微小破坏，少量房屋出现细微裂缝，绝大多数房屋建筑基本完好。

(陕西省地震局)

2009年11月28日四川什邡、彭州交界5.0级地震

一、地震基本参数

发震时刻：2009年11月28日00时04分
微观震中：31°15′N，103°45′E
震　　级：$M=5.0$
震源深度：21km

二、烈度分布与震害

发生范围处于汶川地震余震区范围之内，未造成严重的房屋破坏和人员伤亡，但在汶川地震中遭到了损坏且在恢复重建中仅进行了简单维修的部分民居有轻微破坏，个别达到中等破坏。

(四川省地震局)

2009年12月14日
新疆哈密5.1级地震

一、地震基本参数

发震时刻：2009年12月14日00时03分
微观震中：41°54′N，94°30′E
震　　级：$M_S = 5.1$
震源深度：4km

二、烈度分布与震害

通过对灾区震害的调查，确定极震区烈度为Ⅵ度，该烈度区长半轴22km，短半轴17km，面积1150km²。本次地震没有造成人员伤亡和经济损失。

（新疆维吾尔自治区地震局）

2009年12月21日
吉林通榆4.5级地震

一、地震基本参数

发震时刻：2009年12月21日05时31分
微观震中：44°30′N，123°00′E
震　　级：4.5
震源深度：6km

二、烈度分布与震害

宏观震中位于新华镇长发屯和边昭镇的天宝屯一带，等震线长轴方向为NNW。震感范围较大，没有造成人员伤亡和财产损失。极震区烈度为Ⅴ度：个别房屋抹灰出现细微裂缝，房屋墙体灰土掉落，个别人感觉上下颠簸明显。等震线长轴为10.3km，北北西方向，短轴为5.5km，面积为43.9km²。Ⅳ度区：室内少数静止的人有感觉，门窗作响。等震线长轴为33km，短轴为18km。

（吉林省地震局）

防 震 减 灾

这一部分收载中国地震局系统、各级政府防震减灾三大工作体系（地震监测预报、地震灾害预防、地震震灾应急救援）的建设与进展，全面记录政府、专业队伍、社会各界的作用和贡献，从中可看到中国防震减灾事业的发展。

2009年防震减灾工作综述

2009年，在党中央、国务院的坚强领导下，地震部门深入贯彻落实科学发展观，坚持防震减灾科学发展的基本思路，建立健全科学发展的体制机制，着力加强防震减灾能力建设，各项工作取得新的重要进展。

一、地震监测和震情跟踪工作成效明显

2009年，中国共发生5.0级及以上地震36次，大陆地区24次，海域和台湾地区12次。其中6.0级及以上地震5次，大陆地区2次，台湾地区花莲海域3次。全面加强重点时段和重点区域的震情监视跟踪。对首都圈、三峡库区等重点地区的地震活动态势进行了密切跟踪分析，圆满完成新中国成立60周年庆典和三峡水库试验性蓄水期间的震情保障工作。组织开展中国大陆7级以上地震中长期危险性预测研究，进一步深化对强震活动区域及其动力学机理的认识。在中、东部地区建成5个地震自动速报系统和1个全国速报备份系统，实现在2分钟内完成国内3级以上地震的自动速报。

二、社会综合防御地震灾害能力不断增强

依法进一步明确学校、医院等人员密集场所建设工程抗震设防要求的确定原则，继续推进新一代全国地震区划图的编制。审定辽宁兴城核电、兰渝铁路等百余项重大工程的地震安全性评价结果，各省级地震局审定地震安全性评价的重大工程达2000余项。印发《地震安全性评价资质单位认定行政许可实施细则》，进一步规范了地震安全性评价资质管理和执业行为。会同住建部等对全国农村民居地震安全工程实施情况进行全面的摸底调研，在此基础上向国务院提出进一步推进该工程的建议。发布实施《中国地震烈度表》等8项国家标准和《活动断层探测》等6项地震行业标准，成立全国地震计量技术委员会，积极推进地震计量工作。

三、地震应急救援能力进一步提升

在充分吸纳各地各部门意见建议的基础上，对《国家地震应急预案》进行修订完善。组织编印《地震应急预案修订指南》，加强对全国地震应急预案建设的督促和指导，全国各级各类地震应急预案达26000余件。充分利用国家地震紧急救援训练基地，加强对省级地震救援队技术骨干的业务培训，推动省级地震救援队伍救援能力的全面提升，2009年对应急管理人员、专业救援队员和志愿者开展了71批5000余人次的培训。强化对各地应急指挥中心负责人的业务培训，加强应急指挥技术系统的运行管理，举行首次国家、31个省级地震应急指挥中心、21个现场工作系统的联合演练，进一步建立完善应急响应视频指挥与

协调机制。

四、地震科技创新工作迈出新步伐

组织召开地震科技工作会议，从优化地震科技布局、完善科技管理机制、建立科技评价体系、健全科技投入机制和加强科技队伍建设等方面，对地震科技创新体系建设和科技发展工作进行全面部署。"十一五"期间，中国地震局科研机构承担的"973"重点基础研究发展规划项目、科技支撑计划等国家级重点项目共 8 项，其中 2009 年新增 2 项；"十一五"期间公益性行业科研专项、科研院所修缮购置专项、科研院所基本科研业务经费等支持约 10 亿元，其中 2009 年约 2 亿元，有力地支持了地震科技发展。地震科学数据共享平台等项目通过验收，取得一批新的研究成果。地震电磁探测试验卫星项目立项工作扎实推进。建成地震科技项目管理系统，对科技项目申报、立项、实施、结题和成果运用等进行全过程跟踪管理。

五、《中华人民共和国防震减灾法》修订完成并正式施行

《中华人民共和国防震减灾法》审议通过后，中国地震局党组把法律的贯彻实施作为一项重要任务来抓，配合中华人民共和国全国人民代表大会有关委员会组织召开《中华人民共和国防震减灾法》实施座谈会，共同研究法律的贯彻实施工作，会同国务院有关部门召开全国贯彻实施《中华人民共和国防震减灾法》电视电话会议，对法律的贯彻落实作出全面部署，部门联动、上下齐动，形成全面推进《中华人民共和国防震减灾法》贯彻实施的良好氛围。

（中国地震局办公室）

防震减灾法治建设与政策研究

2009年防震减灾法治建设工作综述

2009年，修订后的《中华人民共和国防震减灾法》自5月1日起施行，在中国地震局党组领导下，继续深入贯彻国务院《全面推进依法行政实施纲要》，围绕年度工作部署和重点工作，全面推进依法行政，加强立法、普法、执法工作，为防震减灾事业发展提供了有力的法治保障。

一、《中华人民共和国防震减灾法》宣传贯彻工作

《中华人民共和国防震减灾法》由中华人民共和国第十一届全国人民代表大会常务委员会第六次会议修订通过，自2009年5月1日实施。全国人大、国务院对《中华人民共和国防震减灾法》的宣传贯彻工作高度重视。中国地震局联合全国人大和国务院的有关部门，对全国开展《中华人民共和国防震减灾法》的学习宣传贯彻工作作出全面部署，并共同组织开展了一系列的活动，营造了各地、各部门学习宣传《中华人民共和国防震减灾法》的新氛围，开创了全面贯彻实施《中华人民共和国防震减灾法》的局面。

（一）在人民大会堂召开贯彻实施《中华人民共和国防震减灾法》座谈会

为了全面推进《中华人民共和国防震减灾法》的学习宣传贯彻实施工作，2009年4月29日，全国人大宪法和法律委员会、教科文卫委员会、全国人大常委会法制工作委员会、国务院法制办公室、中国地震局在人民大会堂联合召开贯彻实施《中华人民共和国防震减灾法》座谈会。李建国副委员长出席座谈会并作重要讲话。全国人大有关委员会、国务院有关部门的负责人参加了座谈会。座谈会由全国人大常委会委员、教科文卫委员会主任委员白克明主持。全国人大常委会委员、法律委员会副主任委员李重庵，国务院法制办公室副主任郜风涛，中国地震局党组书记、局长陈建民，四川省人大常委会副主任王宇坤，中国地震局地壳应力研究所研究员徐宗和，先后在座谈会上发言。

李建国副委员长在讲话中指出，在《中华人民共和国防震减灾法》即将施行、汶川特大地震发生一周年到来之际召开座谈会，既是为了更好地学习宣传和贯彻落实新修订的《中华人民共和国防震减灾法》，也是表达对汶川特大地震遇难者的深切缅怀和对抗震救灾及灾后恢复重建参与者的崇敬之情。李建国副委员长在讲话中要求，认真贯彻实施《中华人民共和国防震减灾法》，扎实推进防震减灾工作，第一，必须充分认识依法做好防震减灾工作的重要意义；第二，坚持预防为主、防御和救助相结合的方针；第三，坚持依法防震减灾；第四，依法加强监督检查；第五，做好法律的学习宣传工作。李建国副委员长在讲话中强调，贯彻实施《中华人民共和国防震减灾法》是一项长期的任务。防震减灾工作直

接关系着人民群众的生命和财产安全，关系着经济社会的可持续发展与稳定的大局。要大力弘扬伟大的抗震救灾精神，以对人民高度负责的态度，认真贯彻实施《中华人民共和国防震减灾法》，切实做好防震减灾工作，为夺取全面建设小康社会新胜利、开创中国特色社会主义事业新局面而奋斗。

中国地震局党组书记、局长陈建民在发言中指出，贯彻实施《中华人民共和国防震减灾法》，是推进依法行政的根本要求，是基于我国地震灾情的切实需要，是实现防震减灾目标的重要保障，是坚持以人为本、科学减灾的具体体现。陈建民局长在发言中强调，防震减灾涉及社会的方方面面，全面贯彻实施《中华人民共和国防震减灾法》，就是要动员全社会依法积极参与防震减灾活动，共同提升我国防震减灾整体能力。按照《中华人民共和国防震减灾法》的规定，地震部门将强化法制宣传教育、健全配套法规规章、加大行政执法力度、推进法定职责履行、加强部门协调配合，全面推进《中华人民共和国防震减灾法》的贯彻实施。

（二）召开全国贯彻实施《中华人民共和国防震减灾法》电视电话会议

为了全面推进《中华人民共和国防震减灾法》的宣传贯彻实施工作，2009年4月22日，中国地震局和国务院法制办公室、国家发展和改革委员会、住房和城乡建设部、民政部、卫生部、公安部联合召开贯彻实施《中华人民共和国防震减灾法》电视电话会议，对全国贯彻实施《中华人民共和国防震减灾法》进行部署。此次电视电话会议，北京设主会场，各省、自治区、直辖市，各计划单列市设分会场。在北京主会场出席会议的各位领导有：中国地震局党组书记、局长陈建民，国务院法制办公室副主任张穹，国家发展和改革委员会副秘书长马力强，住房和城乡建设部副部长齐骥，民政部副部长罗平飞，卫生部副部长刘谦，公安部副部长刘金国。中国地震局党组成员、副局长刘玉辰主持会议。

在电视电话会议上，国务院法制办公室副主任张穹同志发表了讲话。张穹副主任在讲话中指出，修订后的《中华人民共和国防震减灾法》确立了防震减灾领域的基本法律制度，主要体现在以下几个方面：一是完善防震减灾规划，二是强化地震监测预报，三是加强地震灾害预防，四是完善地震应急救援，五是规范地震灾后过渡性安置和恢复重建，六是明确了政府及其有关部门的监督检查职责。张穹副主任在讲话中要求，要充分认识贯彻实施《中华人民共和国防震减灾法》的重要意义，认真做好学习宣传工作，积极推进配套制度建设，为深入贯彻实施《中华人民共和国防震减灾法》提供制度支撑。同时，要严格行政执法，加强执法监督，确保《中华人民共和国防震减灾法》的贯彻实施。

在电视电话会议上，中国地震局党组书记、局长陈建民代表国务院有关部门发表了讲话。陈建民局长在讲话中强调，防震减灾涉及社会的方方面面，全面贯彻实施《中华人民共和国防震减灾法》，就是要动员全社会依法积极参与防震减灾活动，共同提升我国防震减灾整体能力。各相关部门要根据《中华人民共和国防震减灾法》的规定，严格按照职责分工，各负其责，密切配合，共同做好防震减灾工作。全面推进《中华人民共和国防震减灾法》的贯彻实施，要着重做好以下几个方面的工作：一是完善配套法规规章和技术标准；二是加强行政执法力度；三是依法加强建设工程抗震设防监管；四是依法健全地震应急响应机制；五是加强部门协调与沟通，增强工作合力。

（三）举办《中华人民共和国防震减灾法》培训班

为了全面推进《中华人民共和国防震减灾法》的贯彻实施，中国地震局于2009年4月

10—14日在京举办《中华人民共和国防震减灾法》培训班，邀请全国人大有关部门、国务院法制办公室、中国地震局的有关领导和专家进行授课。培训共安排六个讲座，从防震减灾法修订背景、贯彻实施，防震减灾依法行政以及地震监测预报、地震灾害预防、地震应急救援的法制化管理等方面进行讲解和培训。中国地震局党组成员、副局长刘玉辰出席开班仪式并作讲话。各省、自治区、直辖市地震局和新疆生产建设兵团地震局分管法制工作的局领导，法制部门负责人，负责执法、普法工作的人员，各直属单位负责普法工作的人员参加了培训。

（四）《中华人民共和国防震减灾法》贯彻实施其他工作

2009年3月10日中国地震局联合国家发展和改革委员会、住房和城乡建设部、民政部、卫生部、公安部印发了《关于贯彻实施〈中华人民共和国防震减灾法〉的通知》（中震发〔2009〕37号），对各地、各部门贯彻实施法律进行了周密安排。2009年2月20日中国地震局印发了《关于贯彻实施〈中华人民共和国防震减灾法〉的意见》（中震发〔2009〕23号），对贯彻实施法律的意义、推进制度执行的措施、法定职能履行的要求、开展法制工作的重点等进行全面部署。印发了《防震减灾法修订基本情况》，对法律修订总体情况、主要法律制度等内容进行全面介绍，指导和规范地震系统开展《中华人民共和国防震减灾法》的宣传工作。依据《中华人民共和国防震减灾法》的规定，对法律赋予各级政府、地震部门、其他相关部门的管理职能进行全面清理，对地震系统推进法定职能的履行提出了明确要求。举办法律学习讲座，邀请国务院法制办公室有关领导在全国地震局长会议和中国地震局机关做《中华人民共和国防震减灾法》专题讲座，营造领导带头学法、懂法、用法的氛围。中国地震局与全国人大常委会法制工作委员会、国务院法制办公室联合编写了《中华人民共和国防震减灾法释义》和《中华人民共和国防震减灾法解读》，为宣传贯彻《中华人民共和国防震减灾法》提供参考。

二、开展《破坏性地震应急条例》立法后评估工作

中国地震局与国务院法制办公室共同组织开展了《破坏性地震应急条例》立法后评估工作。制定立法后评估工作方案，并组织实施。对条例发布14年来我国发生的地震资料进行全面搜集，对搜集的资料进行综合分析，选择有典型意义的地震进行剖析。按照条例的规定，对各项制度的实施情况进行全面分析，总结制度实施的经验，查找制度实施过程中存在的问题，根据经济社会发展和防震减灾事业发展的新形势、新要求，提出完善制度的意见和建议。形成了立法后评估报告，圆满完成条例立法后评估工作，为推进条例修订工作奠定了良好的基础。

三、防震减灾地方立法不断推进

防震减灾地方立法取得了新的进展，上海市、陕西省制定或者修订了防震减灾地方性法规，山东省、云南省制定了政府规章，部分省（自治区、直辖市）将防震减灾地方立法列入了当地人大和政府的立法工作计划。

（中国地震局公共服务司（法规司））

2009年政策研究工作综述

2009年，政策研究工作在中国地震局党组领导下，围绕年度工作部署和重点工作，突出为重大决策和重点工作服务，积极探索完善体制机制建设，在增强针对性上下功夫，政策研究工作进一步推进。

一、政策研究制度建设得到加强

根据《中国地震局深入学习实践科学发展观活动整改落实方案》要求，结合近几年政策研究课题管理工作实践，在《中国地震局政策研究重点课题管理暂行办法》的基础上，研究制定《中国地震局政策研究重点课题管理办法》，从组织管理、计划管理、实施管理、验收管理、成果管理、经费管理等方面对政策研究重点课题的管理进行进一步的加强和规范。

二、重点政策研究课题取得重要研究成果

完成"地震重点监视防御区防震减灾措施落实情况调研"重点课题验收，组织完成"全国防震减灾工作会议文件筹备开展相关政策研究""地震行业计量检定工作情况调研分析""地震科技创新现状调研分析"和"以改革创新精神加强党建工作研究"等重点课题，向中国地震局党组提交相关课题研究成果报告，提出有较强针对性的意见和建议，得到中国地震局党组充分肯定。

"地震重点监视防御区防震减灾措施落实情况调研"课题运用社会学的研究方法，通过问卷的形式，开展较大规模的调查，调查全国省、市、县三级地震工作部门在组织机构、经费投入、法规建设、公共服务和三大工作体系建设等各方面的工作现状，以及对实现国家防震减灾目标的预期。对数据进行分析研究，对全国防震减灾工作提出需要改进和强化的工作内容与政策建议。课题运用政策学的研究方法，较为详细地对重点区和非重点区进行对比分析研究，得出地震重点监视防御区政策效果较为明显的评价结论，并根据调查资料分析，提出完善地震重点监视防御区制度建议。

为做好全国防震减灾工作会议筹备和《国务院关于进一步加强防震减灾工作的意见》起草工作，中国地震局组织开展"全国防震减灾工作会议文件筹备开展相关政策研究"课题。课题面向全国各省（自治区、直辖市）防震减灾工作开展情况及国务院防震减灾工作联席会议成员单位对防震减灾工作的意见建议进行书面调研，并组成6个由局领导带队的调研组，分赴重庆、湖北、河北、甘肃、山东、山西、黑龙江7个省（直辖市）开展调研，听取地方政府、有关部门对防震减灾工作的意见和建议。通过调研，基本掌握全国防震减灾工作情况，形成近80万字的材料汇编，为会议筹备和文件起草奠定基础。

"地震科技创新现状调研分析"课题分别在对局属41个单位开展文字调研和对16个单

位开展实地调研的基础上，经过分析研究，客观评估地震科技创新的现状，梳理分析影响地震科技创新的主要问题及其原因，从明确功能、落实规划、强化基础、创新体制、加强政策引导和强化科技管理等方面提出加强地震科技创新工作的建议。课题报告强调要进一步完善研究所、中心和省局三类单位分工合作、合力推进地震科技创新的工作布局，以国家科技计划为龙头，全面落实规划纲要。课题基本摸清地震科技创新的现状，找到制约科技创新的主要问题，提出合理的工作建议，可操作性较强，对进一步推进地震科技创新工作有重要作用。

"地震行业计量检定工作情况调研分析"课题通过调查研究，听取地震系统内外多方面意见，了解地震计量工作现状，进行认真分析研究后，总结地震计量工作面临的主要问题和需求，探讨制约地震计量工作发展的主要原因，在借鉴气象、海洋等行业成功经验的基础上，从提高认识、健全工作体系、加强管理、科学规划、逐步推进、加大投入、统筹安排等七个方面提出推进地震计量工作的对策和措施。课题报告分析了地震计量工作的重要性和困难性，找到了制约地震计量工作发展的主要原因，提出了操作性较强的合理建议，对推进地震计量工作起到重要作用。

"以改革创新精神加强党建工作研究"课题通过大量、细致的调查、座谈、分析汇总，很好地总结了系统党建工作基本情况和新的发展，提出了要解决的主要问题，并针对这些问题提出了加强党建工作的对策和建议，进一步推进和提高了党建工作的水平。

重点政策研究课题成果在推进全局性相关工作方面发挥作用，主要表现在通过调研指导政策制定，提高制定政策的针对性和可行性，并转化为推进工作的政策措施。部分研究成果被吸纳到全国防震减灾工作会议、年度国务院防震减灾工作联席会议、全国地震局长会议等全局性会议文件中。

三、地震系统各单位政策研究工作继续推进

中国地震局印发《中国地震局2009年度政策研究重点方向》后，地震系统各单位高度重视，结合单位实际，围绕事业发展主题和相关领域问题，确定本单位重点政策研究选题，并组织力量，集思广益，深入开展调查研究，共有22个单位上报83个选题备案。截至2009年底，共有15个单位提交研究成果45篇，为防震减灾事业发展提供了意见和建议。

2009年共印发《政策研究参阅》18期，《调研报告》20期，《政策研究》刊物3期、刊发38篇文章。

（中国地震局办公室）

2009年地震标准化建设工作综述

一、配合实施国家标准化体系建设工程

按照《国家标准化体系建设工程指南》的要求，在分析地震标准化工作现状的基础上，全面梳理了地震标准体系框架，确立了重点领域，明确了今后发展的方向，相继向国家标准委提交了《地震行业标准体系框架表》《地震行业标准体系表》《全国地震标准化技术委员会体系表》《地震标准现状分析》《地震标准化重点领域及关键技术标准研制》和《全国地震标准化技术委员会体系优化》等报告，为构建适应防震减灾工作科学发展需要的、科学合理的地震标准化体系奠定了良好基础。

二、深入开展地震标准化调研

为了更好地总结在地震标准制定、实施和监督等环节的经验与不足，了解地震标准的实施效益和当前防震减灾工作对标准化工作的需求，明晰当前地震标准化工作中存在的问题和薄弱环节，探讨推进省、市、县各级地震工作机构开展标准实施和监督的措施与工作机制，组织了部分地标委委员和标准化专家深入省市地震工作机构、工程单位和地震台站，通过与管理干部和技术人员座谈及实地考察，深层次地与一线工作人员沟通，交流认识，掌握动态和实情，取得了丰硕的调研成果，为进一步规划部署地震标准化工作提供了依据。

三、组织编制地震标准化发展规划

按照《国家"十二五"防震减灾规划体系规划编制大纲》的要求，启动了地震标准化发展规划的编制工作，成立了由地标委委员、各级管理干部和相关标准化专家组成的工作组，通过座谈、访谈、研讨和实地调研等方式，调查研究地震标准化工作对防震减灾事业发展支撑作用的具体体现以及标准实施产生的社会效益和经济效益，深入了解地震标准化工作的现状和存在的不足，结合贯彻实施修订后的《中华人民共和国防震减灾法》和国家标准化体系建设工程对地震标准化工作的要求，按照中国地震局当前及今后一段时间的工作部署，分析防震减灾事业发展对地震标准化的需求，研究确定今后一段时期地震标准化发展的指导思想、工作原则、主要任务和重点项目，提交了《地震标准化"十二五"发展规划》（初稿）。

四、进一步加快地震标准制修订步伐

紧密结合汶川地震总结与反思，围绕防震减灾"3+1"工作体系，深刻分析公共管理

和社会服务的需求，优先制定急需的技术标准和服务标准，2009年处于起草之中的标准制修订项目有40余项，涵盖防震减灾基础、地震监测预报、震害防御和应急救援各领域。其中，《社区志愿者地震应急与救援工作指南》《建（构）筑物地震破坏等级划分》《生命线工程地震破坏等级划分》《地震公共信息图形符号与标志》4项国家标准和《活动断层探测》（修订）等6项地震行业标准相继发布实施，《地震现场应急指挥数据共享技术要求》和《地震现场应急指挥管理信息系统》2项国家标准完成报批，《地震灾害间接经济损失评估方法》等5项国家标准也已基本完成，准备送审。目前，现行地震标准总数已达70项。

五、加强地震标准基础研究

随着地震标准化工作的深入，地震标准化的基础研究工作也得到加强。"数字化地震前兆地壳形变观测方法标准研究"和"中国地震烈度标准研究"2项标准化公益性行业科研专项正在实施，"宏观震害等级标准研究""地下流体观测方法技术标准研究"等7项地震公益性行业科研专项研究进展顺利。这些基础研究为地震标准制定和地震标准化工作的可持续发展奠定了良好基础。

六、组织开展国家标准复审和行业标准清理工作

根据国家标准管理办法对国家标准复审的要求，超过5年标龄的国家标准均要复审。年初，组织专家对2005年之前制修订的9项地震国家标准的应用情况、相关领域技术发展状况、标准实施中存在的问题进行了认真的讨论，对部分需要修改或者修订标准的技术内容变化提出了具体的建议。通过审查，确定《地震震级的规定》等5项国家标准继续有效，《地震灾害预测及其信息管理系统技术规范》等4项标准需要修订。其中《地震现场工作 第3部分：调查规范》的修订工作已经完成，并通过了地标委审查。此外，为了进一步加强对行业标准的管理，解决行业标准的老化问题以及行业标准和国家标准之间存在的交叉、重复和不协调等问题，按照国家标准委的要求，对2008年12月31日前发布的现行地震行业标准进行清理。结合清理工作，及时总结经验，继续加强对行业标准制修订的管理和制度建设，做好行业标准的复审和备案工作，确保行业标准的适应性和有效性。

七、强化标准基础知识宣传

为了加强地震标准化知识的宣传普及，组织编写了"标准走进百姓家丛书"之《防震减灾基础知识问答》，把已经发布的国家标准和地震行业标准的重要条文嵌入地震科学知识问答。该书内容深入浅出、通俗易懂，既普及了防震减灾知识，又宣传了地震标准化知识，在2009年5月12日第一个全国防灾减灾日的科普宣传中发挥了积极作用。此外，为了更好地宣贯和推广地震标准，方便地震标准的使用，还开展了地震标准汇编工作。

八、继续推动地震计量工作

组织开展了地震计量调研和计量工作研讨会,完成了政策研究课题"地震行业计量检定情况分析"。组织专门力量开展地震计量工作发展战略研究,向中国地震局党组提出建设地震计量体系的具体设想和措施建议,得到了局领导的重视,并召开了两次局长专题会议,研究推进地震计量工作的措施。按照局领导的部署,研究提出了全国地震计量技术委员会筹备方案,会同监测预报司、震灾应急救援司、人事教育和科技司,组织有关单位推荐并协商遴选了委员人选,起草委员会章程。于2009年11月2日组织召开了全国地震计量技术委员会成立大会,印发了《全国地震计量技术委员会章程》,并向国家质量监督检验检疫总局申请备案。全国地震计量技术委员会正式成立,是中国防震减灾事业发展过程中的一件大事,具有里程碑的意义,对于完善我国计量体系也将具有非常重要的意义。

(中国地震局公共服务司(法规司))

地震监测预报

2009年地震监测预报工作综述

2009年，地震监测预报作为防震减灾事业的基础性工作得到了切实加强，台网现代化建设、监测系统运行与管理、分析预报研究与实践、人才队伍建设等方面取得了长足进展。

一、地震监测能力显著提高

实施中国数字地震观测网络、重点台站优化改造、大陆构造环境监测网络等建设项目，使中国的地震监测能力得到了明显的提升，中国地震监测台网现代化建设迈上新台阶。

中国数字地震观测网络项目建设全面完成。其为中国地震局投资实施规模最大的建设工程，建设任务涉及31个省、自治区、直辖市及部分周边国家。该网络的建成，基本实现地震监测数字化、网络化的技术跨越，明显提高了全国地震台网密度，达到2.4站（点）/万平方千米，使全国平均监测震级下限从4.5级提升到2.5级，地震正式速报时间也从30分钟缩短到10分钟以内。

重点地震台站优化和改造工作取得明显成效。截至2008年底，中央财政累计投资1.45亿元，地方配套经费超过0.9亿元，完成了全国200个重点台站的改造任务。经过优化改造的台站，观测环境更加优良，基础设施更加齐备，办公生活条件明显改善，为提高台站监测效能，稳定基层队伍，以及台站长远发展奠定了良好而稳固的基础。

台网运行质量和服务水平稳步提高。"十五"项目完成后，全国共有国家级、省级和市县级等各类地震台（站、点）2300余个，观测仪器5200多台套。为保障全国各类台站点仪器的稳定可靠运转，确保观测数据产出质量，中国地震局建立了台站、省局台网中心和国家台网中心的三级台网运行和质量监控体系，建设了7个台网区域维修维护中心，设立了观测质量月评比和监督机制。通过采取上述有效措施，2008年台网总体运行率高于95%，资料优秀率达到90%以上。

进一步强化台网产出与服务工作。初步建立大地震应急产出协同工作机制，搭建震后快速产出服务平台，规范服务产品形式和内容，为地震预测预报、灾害评估和政府科学决策提供及时、准确的信息服务。

观测技术与应用研究的支撑能力不断增强。积极开展"强震监测预报技术研究"，利用精密可控人工震源系统、地震深井综合观测技术等一批研究成果，探索未来地震台网建设的新途径和方法。通过实施首都圈和川滇地区走时表研究、地震速报新技术以及新参数测定技术方法等科研行业专项研究工作，进一步夯实了地震监测科技支撑基础，大大提高了地震监测科技创新能力。

二、地震信息共享与服务能力实现跨越

通过实施地震信息服务系统工程、地震科学数据共享工程和地震网络计算应用系统建设，中国地震监测数据共享程度、服务能力与应用能力得到显著增强。一是建立由国家中心、区域中心、市县和台站等三级四类共计 700 余个节点组成的中国地震信息共享网络平台。二是建成由 1 个国家地震科学数据共享中心和 10 个共享分中心组成的数据信息共享数据库平台，在线数据达 12000GB 以上，并于 2006 年 9 月 28 日正式开通，面向全社会提供数据信息服务。三是建成由 1 个国家地震网络计算中心和 3 个研究所节点组成的地震网络计算应用系统平台，开展地球物理观测虚拟台网技术研究，开发地震模拟和预测、地壳应力和结构反演等软件以及并行计算处理技术，初步实现地震网络计算资源共享。四是制定《地震信息网络管理暂行规定》《地震科学数据共享管理办法》等 18 项管理规章和技术标准规范，为地震信息网络的运行维护和技术应用提供了制度保障。这一系列项目和工程的实施，使我国地震数据信息网络服务能力和数据共享能力大大提升，为防震减灾工作提供了有力的技术支撑。

三、震情跟踪研究与实践常抓不懈

全力开展震情短临跟踪工作。在全国地震大形势和年度震情会商意见的指导下，地震系统各单位按照"细化扎实、针对性强、科学有效"的原则，认真制定并组织实施年度震情短临跟踪工作方案，加大了对重点地区的流动观测力度，严格执行月、周、临时和紧急震情会商制度，加强区域协作，对与地震有关的异常现象和地震预测意见，及时组织预报专家进行分析研究和判定，必要时在第一时间派人赶赴现场核实异常。高度重视重点地区地震形势的跟踪与研究工作。2007 年对云南宁洱 6.4 级地震实现了具有减灾实效的预报，受到了中国地震局和云南省政府的表彰。

完成重大活动和重要时段的震情跟踪保障工作。较好地把握了"5·12"汶川特大地震余震活动趋势，圆满地完成奥运会和残奥会的震情跟踪保障工作。

加强震情跟踪与科研工作相结合。开展"973 计划"、科技支撑、行业专项等与震情跟踪紧密结合的专题研究工作，深化对活动地块边界带动力过程与强震发生物理机制的认识，推进强震监测预报技术、水库地震监测与预测技术、基于空间对地观测的地震监测和预测技术的研究工作。同时，注重技术方法创新，针对我国数字地震监测系统提供的观测基础，开展数字观测资料在地震预测中的应用研究，并提出较好的、有实用前景的技术和方法。完成 2000—2002 年共 24 个强震震例总结研究报告，已积累 213 个震例报告。

四、地震监测预报管理更加规范

加强管理制度建设，是实现监测台网规范稳定可靠运行，强化震情跟踪保障的基本要求。近几年，中国地震局和各单位大力加强了制度建设工作，在台站（网）建设、运行、

数据处理、震情会商等方面，制定和实施了一系列管理规章、技术标准与规范，地震监测预报工作的规范化、制度化水平得到明显改善。2005年底发布了中国数字地震观测网络相关技术规程，为网络项目的顺利实施提供了保证。2006年以来，陆续制定并实施29个行业技术标准，以及有关实施细则和技术规范，地震监测数据标准体系更加健全。同时，制定实施一系列有关台网分级分类、台网运行、地震速报、数据产出服务以及学科技术服务等管理规章制度，并在体制机制上，重新调整了地震监测预报各个学科组，全面规范了台站、省局、学科组和国家台网中心的职责任务、管理与技术要求。制定新的地震预测意见登记回复制度及宏观异常登记、核实制度。《水库地震监测管理办法》印发有关部门征求意见，专用地震监测台网的管理与服务正在逐步加强。

五、人才培养与队伍建设进一步加强

中国地震局和局属各单位高度重视监测预报队伍建设，采取多种有效措施，加强各类人才的培养使用，人才队伍建设更加规范化、科学化。一是加强教育培训。近几年，中国地震局组织开展台站观测岗位、台网与网络运行、地震分析预报等各类技术与管理培训，得到各单位的积极支持，踊跃派送人员参加。同时，各单位还结合本单位实际情况，组织开展多种形式的培训与交流，个别单位还制定了鼓励职工参加在职教育和培训的相关政策措施。二是注重实践培养。近几年通过"十五"网络项目、地震科技支撑计划、行业专项等重大项目的实施，以及援外地震台网建设、赴地震现场开展监测预报等工作，在实践中培养了一批中青年业务骨干。举办台站观测质量周、首届全国地震速报竞赛等活动，进一步增强了基层队伍的地震观测预报实战技能。三是重视国际交流与合作。积极组织中青年人才赴美国、日本等国家进行学术与业务交流，进一步开阔了视野，增进了对国际相关领域新进展、新成果的了解，国际交流与合作不断深入。

六、"5·12"汶川特大地震监测预报工作总结反思取得初步成果

汶川特大地震发生后，在中国地震局党组的坚强领导下，中国地震局及局属各单位立即启动应急响应一级预案，地震监测预报队伍背负压力、全力以赴、高效应对。一是地震速报成效明显。震后，中国地震局迅速测定地震参数，及时上报党中央、国务院，为中央抗震救灾决策作出了重要贡献。二是应急指挥协调有序有力。震后迅速建立地震现场和后方地震监测预报指挥协调机构，及时组织专家队伍实施应急监测与震情研判，加强监测、预报、科研力量的沟通与协调配合，保障监测预报应急工作有序和高效运行。三是应急监测启动快速。8支流动观测队伍克服重重困难，第一时间奔赴震区，迅速架设流动观测台网，紧急修复受灾台站，开展加密地震监测，实时传送观测数据，为余震监视提供了大量的、及时的现场监测数据和信息。四是信息网络服务保障有力。"5·12"汶川特大地震期间，全国骨干网络运行正常，中国地震信息网、四川防震减灾网站、中国地震局政府门户网站等各级地震网站成为提供震情、灾情、社情信息服务的重要平台。五是强余震趋势判断基本准确。震后实施24小时动态跟踪和滚动会商，全局监测预报人员齐心协力，各研究

所大力配合，快速处理大量观测数据和余震序列，开展震后趋势判定和强余震预测，基本把握余震活动发展趋势，为抢险救灾提供了有力支持。六是全国震情监测与判定作用明显。面对此次地震可能对全国震情形势及社会稳定造成的影响，紧急部署实施围绕震区及南北地震带、华北和新疆维吾尔自治区等重点区域的加密观测，加强全国宏观异常的收集核实，严密跟踪监视全国震情变化，及时配合中央和各地政府平息地震传言，为维护社会稳定发挥了重要作用。

（中国地震局监测预报司）

2008 年度地震监测预报工作质量全国统评结果（前三名）

一、监测综合评比

（一）测震学科

第一名：兰州台（甘肃省地震局）

第二名：昆明台（云南省地震局）

第三名：高台台（甘肃省地震局） 呼和浩特台（内蒙古自治区地震局）

（二）地壳形变学科

第一名：代县台（山西省地震局）

第二名：攀枝花台（四川省地震局） 佘山台（上海市地震局） 易县台（河北省地震局）

第三名：张家口台（河北省地震局） 牡丹江台（黑龙江省地震局） 湖州台（浙江省地震局） 乌鲁木齐台（新疆维吾尔自治区地震局） 蓟县台（天津市地震局）

（三）电磁学科

第一名：成都台（四川省地震局）

第二名：静海台（天津市地震局）

第三名：嘉峪关台（甘肃省地震局）

（四）地下流体学科

第一名：聊城台（山东省地震局）

第二名：宝坻台（天津市地震局） 西昌台（四川省地震局） 乌鲁木齐台（新疆维吾尔自治区地震局）

第三名：庐江台（安徽省地震局） 盘锦台（辽宁省地震局） 保山台（云南省地震局） 怀来台（河北省地震局） 下关台（云南省地震局）

（五）遥测地震台网

第一名：四川台网（四川省地震局）

第二名：云南台网（云南省地震局）

第三名：陕西台网（陕西省地震局）

（六）流动观测

第一名：中国地震局第二监测中心

第二名：安徽省地震局

第三名：中国地震应急搜救中心

二、监测单项评比

(一) 测震学科

1. 国家数字测震台

第一名：兰州台（甘肃省地震局）

第二名：高台台（甘肃省地震局） 昆明台（云南省地震局）

第三名：呼和浩特台（内蒙古自治区地震局） 成都台（四川省地震局） 黑河台（黑龙江省地震局）

2. 区域数字测震台

第一名：湟源台（青海省地震局）

第二名：延边台（吉林省地震局） 乌加河台（内蒙古自治区地震局）

第三名：松潘台（四川省地震局） 碾子山台（黑龙江省地震局） 克拉玛依台（新疆维吾尔自治区地震局）

3. 大震速报台

第一名：红山台（河北省地震局）

第二名：大连台（辽宁省地震局）

第三名：沈阳台（辽宁省地震局）

4. 中国数字地震台网（CDSN）

第一名：昆明台（云南省地震局）

第二名：海拉尔台（内蒙古自治区地震局）

5. 区域遥测地震台网

第一名：四川台网（四川省地震局）

第二名：云南台网（云南省地震局） 辽宁台网（辽宁省地震局）

6. 地方遥测地震台网

第一名：陕西台网（陕西省地震局）

第二名：广东台网（广东省地震局） 海南台网（海南省地震局）

(二) 地壳形变学科

1. 区域水准测量

第一名：中国地震局第二监测中心 105 组

第二名：中国地震局第一监测中心 202 组

第三名：中国地震局第二监测中心 103 组

2. 流动重力观测

第一名：中国地震应急搜救中心

第二名：河北省地震局

第三名：中国地震局地球物理勘探中心

3. 断层形变场地观测

第一名：中国地震局第二监测中心（水准）

第二名：山东省地震局（水准）
第三名：陕西省地震局（水准） 山西省地震局（水准）

4. 断层形变观测台站
第一名：临汾台（山西省地震局）
第二名：清源台（辽宁省地震局）
第三名：炉霍台（四川省地震局）

5. 倾斜潮汐形变单项台
第一名：代县台（山西省地震局）
第二名：肃南台（甘肃省地震局） 乌什台（新疆维吾尔自治区地震局）
第三名：木奇站（辽宁省地震局） 宁波台（浙江省地震局） 丽江台（云南省地震局） 海原台（宁夏回族自治区地震局）

6. 倾斜潮汐形变综合台
第一名：铁岭台（辽宁省地震局）
第二名：麻城台（湖北省地震局）
第三名：攀枝花台（四川省地震局） 怀来台（河北省地震局）

7. 重力潮汐台站
第一名：昆明台（云南省地震局）
第二名：狮泉河台（西藏自治区地震局）
第三名：蓟县台（天津市地震局） 乌什台（新疆维吾尔自治区地震局）

8. 洞体应变台站
第一名：永胜台（云南省地震局）
第二名：宜昌台（湖北省地震局） 张家口台（河北省地震局）
第三名：湖州台（浙江省地震局） 姑咱台（四川省地震局） 兰州台（甘肃省地震局） 乌鲁木齐台（新疆维吾尔自治区地震局）

9. 钻孔应变台站
第一名：佘山台（上海市地震局）
第二名：南京台（江苏省地震局） 房山台（北京市地震局）
第三名：锦州台（辽宁省地震局） 宽城台（河北省地震局） 安丘台（山东省地震局） 昔阳台（山西省地震局）

（三）电磁学科

1. 地电阻率
第一名：蒙城台（安徽省地震局）
第二名：大同台（山西省地震局） 陇南台（甘肃省地震局） 海安台（江苏省地震局）
第三名：乾陵台（陕西省地震局） 新沂台（江苏省地震局） 成都台（四川省地震局） 银川台（宁夏回族自治区地震局）

2. 地电场
第一名：昌黎台（河北省地震局）
第二名：高邮台（江苏省地震局） 延庆台（北京市地震局） 榆树台（吉林省地震

局） 红山台（河北省地震局）

第三名：大山台（山东省地震局） 乌鲁木齐台（新疆维吾尔自治区地震局） 静海台（天津市地震局） 绥化台（黑龙江省地震局） 嘉峪关台（甘肃省地震局）

3. 地磁Ⅰ类台

第一名：肇庆台（广东省地震局）

第二名：武汉台（湖北省地震局）

第三名：乌鲁木齐台（新疆维吾尔自治区地震局） 兰州台（甘肃省地震局）

4. 地磁Ⅱ类台

第一名：静海台（天津市地震局）

第二名：嘉峪关台（甘肃省地震局）

第三名：红山台（河北省地震局） 崇明台（上海市地震局）

5. 定点核旋

第一名：新沂台（江苏省地震局）

第二名：淮安台（江苏省地震局） 静海台（天津市地震局） 高邮台（江苏省地震局） 蒙城台（安徽省地震局） 成都台（四川省地震局）

第三名：红山台（河北省地震局） 广平台（河北省地震局） 连云港台（江苏省地震局） 宿迁台（江苏省地震局） 乾陵台（陕西省地震局） 涉县台（河北省地震局）

6. 流动磁测

第一名：安徽省地震局

第二名：云南省地震局

（四）地下流体学科

1. 水氡

第一名：平凉台附件厂井（甘肃省地震局）

第二名：武山台（甘肃省地震局） 乌鲁木齐10泉（新疆维吾尔自治区地震局） 宁波台（浙江省地震局）

第三名：宝坻台王4井（天津市地震局） 姑咱台（四川省地震局） 沈家台站（辽宁省地震局）

2. 水位

第一名：庐江台（安徽省地震局）

第二名：沈家台2井（辽宁省地震局） 高村井（天津市地震局） 厦门台（福建省地震局） 平凉C11井（甘肃省地震局）

第三名：山龙峪井（辽宁省地震局） 弥勒台（云南省地震局） 本溪台（辽宁省地震局） 西昌5-Zk1井（四川省地震局） 加积台（海南省地震局） 永清台（河北省地震局） 周至台（陕西省地震局） 岫岩1井（辽宁省地震局）

3. 水温

第一名：沈家台站（辽宁省地震局）

第二名：澜沧台（云南省地震局） 盘锦台（辽宁省地震局） 平凉台（浅）（甘肃省

地震局）　海口台（海南省地震局）

第三名：聊城台（山东省地震局）　武都台（甘肃省地震局）　保山台（云南省地震局）　庐江台（安徽省地震局）　泉州1井（福建省地震局）　乌鲁木齐04井（新疆维吾尔自治区地震局）　昌平台（浅）（中国地震局地壳应力研究所）　徐辛庄井（北京市地震局）

4. 气氡

第一名：盘锦台（辽宁省地震局）

第二名：聊城台（山东省地震局）　庐江台（安徽省地震局）　武都台（甘肃省地震局）

第三名：宁德台（福建省地震局）　石嘴山台（宁夏回族自治区地震局）　周至台（陕西省地震局）

5. 水汞

第一名：洱源温泉（云南省地震局）

第二名：夏县台（山西省地震局）

第三名：怀来台（河北省地震局）　下关台（云南省地震局）　庐江台（安徽省地震局）

6. 气汞

第一名：聊城台（山东省地震局）

第二名：庐江台（安徽省地震局）　保山台（云南省地震局）

第三名：怀来台（河北省地震局）　九江台（江西省地震局）　腾冲台（云南省地震局）

7. 氦

第一名：聊城台（山东省地震局）

第二名：西昌台（四川省地震局）

第三名：弥勒台（云南省地震局）

（五）信息网络

1. 省级地震局系列

第一名：山东省地震局

第二名：安徽省地震局　云南省地震局

第三名：甘肃省地震局　广东省地震局　浙江省地震局

2. 局直属单位系列

第一名：中国地震局地壳应力研究所

第二名：中国地震台网中心

（六）地震编目

1. 一类单位

第一名：四川省地震局编目组

第二名：云南省地震局编目组

特别奖：中国地震台网中心编目组

2. 二类单位

第一名：广东省地震局编目组

第二名：山西省地震局编目组

3. 三类单位

第一名：广西壮族自治区地震局编目组

第二名：黑龙江省地震局编目组

三、分析预报评比

(一) 分析预报综合评比

1. 一类单位

第一名：新疆维吾尔自治区地震局

第二名：辽宁省地震局

2. 二类单位

第一名：福建省地震局

第二名：安徽省地震局

3. 三类单位

第一名：黑龙江省地震局

第二名：海南省地震局

(二) 日常分析预报

第一名：新疆维吾尔自治区地震局

第二名：辽宁省地震局　福建省地震局

第三名：安徽省地震局　黑龙江省地震局

(中国地震局监测预报司)

各省、自治区、直辖市，中国地震局直属单位监测预报工作

北京市

1. 震情

2009年，北京市地震局结合震情形势和本市地震监测预报工作实际，围绕60周年国庆地震安保工作，继续强化震情跟踪和分析会商工作。

印发《北京市2009年度震情跟踪工作方案》及《新中国成立60周年北京市震情跟踪工作方案》。对怀柔三渡河水位水温、通州地电阻率、延庆松山CO_2与水汞等多次异常进行及时调查、跟踪和落实。加强预测基础工作，加强地震预测研究和分析会商，较准确把握2009年度北京地区的地震趋势。

共召开周、月、加密和紧急会商会66次，其中加密和紧急会商会11次，共计上报各类会商意见66份。完成春节、"两会"、新中国成立60周年庆典等各重要时段的震情保障工作。

全年共完成地震速报7次，启动震情应急1次，即10月3日昌平北七家2.3级地震。地震发生后，有关人员迅速到岗并进行紧急会商，对有关异常信息进行全面跟踪分析，从而对震后趋势尤其是地震对北京地区可能造成的影响作出正确的判定。

印发《关于对地震预测意见进行登记和回执的通知》《关于做好可能与地震有关异常现象登记的通知》，2009年共计对2起预测意见进行登记，落实登记宏观异常7次，按程序上报了结果。

2. 台网运行管理

北京市新建地震前兆监测站点6个，对8个前兆站点和38个地震烈度速报台站进行改造。对现有监测台站进行科学评估，开展监测布局优化和调整工作，停止10个前兆测项的运行，进一步提高台网效益和资料质量。

2009年3月组织召开2008年度北京市地震观测资料评比会。在2008年度全国资料评比中，房山地震台钻孔应变观测获第二名，延庆地震台地电场观测获第二名，通州徐辛庄地震台水温获第三名，其他参评测项均获优秀。

与北京市规划委员会、北京市城市规划设计研究院共同开展北京市地震监测设施及观测环境保护工作，将北京市行政区划内监测站点基本情况和保护范围及要求以文件形式提交上述单位。2009年对京唐铁路影响通州地震台环境、马坊工业基础设计开发建设有限公司电力隧道影响平谷地震台观测环境、机场15号线工程影响强震望京站、北京市经济技术开发区东扩项目影响测震台网次渠台环境等进行了协商解决。

2009年5月召开北京市地震背景场探测项目启动会，6月完成台站台址勘选并上报勘

选报告，11月完成土地预审材料备案工作，完成项目管理办法初稿。

印发《新中国成立60周年北京市震情跟踪工作方案》，组织召开四省市震情联席会议，完善预会商意见库，提高速报人员地震速报能力，保障仪器设备正常运转，认真抓好异常落实，编制《新中国成立60周年庆典期间北京市地震安全保障工作手册》。10月3日快速有效处置昌平2.3级有感地震，迅速提出震后地震趋势意见报市应急办，保证首都国庆期间的地震安全。

3. 监测预报基础和应用研究工作

完成电容换能式倾斜仪的研制；完成QZ-1加速度传感器技术指标优化及外观结构改形和电调零研制工作；完成DS-4K电容换能式三分向地震计的样机及调试工作；正在进行JDF-3电容反馈井下宽带地震计和JDQ-1井下加速计的研制。

生产DS-3K宽频带地震计2套、DS-4A短周期三分向地震计3套、ZHD-1型变频振动台及模拟建筑结构演示模型2套，并交付用户。完成上海市地震局合同项目海洋海底横置短周期三分项地震计的研制，并通过验收。成功研制ZD-1型变频振动台，并已生产6台。

（北京市地震局）

天津市

1. 震情

年度监测预报工作概述。组织编制印发《2009年度震情短临跟踪工作实施方案》和《新中国成立60周年庆典期间地震安全保障工作指南》，用于指导年度及特殊时段的震情监视跟踪工作。为加强天津市地震预测预报意见的管理，编制印发《天津市地震局地震预测预报意见管理办法》。扎实推进做好周、月、加密等各类会商工作，召开"津、唐、廊、沧、秦"五地区震情会商会，及时对地震活动趋势进行分析判定，完成元旦、春节、五一、"两会"等特殊时段强化震情监视工作。

年度地震趋势会商会及判定意见。2009年11月12日天津市地震局组织召开天津市2010年度地震趋势会商会。会议对天津市2009年地震监测预报工作进行全面总结，对2010年天津市及周边地区的地震活动水平作分析预测，经预报评审委员会对判定意见进行认真严格的评审，最终通过天津市2010年度地震趋势会商意见。

2. 台网运行管理

注重加强台网运行维护与管理工作，完善制度建设，规范工作程序，明确操作流程，及时排除故障，确保台网连续平稳地运行。全年测震、前兆、强震动三大台网数据连续率达到99%以上，观测数据连续可靠，数据报送及时准确，在规定时间内完成7次地震速报任务。为进一步做好地震观测资料质量的日常管理和监督工作，严格按照各项规章制度的要求进行管理，每月对观测质量情况进行总结，形成运行报告。进行前兆数据软件开发，使数据采集、传输、存储和处理更加科学合理，提升数据观测的质量。按时完成2008年度地震观测资料质量评比工作，各参评测项优秀率达到100%，共有9个测项获得全国评比前三名。

在静海地震台协助地球物理研究所成功举办地磁仪器标定培训班，参加培训人员共5批35人。2009年7月底，天津市地震监测预报中心在张道口地震台召开工作会议，针对台站日常工作中的"台站仪器设备运行监控、台站数据预处理、台站观测日志、台站电源维护、水位现场校测"等五项技术要求进行培训，并重点讲解全国地磁台网每日应进行工作、全国地磁台网月评议流程、全国地磁台网每月（年）应进行工作。培训拓宽一线观测人员视野、提升专业技能。

3. 台网建设

强化台网建设，逐步提升监测能力。通过组织协调，为北辰区地办配备了部分流体观测设备，及时恢复了辛候庄井流体观测；继续在塘沽、静海、张道口、宝坻台开展CO_2观测项目；协助西青区地办争取地方打井经费，改造和充实地下流体观测网。天津市地震局承担实施的"十一五"天津市地震安全基础工程——"前兆仪器更新改造"分项目，在"十五"地震前兆台网建设基础上，对地磁、地下流体观测仪器进行更新和升级，进一步优化与完善地震前兆台网，提高捕捉地震前兆信息的综合能力。

持续做好技术系统和观测环境的维护及升级改造任务。完成天津测震强震动台网110个台站的日常运行维护工作，逐台完成现场检查2次，及时抢修故障台站47台次，尤其在新中国成立60周年大庆期间，通过加强管理，及时抢修故障台站，保证所有台站处于待震状态。根据中国地震局中震防函〔2008〕130号《关于开展强震动台网运行维护管理工作的检查的通知》文件的要求积极开展强震台网运行状态自查工作，重点检查及解决"十五"项目验收时的遗留问题，完善台站建台报告等档案资料，在国家强震台网中心运行率远程抽查统计中取得运行率100%的成绩。完成丰台等6个避雷设施老化的台站加装电源和信号避雷器，修复更新王匡等3个台站的井下地震计，实施10个卫星台的通信信道改造，完成汉沽等3个台站的光纤或电源改造。

4. 监测预报基础和应用研究工作

承担国家地震安全基础工程天津地震背景场探测工程1项，天津市地震安全基础工程项目2项，天津市科委科研重大科技专项1项，中国地震局地震行业专项课题3项，天津市地震局局内课题2项。承担的"天津市地震前兆台网建设"项目获得天津市科学技术进步奖三等奖。

（天津市地震局）

河北省

1. 震情

一是地震观测质量稳中求进。根据2009年度公布的结果，河北省地震局在中国地震局2008年度地震监测预报资料质量评比中参评项目80项，参评台站优秀率100%，获得学科评比前三名共17项，取得了历史最好成绩。二是台站规范化管理水平不断提高。按照《河北省地震局地震监测台站管理办法》和《地震台站管理评比办法》，在有关部门和专家的协助下规范评比程序，对各台站的管理工作进行评比。三是震情跟踪工作扎实开展。组织制定《2009年度河北省震情工作方案》，建立震情跟踪负责制，进一步完善分析预报工作管理制度，建立异常和预测意见登记及上报制度。组织召开年中、年度地震趋势会商会，对华北地区和晋冀蒙交界地区的震情趋势进行了预测。四是六十周年国庆期间的地震安全保障工作圆满完成。根据中国地震局发布的《新中国成立60周年全国震情保障工作方案》要求，制订《新中国成立60周年震情保障工作方案》，圆满完成六十周年国庆期间的地震安全保障工作。

2. 台网运行管理

河北省区域地震前兆台网2009年在运行的台共计56个，在运行的观测仪器共计206套，测项分量共计381个。台网平均连续率99.04%，平均完整率98.92%，预处理完成率达100%，质量等级"优"率98.1%。河北省数字遥测地震台网按时完成大震速报和各类测震、强震台网的数据处理、报送和归档服务任务。2009年，完成地震速报5次，处理编报地震及爆破事件1028条，向中国地震局APNET网报送快报50余期。

2009年，全年共组织各类业务培训10余期，培训人数达100余人次，设立地震科研基金，资助8项重点项目，6项硕博项目，27项青年项目，充分促进了地震科研水平的提升。2009年度1人次获中国地震局防震减灾优秀成果二等奖一项，多人在各种专业刊物上发表学术论文。

3. 台网建设

2009年是陆态网络项目建设的关键年，上半年河北省地震局组织各中心地震台加紧对隆尧、鹿泉、唐山、承德、阳原、沧县6个基准站土建工程进行收尾，到5月份6个基准站的土建施工和室外收尾工程全部完工。2009年度还组织完成易县地震台观测环境优化改造、怀来砂层应力仪架设、大柏舍井下全空间电阻率观测试验等工作。

（河北省地震局）

山西省

1. 震情

2009年，山西省地震局进一步强化了震情跟踪和预测预报工作，制定印发《山西省强震强化监视跟踪工作方案》，修订《山西省地震震情会商和预测预报管理制度》《山西省地震前兆异常核实工作制度》。

2009年山西省地震局召开年度地震趋势会商会1次，联合会商会1次，周、月会商会52次，临时或紧急会商会23次，及时把握震情动态，提出地震趋势判定意见，形成山西省2010年度地震趋势判定意见。

2. 台网运行管理

"十五"网络项目完成后，网络化台网运行模式已成为主体。为适应新的运行模式，山西省地震局按照中心、台站网络化分级运行管理模式，建立了以省台网中心为核心，各台站中心为分级的监测系统运行管理体系，完善了各项运行细则，保障了监测系统的正常运行。2009年，山西省观测质量再上新台阶，在2008年度全国地震监测预报工作质量统评中荣获8项前三名。

山西省测震台网"九五"系统运行台站9个，系统运行率94.13%，脉冲合格率92.33%；"十五"系统运行台站32个，系统运行率96.37%，脉冲合格率99.85%。山西前兆台网运行仪器79台套，运行连续率99.81%，数据完整率99.67%。山西信息服务网络运行信息节点19个，省区域中心核心网络运行率98.89%，网络服务运行率86.66%，市县信息节点运行率98.55%，台站信息节点运行率99.19%，区域行业网运行率95.82%。

结合监测系统网络化运行的新模式和新要求，2009年修订了《山西省地震速报技术管理实施细则》《山西测震台网运行实施细则（试行）》《山西地震前兆台网运行实施细则》《山西省地震信息网络运行管理细则》《山西地震信息网络运行评比评分细则》《地震信息网络运行评比办法》等一系列管理制度，规范了测震台网、前兆台网、信息服务网络的运行管理，细化了工作流程，保障了运行质量。

在专业培训方面，积极组织，注重实效。2009年山西省地震局共组织科技人员参加中国地震局培训班25次，人数达51人次，并及时做好再培训工作；举办了测震、前兆、信息技术、电磁观测资料分析处理和形变学科技术培训班，参加培训人数达60余人次。在山西省年度观测质量检查评比会期间邀请中国地震局台网中心及学科组有关专家就前兆数据报送、台网运行管理等工作进行了技术培训，培训人数57人。

3. 台网建设

完成夏县中心地震台优化改造项目，通过总体验收并投入使用。完成昔阳地震台改造工作。实施武家寨磁电台观测环境优化改造项目。完成离石地震台迁建项目北武当山观测站的建设，完成金岗库地震台土建主体工程。

配合华北强震强化跟踪工作，在山西省部分台站新安装观测仪器5台（套），分别为大同中心地震台、太原基准地震台安装电离层斜测仪器，临汾中心地震台安装砂层应力仪，临汾中心地震台、代县中心地震台安装四分量钻孔应变仪，已全部完成建设并投入试运行。

4. 监测预报基础和应用研究工作

山西省地震局继续推进与中国地震局、京津地区直属院所、山西省科技厅、山西省气象局等单位交流合作。在科研项目管理上，充分调动科技人员及地市台站一线人员的科研工作积极性，共资助山西省地震局科研项目31项。获准中国地震局"三结合"项目2项、山西省科技项目4项，参与中国地震局直属研究所地震行业基金专项2项。组织申报2010年中国地震局"三结合"项目4项、申报2010年山西省科技项目9项。

（山西省地震局）

内蒙古自治区

1. 震情

为提高内蒙古自治区监测预报能力,内蒙古自治区地震局逐步完善监测预报工作体系,切实做好监测预报各项工作;建立健全内蒙古自治区联动协作制度,消除监测盲点。

2. 台网运行管理

内蒙古自治区数字化地震观测网络项目运行逐渐稳定,运行率较 2008 年有了明显提高,信息化、网络化的逐步完善,使内蒙古自治区的地震监测能力迈上新台阶。内蒙古自治区地域辽阔、地形复杂,本着"抓中间,带两头"的工作方针,建立呼—包—鄂金三角为中心,东部、西部为两端的协作区,完善和健全震情跟踪工作方案,发挥内蒙古自治区地震局的领导作用,在专家的业务指导下,调动盟市地震局、地震台站积极性,面对东西部不同区域的特点,开展各具特色和富有成效的工作,尽最大能力消除监测盲点,使内蒙古自治区的监测能力稳步提高。依靠"三网一员"的力量,加大宣传,及时发现异常,强化异常核实工作的执行力度。严格周、月会商制度,遇有重要异常和情况及时组织会商,并重点组织召开好内蒙古自治区年中和年终会商会。

(内蒙古自治区地震局)

辽宁省

1. 震情

2009 年,辽宁省地震系统牢固树立"震情第一"的观念,把做好震情监视跟踪工作放在首位。成立震情强化监视跟踪领导机构和相应工作组,制定《辽宁省地震局 2009 年度震情强化跟踪工作方案》《2009 年度辽蒙交界地震重点危险区地震应急工作方案》。全省各市地震局和地震台也相应制定震情跟踪方案和措施。加强震情会商,进一步改进和完善会商方式、方法,除进行严格的周月会商外,针对国庆 60 周年和显著地震事件制定应急预案和加密会商制度,确保地震发生后 20~30 分钟内完成相关分析与震后趋势判定。不断加强地震监测预报新技术、新方法的研究和应用,积极探索具有物理意义的预报途径,提高对地震活动和前兆异常的性质、信度和意义的认识。加大地震分析预报人员的培训和交流力度。同时从地震速报、应急应对、新闻宣传等方面,建立健全重点时期和重点时段地震安全保障方案,加强应急准备和应急演练,加强与邻近省地震局及有关部门的交流与协作。圆满地完成庆祝新中国成立 60 周年等重点时期和重点时段的地震安全保障工作。

2. 台网运行管理

辽宁省地震局加大地震监测管理力度,进一步规范地震台站(包括地方地震台站)、监测中心、维修中心及监测管理部门的职责任务。从制度建设着手,编制各学科、各手段评比标准和细则。制定《虚拟测震台网管理办法》和《辽宁省地震监测预报工作质量奖惩办法》，确保观测工作有章可循。参加全国地震监测质量评比106个测项，获得全国前三名18个测项，其余测项全部优秀，排在全国前列，也是历年来辽宁省取得的最好成绩。

3. 台网建设

辽宁省地震局不断加强监测技术系统资源的科学配置，充分利用"十五"网络系统资源实现观测数据与成果全省共享。对全省前兆测项进行科学分类，在全省范围内适当增设重点测项和手段，并在辽宁省地震海啸预警中心完成全省测震资料备份工作。对地震速报系统进行升级，加强监测技术人员和速报人员的技术培训和演练，地震数据处理和速报能力显著提高。为加强辽宁省海域地震监测能力，在锦州菊花岛和丹东大鹿岛分别建设两个海岛台。为进一步加强宏观观测网点的建设与管理，在全省筛选确定并建立100口宏观观测井，40个宏观动物观测场。

2009年辽宁省地震局荣获中国地震局监测预报工作先进单位。

（辽宁省地震局）

吉林省

1. 震情

以"震情第一"为工作重点，吉林省地震观测台网运行连续，执行周、月会商制度，开展地震资料分析，做好地震异常核实工作。制定《吉林省地震局预报意见登记管理办法》，规范对社会地震预测意见的管理工作。为应对2009年3月20日和8月5日两次地震召开的紧急会商会，为震后应急和政府决策提供科学依据。11月中旬召开年度吉林省地震趋势会商会，提出吉林省2010年度地震活动趋势意见。

2. 台网运行管理

吉林省地震观测台网全年正常运行，测震台网31个台站运行连续可靠，地震速报能力显著提高。前兆台网76套观测设备投入运行，观测资料产出连续可靠。信息网络平台运行稳定，保障数据传输的及时性。继续强化和监督各类台网运行规章制度的执行情况，保障台网高效规范运行。为适应数字化地震观测资料质量，印发《吉林省观测资料质量检查评比办法（试行）》，为年度考评工作提供依据。全年共计7名业务人员参加中国地震局组织的3期台站上岗培训班，每期培训40～50天，参加中国地震局组织的学科评比和各类短期培训近30人次。联合举办吉林省和黑龙江省地震局台站人员上岗培训班，两省台站共146人参加在吉林省长白山火山监测站承办的三期培训班。在长春承办全国地磁台网观测培训班和全国地震前兆台网工作会议，全国近200人参加会议。对安广地震台受拟新建高速公路干扰事宜向建设单位提出迁建要求。对东北电力设计院拟建3项高压输电线路设计图纸进行审核和回复。1月份完成2008年度吉林省地震台站观测资料质量评比及成果验收工作。延边地震台测震观测获全国评比单项第二名，双阳地震台倾斜观测获全国评比单项第二名。完成2008年度吉林省地震局防震减灾优秀成果奖评奖工作，长春市活断层探测项目等四项科研成果获得省地震局防震减灾优秀成果奖。完成 2009 年度长白山火山 GPS 和短水准流动监测任务，连续开展对长白山火山活动的综合研究工作。

3. 台网建设

四平地震台优化改造工程全部竣工并通过验收。完成 2009 年度通化地震台优化改造实施方案的编制工作。长春地磁台子午工程 2 套设备安装并投入运行。新建的扶余井水位、水温观测投入试运行。吉林省 4 个地震台站"九五"数字化观测系统技术升级。

4. 监测预报基础和应用研究工作

整理历史地震监测数据，继续开展数据共享工作。科技人员独立承担和参与科研项目 9 项。

（吉林省地震局）

黑龙江省

1. 震情

黑龙江省地震局加强地震分析预报基础性工作。认真实行周、月会商制度，努力提高前兆观测数据分析处理能力，发现异常及时核实。组织完成省内三个片区年中、年度会商工作，召开全省 2010 年度地震趋势会商会，加强震情跟踪和异常核实工作。

2. 台网运行管理

2009 年台网运行效率较高，台站整体观测资料质量进一步提高，数字地震台网完成责任区内地震速报；刻录光盘 24 张；完成地震月报编辑 12 册。前兆台网观测数据全部编辑入库。

组织有关人员维修台站各种观测仪器设备，保障台网正常运行，测震和前兆台网运行率达 90% 以上。

在 2008 年全国台站观测资料评比中，测震学科参评台项 14 个，均获优秀，其中黑河地震台获国家数字测震台第三名；形变学科参评台项 13 个，均获优秀；地下流体学科参评台项 39 个，29 个台项获优秀，占参评台项的 74.3%；电磁学科参评台项 12 个，获优秀 8 个，占参评台项的 66.7%，绥化地震台获地电场第三名。

3. 台网建设

黑龙江地震背景场探测项目启动，完成前期台址勘选并上报有关材料，落实项目建设组织机构和实施方案。

完成依兰、密山地震台优化改造项目，台容台貌得到彻底改变。完成黑龙江省 2010 年台站优化改造项目加格达奇台和哈尔滨台立项申报书组织编写报送工作。加格达奇地震台由于受机场影响，重新进行台址勘选。

陆态网项目（鹤岗地震台、五大连池地震火山监测站）土建工作已完成，并通过黑龙江省地震局和国家质量检查验收，正在进行仪器安装架设和信道连接工作。

4. 监测预报基础和应用研究工作

组织评审黑龙江省地震局一般性课题立项 5 项，验收各类课题 6 项，组织申报黑龙江省科技攻关项目2项，申报中国地震局三结合项目2项，荣获黑龙江省政府科技进步三等奖1项；组织《东北地震研究》稿件评审2篇；对黑龙江省地震局承担的科技厅项目进行检查。

开展局所合作，完成黑龙江、吉林两省流动地磁观测，测点27个。

（黑龙江省地震局）

上海市

1. 震情

为进一步提高分析预报水平，狠抓日常分析会商工作，认真开好周、月和年度会商会，在重要节假日和国内外发生较大地震时，及时组织震情会商，并安排处级以上干部和业务骨干参加震情值班，确保及时应对。圆满完成国庆60周年期间上海市的地震安全保障工作。承办了华东地区2010年度地震趋势会商会，形成华东地区2010年度地震趋势会商意见。

2. 台网运行管理

坚持每月编辑1期《监测预报工作简报》，加强地震监测预报系统的运行管理。截至2009年底，上海市地震局测震台网共有1个区域测震台网中心和32个测震台站，其中，测震深井台站8个（戏剧学院、竹园、南汇、崇明东滩、大新中学、金山金泽、虹桥、海洋八角亭），测震地面台站9个（佘山、天平山、横湖、秦皇山、天马山、小昆山、大洋山、张江、佘山岛），佘山台阵子台数16个。

前兆台网共有1个区域前兆台网中心和18个前兆台站，运行仪器共56套。仪器分布为佘山台13套，崇明台12套，崇明三烈中学台5套，崇明长江农场台4套，虹桥机场台3套，上海大学台3套，凤城中学台3套，查山台2套，青浦金泽台2套，浦东张江台、松江二中台、扬子中学台、闵行塘湾台、长兴岛台、嘉定二中台、新海农场台、闵行锦绣台和南汇中学台各1套。

2009年，制定了《上海市地震局前兆台网运行管理办法》《上海市地震局测震台网运行管理办法》，通过完善相关制度来加强监测预报管理，提高系统运行稳定性，促进观测资料质量的提高。

在2009年的全国年度资料质量评比中取得较好成绩。预测分析中心在年度会商报告评比中获三类局第二名；佘山台在钻孔应变台单项评比中获全国第一名，在地壳形变学科综合评比中获全国第二名；崇明台在地磁Ⅱ类台评比中获全国第三名；其他参评项目均获得优秀。

3. 台网建设

认真开展监测预报体系项目建设，东海平湖八角亭地震观测台建设项目通过验收，"十五"海洋项目OBS系统通过陆上验收并先后完成出海投放和回收。完成了上海市"十五"测震项目张江台和佘山岛台的验收工作，对上戏测震台进行了技术改造，并完成电磁波扰动观测系统建设（分别在崇明台、崇明长江农场、青浦金泽和嘉定二中等4个点建设了地磁扰动观测点）。

4. 监测预报基础和应用研究工作

2009年对地震自动速报系统主要作进一步完善及开展对比研究工作，包括解决了系统的短信发送问题；将自动速报系统和人工处理系统相结合，提升了速报质量；对自动速报结果的可视化作进一步完善；为开发上海市地震局的实时自动速报系统开展预研究。区域网格化趋势快速判定研究2009年对系统研制方案进行了相应调整，预计在2010年世博会前完成系统研制，真正做到历史性、科学性和显示性的有机结合。

（上海市地震局）

江苏省

1. 震情

制定并实施《江苏省地震局2009年震情监视和短临跟踪工作方案》，修订台站目标考核办法；在重点地区增上13个观测项目，更换仪器设备6台套，完成9个测项迁建任务，帮助完成市级测震台网中心的建设和部分台站的升级改造，完成"十五"测震、前兆项目移交工作并实现"十五"网络项目与"九五"系统并轨运行管理。江苏省地震观测资料有9个观测项在2008年度全国监测预报质量评比中获得前三名，超额完成目标任务66.7%。制定江苏省监测预报类行政权力公开运行表及流程图和江苏省监测预报类行政处罚自由裁量权基准，通过地震趋势报告评比办法、观测资料质量观测分析报告评比办法及市地震局监测台网地震数据共享综合管理办法。

2. 台网运行管理

江苏地震前兆台网2009年在运行仪器共计89套，测项分量共计271个。其中形变学科仪器18套，测项分量63个；磁电学科仪器31套，测项分量131个；流体学科仪器24套，测项分量26个；辅助观测仪器16套，测项分量48个。各学科各类观测仪器总体运行状况良好，总体运行率99.63%。其中"九五"数字化观测仪器运行状况较好，其运行率在99.92%以上；"十五"数字化观测仪器运行率99.30%。

2009年，江苏省地震局制定《江苏省年度省属地震台观测资料质量分析地震报告评比办法（试行）》《江苏省年度地震趋势研究报告评比办法（试行）》《关于印发江苏省地震观测资料质量评比办法的通知》，重新制定江苏区域地震前兆台网中心规章制度及地震前兆台网中心值班操作规程。

全年，江苏省地震局依托省地震监测中心，按台站目前测项及准备新上测项需求，设置测震及前兆各学科培训课程，多批次组织省属台站人员进行专业培训考核。4月份组织有关人员参加"十五"测震项目软件培训，9月份组织对台站新招录人员进行试用期考核。

2009年，茅山短水准场地、重岗流动水准观测场地及无锡地震台存在观测环境被破坏的情况。一年来，经与相关方沟通与协调，茅山短水准场地由于常州监狱施工方案的调整，已无须搬迁。无锡地震台周围拆迁工作正在进行中，经了解，无锡地震台观测不会受到拆迁影响；江苏省地震局与重岗流动水准观测场地受破坏相关方保持接触，商谈要求其做好保护工作。

江苏省测震台网中心数据的产出基于JOPENS技术系统。JOPENS系统承担着所属台站的数据流接收、地震事件速报、地震快报、正式报编目、月报生成、标定文件及运行日志等数据波形资料的应用、服务和存储等项任务。江苏省测震台网中心配备有长达90天的在线波形缓存服务器和数据库管理的数据存储管理系统，定期产出江苏测震台网观测报告，每天定时归档连续波形数据、事件波形数据、标定波形数据以及各类日志文件等数据资料，定时采用光盘介质（DVD）刻录和大硬盘存储两种方式长期保存数据资料，每月刻录光盘（每张4.7GB）约40张，归档在江苏测震台网中心。

2009年，江苏省地震局相关科研成果《江苏省区域地表背景噪声特性的分析》《江苏及邻区中小地震能量场的时空变化分析》刊发在《地震研究》上，高邮地震台牵头完成的《高邮台地电阻率观测成果和地震前兆研究及应用》获得"江苏省防震减灾优秀成果奖"一等奖。

3. 台网建设

江苏数字地震台网是江苏省人民政府和中国地震局共同投资建设的区域地震台网，由38个数字测震台站和1个省级地震台网中心组成。台网孔径约500千米×300千米，孔径长轴呈NNW向。除苏中及沿海部分地区因第四系松散沉积覆盖深达千米、台站布局稍稀疏外，江苏数字测震台网台站基本均匀地分布于全省陆地范围内，台站密度平均约4.0台/万平方千米。

江苏省地震局地震前兆台网中心现有两套数据库系统——SQL Server2000和Oracle数据库系统，服务器7台，分别是："九五"安装Windows2000操作系统和SQL Server2000数据库系统的服务器两台；安装Suse linux10和Oracle数据库系统的服务器5台，其中3台作为地方台的数据库服务系统，管理着地方新建台站的观测项目，另两台作为江苏地震前兆台网数据库服务器，承担着汇集国家台网前兆测项数据，并上报国家台网中心的任务。

2009年11月，中国地震台网中心派专人对Oracle数据管理系统进行升级，在此之前，江苏省地震局Oracle数据库系统偶尔会死机并需要重启，其他系统运转良好，升级改造后，Oracle数据库系统一直运行正常。

4. 监测预报基础和应用研究工作

江苏省地震局开展包括句容16井远大震同震效应的初步研究、新沂地震台新建地电场观测资料分析、蔬菜大棚对新沂地震台地电阻率的影响、常熟地震台石英水平摆倾斜仪在黄海地震前的临震异常、2010年度跨断层水准、重力测量地震趋势研究以及基于数字地震记录和地球物理场观测资料，从震源机制、GPS资料、流动水准、重力场以及前兆整体趋势变化等加强区域应力场背景研究；基于区域动力学背景，根据地震期幕划分规律和区域地震活动特征，强化太阳黑子、地球自转加速度以及全球和全国强震等外部因素对江苏地区地震活动影响分析；重点分析典型地震活动图像（条带、空区、震群、平静和增强等）及其预测意义；加强对各类地球物理场观测资料变化的异常性质判定，逐步梳理和建立预报指标体系。

（江苏省地震局）

浙江省

1. 震情

2009 年，浙江省数字地震台网共记录到 $M_L \geq 1.0$ 地震 41 次。圆满完成宁波皎口水库地震和新中国成立 60 周年期间的震情保障工作。全年共落实地震宏观异常 2 次；成功完成地震速报 10 次；组织召开各类地震趋势会商会 13 次；全省观测资料质量稳步提升，在全国地震监测资料质量评比中，参评的 32 个台（网）项，其中有 5 项获得名次，是近 7 年来获得名次最多的一年。

2. 台网运行管理

根据中国地震局台网运行相关规定，重点开展各类制度修订和制定工作，做到以制度管人管事，确保责任到人。浙江省数字测震台网平均运行率达 98.78%；数字前兆台网产出的数据评价连续率达 99.66%，完整率 99.34%；信息服务系统各节点运行正常，网络通信平台运行正常。2009 年 11 月 12—14 日，浙江省地震局在杭州组织召开浙江省 2010 年度地震趋势会商会。会议对 2009 年度浙江省及邻区地震趋势进行了研判，并形成《浙江省 2010 年度地震趋势预测意见》。

3. 台网建设

湖州地震台观测山洞设施改造和温州陆态工程建设全面完成；"杭州地磁台观测项目迁建台址方案"得到中国地震局和浙江省发改委的论证同意；全年新建各类观测台站（点）34 个，监测能力进一步提高。截至 2009 年底，浙江省数字测震台网台站总数达到 35 个（38 个测项），较 2008 年新增 2 个；前兆台网台站总数达到 33 个（60 个测项），较 2008 年新增 3 个，其中形变观测台站 21 个（27 个测项）、GNSS 观测台站 3 个（3 个测项）、流体观测站 7 个（19 个测项）、电磁观测台站 6 个（11 个测项）；强震台网台站 15 个（15 个测项）。同时，全省已建成省级信息节点 1 个，大中城市信息节点 1 个，县级信息节点 7 个，台站信息节点 5 个；建成省级指挥中心和市级指挥中心各 1 个。

4. 监测预报基础和应用研究工作

2009 年，浙江省地震局组织完成"温州地区软弱土层地震效应及其危害性评价和对策""浙江省水库诱发地震趋势判断方法研究"等 2 项省级社会发展项目的验收；完成地震联合基金项目"珊溪水库地区区域应力场的时空变化特征"的验收。根据工作需要，完成《浙江省地震构造图》的编制；完成浙江省显著震例总结。同时，还制定或修订《浙江省地震局科技项目管理办法》等多个制度，进一步规范了项目的申报、立项、实施等各个环节。

（浙江省地震局）

安徽省

1. 震情

2009年，安徽省地震局坚持以震情为中心，认真履行牵头单位职责，组织制定震情联防工作方案，积极开展各项联防工作。同时加强全省地震监测预报能力建设，完善台网布局，加密观测手段，加快台站优化改造，强化观测资料质量和信息网络运行管理，加强异常跟踪分析和研判，强化会商制度，深入研究华东地区地震活动与前兆资料动态变化，正确判定2010年度全省地震趋势，有效地应对肥东3.5级地震和霍山3.3级震群。2009年，安徽省地震局参加全国评比的监测预报项目共有14项进入前三名，比2008年度增加4项。省地震局再一次被评为全国地震监测预报工作先进单位，并且名列第一，连续12年获此殊荣。

2. 台网运行管理

安徽省数字测震台网和地震前兆台网运行良好，数字测震台网26个子台运行率在99%以上，能够在震后迅速完成地震参数的测定与速报，具备对全省行政区内3.0级以上地震12分钟完成速报的能力。测震台网全年共处理本省地震1200多条，完成向中国地震台网中心地震速报10次，向省政府报告地震信息100次，转发中国地震局国外6.0级以上、国内5.0级以上地震130次，向全省地震系统及相关人员发送地震短信50000多条。前兆台网担负着全省所有专业台站和部分地市观测点的模拟前兆数据、"九五"数字化前兆数据、模拟"九五"格式数据、"十五"数字化前兆数据的传输工作和大华北前兆数据的交换工作。仪器整体运行率和数据报送率都达到99%以上，原始数据预处理率达99%以上（合格率提高到98%），仪器整体运行率和数据报送率都达到99%以上，台网整体数据连续率和数据完整率均超过97%，居于全国前列。

印发《安徽省地震台站数字化前兆观测质量评比管理办法（试行）》《安徽省地震前兆台站运行评分细则（试行）》。制订《安徽省地震仪器维护维修规程》，组织编写台站设备维护手册，修订印发《安徽省台站目标考核管理办法》。

共举办数字化流动地震监测、数字化水位水温仪观测技术、形变观测技术等7期培训班，培训人数达200余人次，并颁发培训结业证书。组织60余名技术人员参加中国地震局、省级相关部门举办的各类学习培训。邀请20余位专家为全局技术人员作各类学术讲座，承办中国东部地区青年预报人员论坛。

全年前兆台网共接收模拟前兆数据约16万组，新入库数字化前兆数据约1200万组，同时接收大华北14个省（直辖市）215个台站模拟前兆数据约140MB、15个省（直辖市）共95个台站约4GB的数字化前兆数据。

3. 台网建设

安庆23井模拟观测和泗县地震台模拟石英摆停止观测，合肥市地震局将皖16井模拟水位仪移至肥东路口井使用，皖16井停止运行。增上淮北地震台石英摆和连续重力仪，合肥地震台砂层应变和钻孔应变，蚌埠地震台钻孔应变，黄山地震台电磁波，蒙城地震台电离层斜测仪，嘉山地震台钻孔应变，黄山地震台钻孔应变，界首宽频带测震观测，肥东路口井模拟水位和数字化水位水温观测，滁州大王井水电导观测，利辛地震台水温观测，肥西县地震监测中心综合前兆观测，宿州市地震台强震动观测；新增霍山五桂峡和寿县2个CO_2观测点；滁州市地震局、淮南市地震局配备数字化流动测震观测。3—12月在佛子岭地震台和豹子崖地震台增上PSD-1便携式地震计，加强霍山地区微震监测。恢复霍山地区地磁矢量场观测，组织实施"秦岭—大别山断裂带流动重力观测"。

完成合肥形变台优化改造工程和测量线路改造，完成蚌埠地震台和嘉山地震台优化改造项目。局部改造佛子岭地震台形变山洞洞口。完成蒙城国家地球物理野外科学观测研究站监测楼主体工程建设，完成中国大陆构造环境监测网络淮北连续重力站的仪器安装工作并投入试运行。完成宿州地震台测震数字化改造，恢复香泉地震台水温和水氡观测。支持全省第三类台站及井网技术改造，如含山皖19井道路维修、临泉水化站、涡阳皖18井观测站计算机维修等。升级改造全省视频会商系统，改善视频会商基础条件。省地震监测与应急指挥中心大楼项目争取到省发改委工程项目批复及500万元投资计划，于10月9日破土动工。

4. 监测预报基础和应用研究工作

规划建设大别山地震监测预报实验场、郯庐断裂带中南段重点研究室、蒙城国家地球物理野外科学观测研究站。调动和引导社会各方开展地震预测研究的积极性，在战略研讨、基础科研、社会服务、资源共享等方面广泛合作。先后与文物考古、气象等部门实现资料的互用共享和合作研究。与中国科技大学共建地球物理国家野外观测站。与中国地震局地球物理研究所合作，在大别山实验场开展可移动式磁通门台阵观测及研究。争取到科技部、中国地震局公益性行业基金等近250万元。完成天津空客、青藏高原、西沙群岛等磁测点的勘选及观测任务，其资料成果被应用于民用航空和国防领域。苏鲁皖重点监视区（安徽）学校及农村民居震害预测成果被应用于安徽省中小学校舍安全排查。数字化资料谱分析等8项新技术、新方法在地震预报方面得到应用。

（安徽省地震局）

福建省

1. 震情

2009年，福建省地震局广大干部职工牢固树立震情第一的观念，着力加强地震监测基础设施建设，改革创新地震会商制度，加强现代化台站建设，强化地震短临跟踪工作，不断提升地震速报水平和地震会商水平，监测预报工作迈上新台阶；2009年11月14—16日，福建省2010年度地震趋势会商会在福州召开，与会专家就福建省2010年度地震趋势作专题报告，并就闽台地震活动近期出现的态势进行广泛而深入的研讨，提出2010年度闽台地区地震趋势意见。

2. 台网运行管理

测震台网运行率98.66%，处理地震事件6453个，速报地震54次；强震台网运行率

70%，记录到地震事件 63 次、828 条目，按照《强震动观测管理细则》规定，完成远程通信检查 748 次/台，完成烈度速报报告 7 份；前兆台网运行率 97.27%，数据完整率 95.70%。

加强全省地震监测手段管理，要求各台站认真做好地震监测工作，严格执行技术规范，保证提供连续、可靠、及时的观测数据。2009 年，先后转发中国地震局《区域地震前兆台网运行管理技术要求》等文件，制定《福建省地震前兆台网运行管理细则》《福建省地震速报技术管理规定实施细则》等管理性文件，进一步规范地震监测台网运行管理。

举办台站节点维修维护，监测仪器维修维护和地下流体水氡、气氡固体源使用等三期培训班，培训技术人员 150 余人次；派出参加中国地震局系统专业培训学习 10 余人次；举办全省地市局、台站专业学科视频讲座 3 次。省地震局各有关工程项目也根据各项目需求，对台站和一线人员开展培训。

对尚未建立观测环境保护标志的部分台站，全部补齐保护标志牌。妥善处置南平樟湖测震点、连江苔菉镇测震点观测环境及宁德地震台门口被埋电杆影响台站正常工作等问题。

福建省地震局参加中国地震局地震监测预报工作质量全国统评，地下流体学科有 3 个台站获得单项评比水位第二名（厦门市地震局）、水温第三名（泉州市地震局）和气氡第三名（宁德地震台）好成绩，其余台站各观测项目全部获得优秀。

3. 台网建设

福建省防震减灾二期工程台站建设全面实施，截至 12 月 31 日，各台站建设征（租）地工作已基本全面完成。GPS 基准站 30 个台站建设图纸已下发各有关单位，其中漳浦、平和、华安站点建设已签订合同；2 个海峡地震观测台阵，84 个数字地震烈度速报台建设图纸已下发各有关单位，部分台站建设已开始洽谈签订建设合同；福州地震台有关建设项目已签订钻井建设合同，有关观测山洞建设工程已开工建设。

继续加强地震宏观观测网建设工作，在全省宏观观测网的基础上，应地震形势变化的需要，在 2009 年重点监视防御区和值得注意地区增加 19 个宏观测报点，福建省级地震宏观观测网测报点已达 97 个。

完成漳州地震台、莆田地震台、南平地震台的二期改造建设工作；永安地震台建设项目，已进入招投标阶段；永安地磁台建设项目地磁房建设已封顶，进入内部装修阶段；平潭地震台主楼主体建设工程已完成，待验收，旧楼改造工程和室外附属工程建设正在施工中。泉州地震台搬迁重建具体事宜已初步协商，正在等待一八〇医院上级主管部门的审批。完成东山地震台、长汀地震台台站优化改造设计工作，改造方案已上报中国地震局。

4. 监测预报基础和应用研究工作

加强科技项目管理工作，积极协助科技人员申报国家和省级各类科技项目。2009 年度福建省地震局科技人员在各类学术刊物上发表论文 50 余篇。安排省地震局科研基金 8 万元，开展结合地震监测预报实用型课题研究，在课题评审中注重对青年科技人员的倾斜支持，鼓励年轻人勇挑重担，对 16 个申请项目予以资助，充分调动广大科技人员的积极性，形成良好的科技创新氛围。

在国内率先开展利用福建省数字地震监测台网的脉动记录反演福建地区面波群速度并应用于地震预报的研究。面波成像科研项目已投入实际应用，在地震预报中发挥重要作用，成为地震预报的一种新手段。

（福建省地震局）

江西省

1. 震情

据江西省地震台网测定，2009年，江西省境内共发生$M_L \geq 1.0$地震73次，其中$M_L 2.0 \sim 2.9$地震21次、$M_L 3.0 \sim 3.9$地震3次，分别为2009年1月14日南昌$M_L 3.1$地震、4月20日分宜$M_L 3.2$地震和5月20日分宜$M_L 3.1$地震。

做好震情监视工作，妥善处理1月15日南昌泾口王家港和2月21日抚州南城小震群活动事件，认真组织震情跟踪研判，迅速落实宏观异常现象，深入震区开展现场调查工作，及时发布震情信息，有效维护了社会稳定。12月19日台湾海域发生6.7级地震，江西省南昌、九江等地有轻微震感，及时妥善应对事件影响，通过新闻媒体发布震情信息，稳定社会秩序。

2. 台网运行管理

继续推行监测预报目标管理，在年初向监测中心、预报中心和各专业台站下达工作任务，在年中和年终进行考核。加强台站基础设施建设，启动南昌台、修水台改造工作，改进台站工作和生产条件，全年江西省测震台网运行率为97.38%。妥善处理2月10日九江市都昌县南山森林大火导致的都昌县数字地震台断电事故等紧急情况，协调组织各方力量进行抢修，在最短时间内恢复观测运行，保障监测台网的正常运行。与建设厅联合印发《关于加强江西省地震监测台站观测环境保护工作的通知》，要求各市县防震减灾部门和建设规划部门按照相关规定，认真做好地震监测台站的环境保护工作。

3. 台网建设

积极推进中国地震背景场探测项目可行性研究工作和江西省防震减灾"十一五"规划重点项目——江西省防震减灾应急指挥中心及台网加密与扩建项目建设。江西省防震减灾应急指挥中心及台网加密与扩建项目建设获得省发改委批复立项。项目建设规模为1.05万平方米，预计总投资6820万元。以地震应急指挥为核心，集地震台网监测、分析预报、灾害预防、信息网络服务、工程技术研发等功能于一体，包括新建、改建3个数字地震监测台站，新建1个、改扩建5个流体台站，新建4个信息网络节点等。项目建成后，将进一步完善江西省地震监测台网，提升防震减灾基础能力和地震科技创新能力。协调推进中国地震背景场探测项目勘选工作，成立项目工作组。完成了勘选经费的测算及上报一级全部勘选任务。

4. 监测预报基础和应用研究工作

组织开展"送科技下台站"活动，组织局监测预报各学科技术管理人员，赴专业台站进行现场培训指导。开展岗位练兵活动，组织全省地震速报竞赛。选拔选手参加广东赛区复赛，取得了团体总分第二名、个人第一名。个人第一名曾文敬同志获中国地震局地震速报竞赛三等奖。组织8期"科技论坛"活动,营造浓厚科研氛围。

(江西省地震局)

山东省

1. 震情

根据2009年度全国和全省地震趋势会商会精神,山东省地震局、各市地震局制定短临跟踪工作方案,加强震情趋势跟踪研判,及时排查落实各类异常。坚持震情趋势周、月、半年、年度会商制度,日常会商和紧急会商相结合,参加首都圈、华东地区、苏鲁皖等区域震情联席会商,全年召开临时紧急会商会12次,较好把握了山东地区的地震趋势。印发《关于进一步加强震情趋势会商工作的通知》,对规范震情会商工作提出要求。完成新中国成立60周年庆典和第十一届全国运动会期间的地震安保工作,省地震局和17个市地震局编制全运会地震安保工作方案,全省地震系统进入震情保障工作特殊时段,采取每天会商等强化措施,稳妥处置在此期间发生的3次有感地震事件。

2. 台网运行管理

加强地震台网运行管理,印发全省测震台网、前兆台网两个运行管理细则。召开全省观测资料统评会,对各市地震局和台站技术人员进行测震及前兆观测技术培训。2009年速报地震200余次,处理并发布 $M_L1.4$ 以上非天然地震500余次。加强地震监测设施和地震观测环境保护,17个市全部划定地震监测设施和地震观测环境保护范围,完成100余个流动地震观测保护标志(点)埋设和托管工作。在全国监测预报工作评比中,有10个测项位居全国前三,其中4项第一。

3. 台网建设

地震监测台网密度逐步加大,全省建成测震台99个、强震台66个、前兆专业台站44个(测项156个),流动地震台25套。全省地震监控能力达到1.7级,济南、青岛等部分地区达到0.8级,地震速报时间缩短到8分钟,具备4.0级以上地震的地震动加速度观测能力。新建县级信息节点9个,全省地震信息节点达到54个。市级地震台网中心不断完善,枣庄、济宁、烟台等市建成市级地震台网中心,莱芜市建立虚拟测震台网。省地震监测中心台项目通过规划审批,项目初步设计方案获得中国地震局批复,落实年度建设经费2400万元,完成建筑方案设计工作。承担的国家建设项目进展顺利,"背景场"探测项目完成台址勘选,"电离层"项目完成4个台站的设备安装,"陆态网"项目完成荣成、昌邑2个台站监测房的基建任务,"子午链"项目完成马陵山地震台地磁房基建任务。济南市地震监测中心建成启用,济南、淄博、莱芜等市提前完成"十一五"台站建设任务。烟台市地震监测预报中心、泰安地震台宣教中心建成,莱阳地震台改建工程竣工,荣成、陵阳、大山、嘉祥等地震台站进行了优化改造。

4. 监测预报基础和应用研究工作

5月8日,省人民政府办公厅印发《关于加强全省地震群测群防工作的意见》,对各市、县（区）的地震群测群防工作作出全面部署。6月2日，省地震局、省财政厅联合印发《关于明确社会地震观测员补助标准的通知》，落实社会地震观测员财政补助资金渠道和补助标准。全省"三网一员"体系得到健全，群测骨干观测点达到326个，宏观测报点达到996个。

（山东省地震局）

河南省

1. 震情

2009年2月27日，河南省防震抗震指挥部（扩大）会议召开，研究部署全省防震减灾工作，落实震情短临跟踪工作措施。制定震情跟踪方案，并与跟踪区各省辖市地震局签订《震情短临跟踪目标责任书》。全年先后3次召开会议，分析震情形势，安排震情监视和短临跟踪工作。

除每季度对台站监测工作进行检查外，7月下旬、国庆节前夕，局领导带队对新乡、安阳、濮阳、商丘、信阳、南阳、三门峡等市和地震台站的地震监测、震情会商、异常落实、地震应急等方面的工作进行全面检查和督导。全省地震台站坚持24小时不间断值班，地震监测仪器运行维护良好，震情短临跟踪区的500多个地震宏观测报点坚持开展加密观测。发挥网络优势，与邻省协商，实现周边20个测震台资料共享。豫北震情短临跟踪区的各市，以及许昌、驻马店先后购买流动数字测震仪，进行组网调试，对发现的问题及时加以解决。全年共落实宏观和微观异常110余次，做到异常落实不过夜。首次在年度全省地震趋势会商会上邀请其他系统专家参加，多渠道、多角度地研讨震情形势，提出2010年的震情趋势判断意见。全年共召开周、月会商会64次、紧急加密会商会10次，较为准确地预测了全省的震情趋势，圆满完成新中国成立60周年庆典震情监测保障任务。

中国地震背景场探测项目（河南）进展顺利。中国地震观测技术委员会年会在南阳成功召开，中国地震局党组成员、副局长阴朝民作重要讲话，全国多名地震观测专家参加，与会代表就地震观测技术研究成果展开讨论，并对丹江口库区地震监测工作提出中肯建议。

11月11—13日，河南省2010年地震趋势会商会在郑州召开，省地震局监测预报中心专家对地震形势作总体报告，中国地震局地球物理勘探中心、省辖市地震局（办）的专家先后作专题发言，河南省水利厅、省气象局、省测绘局专家也提出宝贵意见，与会代表认真分析河南地震活动情况和前兆资料异常情况，研讨2010年河南省地震趋势，形成判定意见。

2. 台网运行管理

河南省测震台网和前兆台网资料连续率分别为99.58%和99.38%。

12月3—7日，河南省地震局在郑州举办"地震观测技术培训班"，来自17个市地震局的60余人参加了培训，培训班邀请中国地震台网中心总工刘瑞丰研究员为大家作专题报告，并安排路由器、交换机、服务器、UPS电源、避雷设备厂家的技术维修人员，对设备的日常维护、常见故障等工作中的实际问题进行了讲解,大大提高了台站观测人员设备维护水平。

省地震局成立河南省地震局第七届科学技术委员会和第三届河南省地震预报评审委员会,制定河南省地震局科学技术委员会章程。

2009年,河南省辖区域内没有出现观测环境受损现象,各类观测站点运行正常。

(河南省地震局)

湖北省

1. 震情

2009年,湖北省地震局速报地震30次,均采用数字测震台网速报,在10分钟内报出地震三要素并发出应急群呼和信息群呼,地震速报工作准确、及时。严格执行周会商、月会商、年会商,节假日加密会商,地震发生后紧急会商等震情会商制度,及时提出地震趋势意见,为政府决策和保障人民生命财产安全服务。

关注三峡库区有感地震活动,重视长江三峡地区地震分析预报工作。全年共分析处理三峡遥测地震台网记录地震事件1970条,精确定位1954个地震事件,速报三峡重点监视区及邻区M_L2.5以上地震24次,速报三峡重点监视区内M_L2.5以上地震21次。根据有关地震活动情况,及时派出队伍架设数字测震仪,在巴东、秭归库段现场组网进行跟踪加密监测,有效开展地震观测与应急工作,及时向三峡总公司和国家有关部门报送震情。加强运行管理,确保三峡监测系统全面、正常、可靠运行。

2. 台网运行管理

按照中国地震局印发的《测震台网运行管理细则》《省级地震台网系统运行评比标准》《省级地震台网编目评比标准》《省级地震台网速报评比标准》等的要求进行管理,全年台网的系统总体运行率达99.9%。对湖北测震台网日常运行管理工作进行规范,使台网运行、编目、速报、应急等工作有章可循,使台网运行率保持良好的状态。定期对值班人员的地震速报工作熟练程度进行检查、考核。引进自动地震速报实时处理软件,并在地震速报工作中予以应用,取得良好效果,确保地震速报的快速和准确。

全年前兆台网的运行率98.0%。根据台网运行的实际情况,针对前兆观测工作中存在的问题,要求台站依据《地震前兆台网运行管理办法(试行)》《区域地震前兆台网中心运行管理技术要求》和《关于加强湖北省地震前兆台网运行管理工作的通知》要求,进一步完善"台站运行值班制度",明确值班责任,从观测数据采集、资料预处理、数据入库和检查、值班日志填写、仪器运行与维护、系统监控等环节提出具体的工作要求,把前兆台网运行管理工作落到实处,保证前兆观测系统长期连续、正常、有序运行。进一步完善"台站技术系统管理与维护制度",建立"故障处置、报告与记录制度",包括仪器设备和软件系统管理、巡查、维护、更新等工作内容,保障台网技术系统的正常运转。

3. 台网建设

武汉地震基准台(武大)和丹江地震台纳入财政部支持的全国重点地震台站优化改造

项目，武汉地震基准台（武大）完成近800平方米的综合办公楼装修改造和水电改造配套工程；丹江地震台新建780平方米综合观测楼一栋，并完成水电接入，避雷系统改造和室外护坡、排水沟的修建工作。

完成九宫山地震台测震观测仪器、信息网络系统设备及台站安防系统的安装。

开展武汉地震基准台地磁观测项目搬迁的前期工作，组织技术人员对咸宁咸安区太乙洞和孝感应城汤池两个地磁备选台址作跨密度测量，及时与全国地磁学科组沟通，邀请学科组专家到现场踏勘。中国地震局已批复《武汉基准地震台地磁（电）观测新台址勘选报告》和《武汉基准地震台地磁（电）观测项目迁址重建方案》。

完成襄樊地震台进台专用道路、院内排水系统、大门、停车场修建等环境改造工程和恩施地震台地磁观测环境改造工程。

4. 监测预报基础和应用研究工作

湖北省地震局投入100多万元，支持基于GNSS技术的地震电离层效应探索研究、动态连续重力变化数据整体融合处理的新方法技术研究、汶川$M_S 8.0$地震震前同震后形变场的GPS与InSAR研究、水库地震数字化波形处理及趋势判定系统、高精度数字化电磁流量仪研制、日全食的重力效应观测、新型高精度水位仪研制、基于数据挖掘的微地形变观测短周期波动事件的研究等20多项监测预报基础和应用研究项目，完成了武汉市地铁对地磁观测影响的实验测试及分析、三峡井网井水位应力应变响应特征研究等2项中国地震局"三结合"项目。

（湖北省地震局）

湖南省

1. 震情

根据宁乡、郴州、石门等地小震活动频度和强度均有所增强的实际，湖南省地震局加强震情监视与信息报送，及时组织现场考察和地震成因、发展趋势等方面的分析研判。组织对双峰永丰镇、株洲县职业中专、隆回司门前镇和金石桥镇、衡山白果镇等地出现的宏观异常现象进行调查核实，对资料异常情况进行分析研究。认真开展前兆观测和测震观测资料的日常分析处理及每周、每月震情会商，加强60周年国庆等特殊时段的震情跟踪。举办一期全省分析预报骨干培训班。

2. 台网运行管理

加强省地震台网人员队伍建设，增加6名临聘人员，充实台站队伍力量。加强规范管理，制定《湖南省地震信息网络运行管理细则》《地震速报与震情信息报送发布规定》《地震监测预报工作质量管理办法》等工作制度。加强技术系统运行维护和日常观测及震情值守工作督促检查，保证观测资料连续稳定和可靠。年内参评的项目质量总体良好。

3. 台网建设

对平江、石门、冷水江、茶陵地震台形变观测设备进行更新改造，完成邵阳大祥地震台数字石英水平摆倾斜仪的安装。对长沙地震台石英水平摆标定软件进行升级，使全省形变台站基本实现数字化观测。安化地震台正式建成并投入运行，株洲新测震台投入试运行，江华地震台已进入动工建设阶段；组织对新宁、溆浦、石门等台站的测震设备进行串口改IP的升级改造，解决早期建设的测震系统与"十五"技术系统不兼容问题，实现全省20个台站全部纳入"十五"网络系统；对吉首地震台设备进行维修改造，解决不能正常标定的问题，使该台站地震观测实现从"九五"向"十五"的顺利过渡；完成茶陵地震台、华容地震台进台道路混凝土硬化，升级完善"十五"数字地震观测网络技术系统；完成邵阳地震台国外进口地磁DI仪的检查鉴定并投入使用。张家界地震台、邵阳地震台列入2010年度台站优化改造计划。

4. 监测预报基础和应用研究工作

组织全省年度防震减灾优秀成果评审和科研课题的申报评定，开展汶川地震一周年学术交流。"湖南中强地震活动地区抗倒塌地震区划图示范编制"子课题顺利通过中国地震局组织的验收评审；"双向应变结构与地震关系的实验与应用研究"周友华课题组编撰的《地壳构造运动·地震·地震预报的新探索》一书已经地震出版社正式出版发行；"湖南省地震地质构造研究"正式结题。敬少群撰写的《湖南及邻区历史有感地震在地震活动性研究中的应用》、肖和平撰写的《湘东地区断裂活动性及潜在震源划分研究》论文分别在《中国地震》和《地震地质》杂志上发表。

（湖南省地震局）

广东省

1. 震情

2009年，广东省地震局与福建省地震局建立地震监测预报工作联动机制和地震应急联动机制；在汕头召开加强粤东地区地震工作现场会，加快粤东各市10多个地震观测项目的建设进度，完成2个测震台的勘选、6个强震台的勘选、1个GPS站的土建、10个强震台的土建、1个地下流体观测项目仪器安装。印发"地震预报意见登记表""地震预测意见回执""可能与地震有关的异常现象报告登记表"。与广州市有关部门合作，研究制定《2010年广州亚运会地震安全保障研究报告》和《2010年广州亚运会地震安全保障实施方案》。广东省地震局在2008年度全国地震监测预报工作质量全国统评中获地震编目二类单位第一名，肇庆地震台获地磁Ⅰ类台第一名，广东地震台网获地方遥测地震台网第二名。广东省地震局代表队在首届全国地震速报竞赛总决赛中取得团体第二名。

2. 台网运行管理

广东省遥测地震台网运行连续率保持在96%以上（高于观测规范的95%），记录处理地震事件3729个，编目2455条，速报辖区地震4次，速报完成率及准确率均达到100%。建立全省地震速报系统，各市具备在省内发生地震后2分钟内同步自动获取省地震台网中心初定的地震参数的能力；制定国家地震速报备份系统运行管理实施细则，向全省地震系统应急人员开通自动地震速报短信服务。省测震台网、强震台网、国家自动速报备份中心三大观测系统运行产出正常。制定《广东省地震前兆台网运行管理办法》，完成全省地震前兆监测仪器的维护和标定工作，完成前兆数据库建设。前兆台网运行连续率99%。举办广东省地震前兆台网运行管理培训班。承担中国地震局华南片区地震仪器维修中心任务，召开华南片区地震仪器维修技术交流会。

3. 台网建设

全省立体地震监测预报系统建设工程进展顺利。完成汕头、潮州、清远、罗定、汕尾、湛江6个市测震台站勘选，完成德庆、南鹏岛2个中国测震背景场台站勘选。完成46个台站勘选，完成23个台站基建工作；粤东烈度速报台网建设方案获批；完成6个中国强震背景场台站的勘选。完成汕头GPS、韶关CNSS基准台的全部土建工作，完成汕尾市GPS基准站的初步勘选工作。完成阳江地震监测台阵10个子台的勘选，协助完成阳江海啸基地基建报建工作，完成石榴岗海啸预警中心工程勘测工作和协助完成基建报建工作。初步完成新丰江水库监测台阵10个子台的勘选和综合实验中心基建报建工作。完成广州地震台五山前兆观测项目改造工程的仪器安装调试工作，建成河源新丰江地震台砂层应力前兆观测点。

深圳市建成市动物园和光明高级中学2个试验台站；广州市完成1个测震台异地重建和2个测震台建设的台址勘选和立项用地等前期工作，3个强震动观测台站进展顺利；珠海市完成3个强震台的选址工作；汕头市完成1个测震台、3个国家强震台的选址工作；韶关市完成3个测震台、GPS韶关基准站和1个强震台建设；中山市完成2个强震台的观测房建设工作；揭阳市完成数字前兆观测项目的建设任务，包括地网的现场施工指导、仪器的安装调试；东莞市完成GPS建设工作；茂名市完成3个强震台基建工程。

4. 监测预报基础和应用研究工作

"广东省地震紧急信息服务平台建设及其产业化运用"在2009年度广东省现代信息服务发展专项公开招标中成功中标。完成佛开高速九江大桥、虎门大桥、珠江黄埔大桥强震动监测和警报系统硬件安装、软件研制等工作，对佛开高速九江大桥进行模态测试实验，完成Granite多通道数据采集器实时数据流读取软件等。"广州市燃气强震动监测预警处置系统可行性研究"项目通过评审。"地震预警与自动速报技术研发""粤港澳地区地壳三维结构成像及精定位研究"获得2009年度省科技重点科研项目经费资助；"地震目录新参数及其在地震预报中的应用"获地震行业科研专项经费支持；"南海北部滨海断裂带、深部发震构造与地壳稳定性研究"获得国家自然科学基金重点项目经费支持。完成"中国近现代重大地震考证研究"（广东部分）项目课题研究工作。

（广东省地震局）

广西壮族自治区

1. 震情

2009年，广西壮族自治区地震局开通广西12322防震减灾公益服务热线，高效处置11

月 18 日都安县保安乡 3.0 级地震，快速响应加勒比海域 7.0 级，萨摩亚群岛 8.0 级，印度尼西亚 7.7 级及四川德阳、云南姚安、宾川等数次国内外大震，参与中南五省（自治区）地震部门协作联动地震应急演练，抢抓机遇奋勇开拓完成大庆项目、背景场探测项目、大厂矿区地震台网、陆态网络项目、龙滩台网扩建、陆川强震台搬迁和台站改造项目等工程项目建设任务，夯实防震减灾事业基础。

先后完成《2009 年下半年广西地震趋势分析报告》和《2010 年度广西地震趋势研究报告》，分别在江西召开的华南片区年中会商会和 2010 年度广西及其邻近地区地震趋势会商会上交流，对 2010 年度广西其邻近地区地震活动趋势进行预测和判定，形成 2010 年度广西壮族自治区地震趋势会商意见。

2. 台网运行管理

区域测震台站 22 个，企业台站 16 个（百色右江水利枢纽数字地震台网及龙滩数字地震台网的子台），共承担 38 个测震台站的仪器设备维护和维修任务。确保前兆台网正常运行，降低前兆观测数据断记率，广西已列入国家台网与区域台网的前兆观测台站有 14 个，共有 36 台套仪器及与其相匹配的设备。维护与升级强震动台网，有效解决数据传输故障问题，广西数字强震动台网主要使用电话拨号方式进行远程通信，其中 18 个为电话拨号通信，1 个为 CDMA 无线通信；集思广益，进一步完善"地震监测预报基础数据库"；积极和对方施工单位沟通，对土地用途详细说明并提供相应规划依据后，最终同意保留河池地震台原有的观测用地；参加海口市召开 2008 年度地下流体观测资料质量全国统评工作总结会、全国地震系统分析预报中心主任培训班、中国地震背景场项目地下流体场址勘选技术指南培训班及全国钻孔应力等 12 个培训班。2009 年地震趋势会商报告评比中形变学科、南宁遥测地震台荣获一等奖，"龙滩水库地震监测技术系统研究"项目也通过自治区科技成果鉴定，获自治区科技进步三等奖。南宁遥测地震台荣获 2009 年测震观测资料评比第一名和 2009 年台站综合评比第三名。

3. 台网建设

顺利完成南丹大厂矿区地震监测台网 6 个地震遥测子台的设备安装与调试工作，并将地震监测数据实时传输到广西地震台网中心；龙滩台网新建 2 个强震台站及新增 6 套流动台；广西数字地震观测指挥系统柳州等 10 个市和平果县的地震观测指挥中心完成全部建设任务，相继投入运行。

4. 监测预报基础和应用研究工作

11 月 18 日，河池市都安县保安乡发生 3.0 级地震，震后采取积极有效的应急措施，编发震情快速传送到自治区党委、人大、政府、政协，震情值班室编发 25 期震情、2 期灾害地震快报，依托短信平台编发 250 条短信，并开展 4 次短信地震应急演练。

2 月 20 日德保 2.9 级地震、4 月 20 日扶绥 2.7 级地震后及重大节假日期间，分别召开紧急会商会，第一时间给出震后趋势判定意见。

地震编目组在广西地震监测台网已全部实现数字化的基础上，通过数据共享技术实时接入广东、海南、贵州、云南、湖南等省数字化测震台网的观测数据。

全年参加"大厂矿区地震监测台网龙滩水库加密观测及水库精定位技术研究"、"龙滩水库地震监测台网二期建设工程"、"十一五"国家科技支撑计划重点项目"水库地震监测与预测技术研究"及中国地震背景场探测项目广西分项等重点项目。

(广西壮族自治区地震局)

海南省

1. 震情

2009年海南省地震局以震情为中心，牢固树立震情第一观念，努力提高地震监测预报管理水平，认真落实震情跟踪及宏观异常调查，2009年前兆台网、测震台网、强震动观测台网及火山监测台网平均运行率均为95%以上，全年共落实异常10次。本着"提前准备、严阵以待、周密部署"的原则，加强监测，加密会商，加强震情值班，认真做好"两会""博鳌亚洲论坛""新中国成立60周年庆典""海南欢乐节"等期间的震情监视保障工作，全年共完成周、月及年度地震趋势会商60次。海南省共21个台项的观测资料参加了全国评比，均获优秀，其中海南省地震局综合分析预报、海口地震台地热获得第二名，琼海水位测项获得第三名。海南地震监测预报工作继续跻身全国先进行列。

2. 台网运行管理

海南省区域地震前兆台网由固定台站观测台网以及流动观测网两部分组成。2009年在运行的前兆台站共9个，其中国家级台站2个，区域级台站2个，市县级台站5个。2009年海南省数字测震台网共有17个区域台、3个国家台。海南省强震动观测台网由13个子台组成。海南岛北部火山区数字火山监测台网由固定观测台网、流动观测台网和台网中心组成。固定观测台网由1个综合观测台和4个观测子台组成，观测手段包括测震、地磁、体应变和地下流体水位、水文等。流动观测台网主要开展GPS、气氡等流动观测。

为保障台网的建设和运行，海南省地震局制定了《海南数字地震观测网络项目管理办法》《海南地震速报管理规定》《海南测震台网运行管理实施细则》《海南地震前兆台网运行管理实施细则》《测震台站维护规程》等一系列规章制度。

海南省地震局依法开展地震观测环境保护，通过建设围墙、设立警示牌、宣传教育等途径确保地震观测环境的安全稳定。2009年除三亚流体台受周围房地产开发项目影响较大外，其他地震观测环境基本没有遭到比较严重的人为破坏和干扰。

全年海南区域地震前兆台网观测台产出数据总量约为12.1GB，主要流动重力观测数据及流动GPS观测数据产出总量约为37.3MB。地震上网共429次，编写地震月报目录共96份，刻录数据DVD光盘450张，数据储存量达1200GB。

3. 台网建设

完成中国地震背景场项目中海南台站的勘选任务；完成陆态网络和子午工程项目中海南站点的土建工作；完成西沙地震台的优化改造，包括仪器设备更新、卫星小站升级和机房环境改造；完成测震台网数据传输通信改造和地震监测系统软件升级；完成那大地震台、松林岭地震台、翁田地震台泰得数采软件升级。

4. 监测预报基础和应用研究工作

海南省地震局支持技术人员申报和承担中国地震局和海南省科研课题。2009年度申请海南省重点科技项目1项,完成中国地震局"三结合"课题2项,震情跟踪定向任务1项,科技支撑计划中的子专题2项,完成科学数据共享项目海南节点的任务。同时,海南省地震局还自筹资金4万元资助9项科研课题。全年共公开发表学术论文8篇。

(海南省地震局)

重庆市

1. 震情

重庆市地震局坚持月、周、节假日和特殊时段会商制度,针对6月武隆县火炉镇附近小震群活动,7月荣昌3.2级地震,8月荣昌4.0级地震,组织临时地震趋势会商,派出工作组实地调查,对地震趋势作出分析研判,及时向市委、市政府报告并提出具体工作建议。加强地震监测和预报研究,落实宏观异常。制订新中国成立60周年及三峡蓄水震情保障方案,对监测预报系统进行全面细致检查。在2008年度地震监测预报工作质量全国统评中,重庆地震台的测震被评为Ⅱ类台优秀,地磁基本观测获全国第三名,形变和G856核旋观测均被评为优秀。在监测单项地震编目评比中,重庆市地震局获编目三类局优秀。

2. 台网运行管理

年度台网运行情况良好,多项指标优于预期。其中,测震台网系统总体运行率大于99.5%,资料完整率100%;前兆台网观测仪器数据平均汇集率100%,报送率100%;在网运行观测仪器平均运行率98.7%;观测数据平均连续率97.7%,完整率97.2%;全年向中国地震台网中心EQIM速报地震10个,向重庆市委、市政府发送震情值班信息53期。全年编目地震事件550个。10月取得全国前兆台网评比第二名。

先后制定《重庆市地震监测预报中心测震台网部值班制度》《重庆市地震监测预报中心测震台网运行管理实施细则》《重庆市地震监测预报中心测震台网部值班员岗位职责和操作流程》等工作制度。台网数据汇集、处理、入库、上报等各项工作逐步制度化、规范化。

全年组织各类技术讲座和学习交流20余次,参加中国地震局各类培训10余次,组织年度速报竞赛1次。

辖区内所有台站定制专用台站标识及警示牌,简明标注台站观测环境保护注意事项。

3. 台网建设

启动重庆背景场探测项目建设。该项目于2008年底获国家发展和改革委员会立项批复。重庆背景场探测项目建设任务包括地电台、测震台、地磁台、流体台、强震台等5个子项目共9个台站建设,建设内容主要为地震台站观测用房,拟投资800万元。现已完成初步勘选,已组织专家对易址方案、建设方案技术部分内容进行论证和质询并形成专家论证意见。

(重庆市地震局)

四川省

1. 震情

四川省地震局推进实施地震监测质量目标管理责任制，坚持做好台网监测月评工作，强化地震监测质量管理。召开专题会议，部署年度地震监测工作，对215个地震前兆测项和7个区域地震台网的观测质量进行综合评比。举办测震业务培训，参加测震知识竞赛，提高了观测人员业务水平。切实维护好四川地震监测预报网站，确保地震前兆信息收集、传输畅通。参加全国地震监测质量评比90台项，优秀率100%，获前三名16台项。全省地震监测质量保持稳定。报请省政府办公厅向市州转发关于2009年度震情趋势和做好防震减灾工作的通知，明确部署年度工作任务。及时传达全国2009年度地震趋势会商会精神，制定震情强化跟踪工作方案，下达工作计划和任务，成立领导小组及工作小组。在重点地区落实强化措施，增设监测设施和手段，实施加密观测和加密报数。充分发挥群测群防作用，组织专家现场调查核实宏观异常58起。会同省财政厅落实省级震情短临跟踪工作经费，确保全省震情监视跟踪工作的正常开展。坚持震情周、月日常分析会商制度，密切监视震情发展变化。先后组织召开全省地震趋势年度、年中会商，认真研究各方面的震情趋势意见。分别在攀枝花、宜宾、内江、乐山等地组织震情分析研讨，对川滇交界东部、四川盆地及南缘等地区的震情进行专题研究。实施紧急会商和加密会商，及时分析研判强有感和破坏性地震发生后的震情趋势。

2. 台网运行管理

四川人工地震监测台网由7个国家级台站，14个省级台站，22个市县（企业）台站，6个观测井点，10个省级台站"十五"无人值守台组成，台网孔径长轴700千米、短轴600千米。流动地震监测台网有69个场地、319个重力和流磁点。

建立健全规章制度，按照《地震台网区域仪器维修中心管理办法（试行）》做好相关运维工作，于2009年11月9日正式揭牌成立。重点推行《区域测震台网运行管理细则》和3个质量评比办法的执行，逐步规范台网的各项监测工作，按月编写《四川测震台网运行月报》和《水库测震台网运行月报》，使台网的运行情况和监测质量得到了及时有效的监控，对台网工作质量提高起到了积极的促进作用。

先后派出12人次到北京、南京等地参加速报、分析、维修、管理等技术培训。协助局人事教育处成功举办测震分析培训班，培训学员30余人次。派出10余人次到市县台网进行现场业务指导。

依法行政，切实保障台站监测环境保护，妥善处理地震监测与经济发展关系。2009年度，共接收建设工程地震监测环境审批件132件，均及时予以回复。

完成"地震科学数据共享"项目中四川省区域台网1990年至2000年及2008年度台站参数、地震目录、震相报告的整理及2008年的事件波形数据的截取工作。同时建立台站基本参数和仪器参数数据库，为向社会提供四川地震科学数据共享服务奠定了良好的基础。该项目于2009年12月已通过科技部的验收。"地震科学数据共享——汶川地震"项目收集整理2008年5月12日以来四川、陕西、甘肃三省在内的汶川地震序列，该项目为地震科学数据共享项目通过科技部的验收起到了作用，科研人员使用了汶川地震资料，可用性强。该项目于12月14日通过验收。作为地震行业基金协作单位（中国地震局地球物理研究所承担）承担川滇地区地震走时表的编制项目。目前936次（汶川地震外M_L3.0以上，汶川M_L5.0以上）地震震相重新拾取工作基本完成，下一步建模、计算以及试运行工作即将开始。作为新参数目录试点单位，产出四川台网3.0级以上地震的新参数目录。

3. 台网建设

2009—2010年将计划陆续增上阿坝、红原、苍溪、旺苍、盐亭、安岳、宝兴、天全8个测震台，剑阁、梓潼、红原、平武、青川、北川、马尔康、汶川、汶川西、磨西、汉源、甘洛12个GNSS基准站；广元盘龙、旺苍、江油、安县、绵竹、39井、什邡K2井、德阳旌阳、什邡八角、都江堰、黑水、壤塘增上地震前兆观测手段；

康定甲根坝强震台、炉霍雅德强震台分别迁至绵竹兴隆镇、什邡双盛K2井，停测西昌太和井、5ZK1井。

恢复重建因灾受损的中江、江油、小金等4个测震台站，北川、汶川、茂县等16个前兆台站，郫县、邛崃、仁寿等12个GNSS台，映秀、卧龙、虹口等54个强震台和流动重力网；改造200个强震台的通信和直流供电系统，台网大部分通过无线网络通信的方式，实现近场强震动快速获取。

改造四川测震台网中心，扩充台站接入服务，提升数据存储和处理能力；改造震情处理系统，实现资料组织与共享、具备图形演示与异常时空变化综合分析及相关信息库的功能；改进应急指挥技术系统，使其实用化和本地化，提高了应急救援及信息服务能力；完善信息协同服务平台，提高承载地震业务工作体系的综合信息服务支撑能力；改造地震现场技术系统，建设VSAT动中通、海事卫星通信BGAN子系统，以满足多种自然环境条件下开展地震现场工作的需要。

建设流动测震台阵系统，为地震科学研究提供高水平观测平台和基础数据平台；建设地震观测仪器检测平台，实现对振动传感器各项技术指标的精确测量；建设活动断层综合探测技术系统，获得准确的断层运动学参数，为评价断层活动性提供基础数据；满足活动断层研究以及地震现场（科考、灾评）工作需求。

（四川省地震局）

贵州省

1. 震情

2009年1月17日，贵州省毕节地区威宁自治县发生4.0级地震以后，通过对该区域的震情跟踪发现，自2008年10月份以后，该区域小震活动频繁，频度有所增加，2009年3月18日，贵州省地震局召开1月17日威宁地震震情跟踪会商会。举办西南片区年中地震趋势会商会。2009年6月17—20日，由中国地震局主办，贵州省地震局承办的西南片区年中地震趋势会商会在贵阳召开，云南、四川、西藏、重庆、贵州地震局的有关领导和专家出席会议，中国地震局监测预报司和中国地震台网中心负责人到会进行指导。参加中国地震局组织的全国首届地震速报竞赛取得良好成绩。贵州省地震局在省内组织了选拔赛，由优胜选手组成的贵州代表队，参加在成都举行的成都赛区复赛，获得成都赛区第一名。在北京举行的决赛上，贵州代表队获得三等奖。

2. 监测预报基础和应用研究工作

编辑出版贵州省首张地震震中分布图。贵州省地震局组织有关人员收集整理1308—2008年的地震资料，编制了首张《贵州省地震震中分布图》。对1875年6月8日贵州罗甸地震再考证。贵州省地震局组织技术人员，经对历史地震资料记载、研究成果、地质构造背景、现今地震活动等的调查研究，认为1875年6月8日发生的波及黔桂湘滇地区的6.5级地震，宏观震中位置在贵州省罗甸县西北。参考经纬度为25°35′N，106°28′E，地震名称建议改为"1875年6月8日贵州罗甸地震"。研究文章发表于《贵州地质》2009年第四期（299～305页）。

（贵州省地震局）

云南省

1. 震情

2009年，云南省地震局成立以局主要领导为组长的震情跟踪工作领导小组。召开震情跟踪工作领导小组会议、震情专家组和预报评审委员会会议，制定《云南省2009年度震情跟踪工作方案》，对震情跟踪工作进行全面部署。

云南省地震局成立三个震情跟踪预测组，制定分片区的跟踪技术方案，有针对性地开展跟踪预测工作。2009年云南省地震局共收到正式上报的宏观异常58项，省、市、县地震部门共172名专业技术人员到现场进行了落实。完成重力、地磁、跨断层短基线短水准流动观测，完成14个跨断层形变观测场地建设，对200余个重要观测点进行了加密观测。2009年云南省地震局共召开震情会商会83次，上报《震情分析》《震情反映》《震情跟踪工作月报》96期。

云南省地震局被中国地震局授予全国地震监测预报工作先进单位，大理州地震局被授予监测预报工作优秀集体。在全国地震监测预报工作质量评比中获22个前三名，连续6年居全国第一，其余项目均获优秀。强震动观测连续5年参加全国评比获第一名。

2. 台网运行管理

云南地震台网共处理地震事件1658次，产出速报目录7265条，发出地震短信11.5万余人次，测震台网运行率平均为97.60%，前兆台网运行率平均为97.40%。

云南省群测群防队伍人员已达5000余名，形成"横向到边、纵向到底"的群测群防网络体系。各州、市、县（市、区）地震部门共培训宏观联络员、防震减灾助理员3600余人。举办云南省数字化测震技术培训班和数字化前兆观测管理培训班。

3. 台网建设

云南省地震局组织实施云南省地震台网中心网络优化改造项目。完成巧家地震台、云县地震台的优化改造项目验收，上报 2010 年腾冲地震台、通海地磁台、曲江水化站、元谋地震台等优化改造项目材料。将芒市地震台、东川地震台优化改造全权委托德宏州防震减灾局与东川区防震减灾局进行管理，明确台站优化改造项目管理的责、权关系。

（云南省地震局）

陕西省

1. 震情

2009 年，陕西省地震局认真制定并组织实施年度震情跟踪工作方案，组织实施新中国成立 60 周年庆典等重要活动和节假日的震情戒备任务。

全年落实异常 40 余次，召开会商会 70 次，及时报告趋势意见 2 期，震情信息和监视报告 181 期，年度地震趋势报告获国评第三名的好成绩。

开展榆林井克梁遥测子台、宝鸡地电台、彬县台、405 厂地震台观测环境保护工作。

2. 台网运行管理

全年各类地震监测台网和信息系统运转良好，资料连续可靠，共监测地震事件 4287 次，速报 65 次。积极推进市级虚拟台网中心建设，完善 33 个信息节点。

3. 台网建设

汶川地震恢复重建地震监测系统建设项目完成 20 个测震台、26 个强震台、13 个前兆台的勘选和专业设备采购招标。GPS 连续观测项目完成陇县、洋县、泾阳 3 个站点基建和所有站点的专业设备采购。中国地震局陆态网络项目建设完成勉县、安康、旬邑 3 个站点。地震背景场探测项目完成 2 个测震台、10 个强震动台勘选。西北区域地震自动速报中心和仪器维修中心建成并投入使用。

（陕西省地震局）

甘肃省

1. 震情

2009 年，甘肃省地震局开展不间断的震情监视与分析研判，特别是进入 9 月中旬以来，在祁连山中西段地区接连发生 7 起显著地震，震情的复杂变化引起甘肃省委、省政府的高度重视和社会的广泛关注。甘肃省地震局及时将震情发展变化趋势报告省委、省政府，积极落实省委、省政府领导批示，采取一系列措施，从组织领导、落实责任、加强监测、强化跟踪、落实异常等方面对全省地震系统工作进行总体部署，密切监视震情发展变化。2009 年度对省内发生的 8 起显著地震事件作出较准确的震后趋势判定，为政府决策提供可靠的依据。

2. 台网运行管理

2009年度甘肃省测震台网运行率达96%以上，共速报国内外地震148个，编目省内外地震4558个，及时向中国地震局预测研究所、各市州地震局提供观测资料800份；前兆台网运行率达99%以上，数据完整率达99.8%；强震台网运行率达92%，55个固定台站工作正常；信息网络运行率达99%以上，满足信息发布，地震速报，地震目录和前兆资料的查询。

参加中国地震局举办的各种技术骨干业务培训104人次，参加甘肃省地震局举办的监测预报培训120人次，参加中国地震局监测预报司组织的为期45天的岗位技术培训班9人次，3人参加了全国地震预报发展论坛学术交流，2人次参加了国际性学术交流。

落实地震观测环境保护措施，对平凉、定西、天水和张掖地震台站索赔迁建费及技术防护费共计226万元；兰渝铁路建设工程建设单位就陇南地震台站搬迁赔偿费额度与甘肃省地震局进入协商阶段；甘肃省地震局将地震台站观测环境保护范围向城乡规划、土地规划部门备案共计289个台站（点）。

在2009年全国地震观测资料评比中，甘肃省地震局共获前三名21台项，其中第一名5台项，第二名9台项，第三名7台项。"兰州观象台Ⅰ类地磁观测成果及研究应用（2001—2006年）"获得中国地震局防震减灾优秀成果奖三等奖。

3. 台网建设

完成莫高窟地震监测台阵台址初步勘选，在肃北和昌马架设2个测震流动观测点，流动前兆观测完成两期跨断层水准测量和一期重力流动观测。地方地震监测台网完成7个测震台、14个前兆台台址的勘选。

2009年度对地震观测系统180台（套）仪器进行更新改造；高质量完成静宁、武威和山丹地震台站的环境优化改造，极大地改善了三个地震台站基础设施、观测环境和观测技术条件。

4. 监测预报基础和应用研究工作

系统总结区域地震活动基本状态和演化规律，加强数字化前兆、数字化测震资料的研究与应用力度，分别建立了祁连山地震带和甘东南地区区域震情指标预警模型及强震分区分级预警技术方案，开展了成功预报震例的震情预警检验研究；将"西北地区地震活动状态评价"取得的地震活动状态定量参数、判别依据成果应用于地震预测预报。

（甘肃省地震局）

青海省

1. 震情

2009年，青海省全年共发生5.0级以上地震7次，其中最大地震是8月28日海西州大柴旦6.4级地震。2009年共落实地震异常40余次，召开周会商52次，临时和加密会商35次，完成11次显著地震事件后的紧急会商和震后趋势判定工作，完成全省年中、年度会商，完成2009年度4个季度的地震大形势跟踪报告、年中和年度大形势会商报告。2009年全省年度趋势会商报告获得地震系统三类局第一名。

2. 台网运行管理

全省地震台网共处理地震事件9150个，完成地震速报143次，编辑完成《青海省地震观测报告》12期，编辑地震周报52期，台网整体运行率99.8%，台站实时波形连续率平均96.4%，前兆台网仪器平均运行率88.6%，强震动台网仪器平均运行率92.9%，网络连通率在99%以上，测震台网、前兆台网、应急指挥中心等各应用系统平台正常运行，平均运行率保持在99.5%以上。2009年湟源地震台测震项目获得全国二类台评比第一名，强震动观测获得全国评比第三名，网络连通测试年均全国第五名，前兆月报评比均在92分以上，其中2次获得满分。

（青海省地震局）

宁夏回族自治区

1. 震情

2009年，宁夏回族自治区地震局印发《宁夏2009年震情监视跟踪方案》《新中国成立60周年宁夏震情保障工作方案》，采取切实有效措施，加强台站管理和重点项目推进。承办全国地震数据共享工作会议、第六届中国西部地震观测技术交流会。组织召开宁甘陕地区震情形势研讨会。除去例行的周、月、年度会商外，2009年共召开加密和临时震情会商会9次，开展强有感地震宏观烈度考察6次。

6月，召开"宁夏回族自治区2009年中地震趋势会商会"。中国地震局第二监测中心、甘肃省地震局、内蒙古自治区地震局等单位的代表，全区市、县地震局和7个直属地震台的代表、局预报评审委员会成员以及地震监测预报职能部门管理人员、有关单位科技人员参加会议。会议分析研讨2009年上半年全区地震活动性及前兆异常变化情况，对2009年下半年地震趋势意见和宁夏及邻区未来地震活动趋势及危险性进行论证与判定。较好把握了全区震情趋势，高效处置银川3.1级地震事件，有力地保障"第二届宁洽会暨中阿经贸论坛"等重大活动时段的地震安全。

2. 台网运行管理

完成测震台网（13个测震台站和1个台网中心）24小时全天候震情值班，地震速报，灾情速报，数据收发和网络维护等任务。完成全区22个前兆观测场地140套重力、电磁场、地形变、地下流体等地震监测仪器运维保障任务。完成21条地震信息专用光缆、16个信息分中心和1个中心机房系统信息网络维护及地震信息服务。完成全区强震台网（48个数字化强震观测点）的运行维护。通过数字地震观测网络项目的建设运行，实现全区13套测震、76套前兆、51套强震设备以及16个信息节点的地震观测技术系统数字化、网络化、集成化，实现地震信息共享，提升全区地震监测综合能力。

3. 台网建设

宁夏地区地震背景场探测工程进展顺利，项目初步设计、建设用地预审和协议签订等事宜已全部完成。完成中国背景场探测工程宁夏子项目的测震、重力、地电、地下流体、强震动5个分项22个测项的野外勘选工作；完成"陆态网"项目宁夏北塔、海原、盐池GNSS基准站及小口子连续重力观测站的土建和防雷工程，并通过验收。

4. 监测预报基础和应用研究工作

在2009年全国资料评比中，海原台竖直摆钻孔倾斜仪获得第三名、强震动观测运行维护获第一名，强震动观测记录获优秀奖第一名，石嘴山简泉台气氡观测资料获第三名。

强化横向协作，成功申报中国地震局"三结合"课题3项，承担完成中国地震局、自治区科研课题13项。增加投入，设置局级科研项目2项，鼓励监测预测人员积极参与课题研究。银川市活动断层探测与地震危险性评价项目荣获中国地震局防震减灾优秀成果二等奖。评审2009年度宁夏防震减灾优秀成果奖3项，年度内科研人员发表论文18篇。

（宁夏回族自治区地震局）

新疆维吾尔自治区

1. 震情

积极组织开展地震现场监测和震情跟踪工作，注重观测资料的质量监控与应用工作，加强台站一线人员的技术培训，为科研人员提供有效的科技服务，积极稳妥地全面推进我区监测预报各项工作。

2009年11月10—12日在乌鲁木齐召开新疆维吾尔自治区2010年度地震趋势会商会。全疆各地、州、市地震局（办）、地震台站及新疆地震局有关部门共50余名代表参加了会议。会议讨论形成2010年度全区地震趋势预测意见，并组织地震预报意见评审委员会对预测意见进行评审。

2. 台网运行管理

2009年1月组织召开年度新疆地震观测资料质量评比会，对全疆259台项观测资料，分学科进行质量检查评比。评比为优秀的233项，占90%。在全国地震观测资料评比中获前三名14项，其中形变4项，电磁2项，流体3项，测震、强震各1项。形变学科取得较大突破，电磁、流体学科成绩也较显著。

组织有关数字地震观测、前兆、信息等各类培训30余人次，组织人员参加"西部观测技术交流会"。动员相关人员参加中国地震学会、中国灾害防御协会、中国地球物理学会等举办的学术交流活动，邀请国内外专家进行专题讲座6场次。

3. 台网建设

完成中国地震背景场探测项目三十里营房、瓦石峡等9个新建测震台站的野外勘选，以及电磁学科的且末地磁台和柯坪地电阻率台的观测场地勘选测试工作。地下水研究中心完成塔什库尔干等13个新建台点的勘选测试工作。

组织完成"陆态网络"项目全疆各基准站的23条通信链路的招标工作。基本完成14个GNSS基准站和3个连续重力站的基建、电力、通信及避雷等工作，并通过了相关验收。

"台站条件保障系统优化改造"项目全面完成巴楚地震台、库车地震台台站保障系统优化改造。改造后,地震台观测办公条件得到极大改善。

(新疆维吾尔自治区地震局)

中国地震应急搜救中心

1. 震情

2009年内对首都圈及邻近地区没有提出5.0级以上地震预报意见,与实际发生情况一致,较好把握了2009年的震情发展大形势。

全年(截至12月20日)共进行地震预测研究会商23次,其中月会商10次,应急加密会商8次,半年会商1次,年度会商1次。参加2009年全国地震趋势会商会、2009年华北东北地区下半年地震趋势会商会、首都圈地区震情会商会、华北地区强震强化跟踪专题研究讨论会。

2. 应用研究工作

陆明勇同志承担"地下流体长期动态特征与强震趋势预测研究"(2006BAC01B02-03-04)、"地下流体动态信息提取与强震预测技术研究"(2006BAC01B02-03)、"强地震中短期阶段非线性与突变性特征及预测指标研究"(2006BAC01B02-02-01)、"华北地区强震强化监视跟踪"(0908600706)、"全国地震形势跟踪分析"(09096006)及"首都圈震情短临跟踪"项目,取得新的进展。

杨怀宁同志开展PS—INSAR技术用于北京地震地壳垂直形变的预研究,取得阶段成果。利用空间高新技术,有望实现无人观测的地壳形变自动化监测,消除了几百年来人工徒步进行水准测量的局限性。

(中国地震应急搜救中心)

中国地震局地球物理勘探中心

1. 震情

2009年,中国地震局地球物理勘探中心完成地震重力测网中的内蒙古测网、山西测网、冀鲁豫测网2期复测及陕西关中测网和宁夏测网1期复测工作,完成华北新增强震强化监视跟踪1期重力观测任务。

共计测量重力测点627个、重力测段676段,总计67个闭合环;新建测点或改造测点48个;全年共计总行程约8万千米,安全无事故,圆满完成2009年度的监测任务。中国地震局地球物理勘探中心物探获"2009年度地震监测预报工作质量-相对重力联测"一等奖。

野外观测中对变化较大的测点、测段在现场立即进行异常核实，对即将被破坏的测点选建新点，并且进行新老测点之间的联测工作，从而确保流动重力观测资料的连续性。

野外观测小组和室内工作小组及时将每期重力观测数据进行整理与计算，根据重力资料对各测区地震趋势进行分析研究、会商讨论，2009 年在 APnet 网上共发布会商结论 12 次。开展年中、年度地震趋势会商，并参加河南省地震局、重力学科组和中国地震局的年中、年度会商会。

2. 台网运行管理

627 个测点中除了 8 个被杂物覆盖的测点和 9 个被破坏的测点，其他测点、测段均正常观测。对被杂物覆盖测点和被破坏测点新建临时点进行观测。健全了重力观测资料及预报意见保密制度。5 人次参加了中国地震局监测预报司举办的重力数据新软件使用、地震地质、地震台站形变和流体监测等培训班。2009 年重力观测资料与处理结果及时与中国地震台网中心、中国地震局地震预测研究所、中国地震局重力学科组、宁夏回族自治区地震局、内蒙古自治区地震局、陕西省地震局、山西省地震局、山东省地震局、河北省地震局和河南省地震局等兄弟单位共享。

3. 台网建设

对 8 个新建测点与老点进行了四程联测。新建秦岭－大别山监测网 31 个重力点位，新建 9 个临时点。

4. 监测预报基础和应用研究工作

与湖北省地震局重力室、中国地震局第二监测中心重力室交流学习，进一步加强重力观测技术及其数据处理方法的研究；提交年中、年度地震趋势研究报告各 1 份；在核心期刊上发表文章 2 篇。

（中国地震局地球物理勘探中心）

台站风貌

辽宁大连地震台

辽宁大连地震台隶属辽宁省地震局,是35个全国大地震速报台之一,地磁Ⅱ类基准台,台站字母代码DLG,数字代码测震21001,地磁21002。大连地震台位于大连市西岗区畅通街15号,地磁台位于大连市甘井子区辛寨子镇由家村,新建地磁台位于大连瓦房店市九龙村。现地磁台占地28亩,新建地磁台占地50亩。

1. 台站概况

辽宁大连地震观测始于1904年8月5日,日本人在大连设立中央气象台"第六临时观测所",同年9月7日在大连湾海军防备队院内(原俄国观测所)开始地震观测。1954年5月15日中国科学院地球物理研究所着手恢复地震观测,建立"中国科学院地球物理研究所大连地震台",1955年8月14日在旅大气象台内(现大连气象台)正式投入观测。1970年5月12日,"中国科学院地球物理研究所大连地震台"划归辽宁省地震办公室管理,并更名为"旅大地震台",1981年改为"大连地震台"。1971年4月迁址到大连市甘井子区湾家村,1982年7月1日由湾家村迁至现台址。

2. 观测手段

台站现有观测手段有测震(DD-1、DK-1、CTS-1)、地磁(CTM-DI、G856、Mingeo DIM、FHDZ-M15、GM-4)观测,新建地磁台按照地磁Ⅰ类基准台配备观测仪器。

3. 荣誉成果

台站观测成果在全国地震、地磁观测资料质量评比中取得了优异成绩,测震大地震速报连续7年获全国评比前三名,其中2002—2006年度连续5年获全国评比第一名,获中国地震局防震减灾优秀成果二等奖1次,辽宁省地震局防震减灾优秀成果一等奖1次。地磁观测1983—1987年度连续5年获得全国评比第一名。

随着大连城市建设的发展,2006年大连地磁台的观测环境受到严重影响,地震台积极争取赔偿,获得赔偿经费1900万元,并于2007年在大连瓦房店市选址新建地磁台。目前新址建设项目顺利实施,已经完成磁房和办公楼等基础设施建设。

(辽宁省地震局)

河北张家口地震台

河北张家口地震台为国家基本台,隶属河北省地震局,台站字母代码ZJK,数字代码

56016。该台位于河北省张家口市桥东区鱼儿山路18号，占地面积10939.4平方米，现有观测与办公用房2503.73平方米，观测人员12名，张家口中心地震台管理人员8名（中心地震台下辖张家口、怀来、阳原、赤城4个综合台，管理11个有人与无人值守观测站点）。

1. 台站概况

河北张家口地震台始建于1971年，1974年建成张家口测震台，1976年建成张家口地磁台（现已停测），1984年建成张家口形变台，2001年建成张家口流体台，同年建成张家口台网分中心。

2. 观测手段

该台观测项目现有测震（CTS-1甚宽频带地震仪、FBS-3A宽频带地震仪）、强震（SLJ力平衡加速度计）、形变（FSQ水管倾斜仪、SSY伸缩仪、SQ-70D数字水平摆倾斜仪、TJ-1C体积应变仪、VS垂直摆倾斜仪）及流体（SZW-1A水温仪、LN-3水位仪、CO_2测量仪）等。张家口台网分中心每日产出各类前兆观测数据达83000余组。

3. 荣誉成果

该台自1995年以来，观测资料参评优秀率达100%，在全国统评中，共获得前三名14项。2000年被中国地震局评为"全国地震系统先进集体"，并记一等功；2003年被中国地震局评选为"全国地震台站工作先进集体"。

近年来，通过实施"九五""十五"项目以及首都圈防震减灾示范区系统工程建设项目，实现由模拟观测向数字化观测的跨越，台站建设取得长足发展，初步在张家口地区建成一个先进的现代化数字测震、强震观测台网以及数字化地震前兆观测台网，大大提高了本区地震监测能力和科技含量，为今后的发展奠定了坚实基础。

根据中国地震局和河北省地震局的部署，当前该台正在组织实施中国数字地震观测网络建设项目，并积极申报规划"国家防震减灾科普教育基地""首都圈防震减灾观测试验场"等建设项目。

（河北省地震局）

黑龙江牡丹江地震台

黑龙江牡丹江地震台地处黑龙江省牡丹江市北郊，地质构造位于黑龙江亚板块的次一级构造长白块体之北部，敦密断裂与牡丹江断裂交汇处，出露的是元古代混合花岗岩。

1. 台站概况

黑龙江牡丹江地震台1971年由黑龙江省地震局批准筹建，1975年经国家地震局批准成为国家地震基准台和大震速报台。台站字母代码MDJ，数字代码23001。

2. 观测手段

黑龙江牡丹江地震台现有职工7人，其中：男同志5人，女同志2人；高级职称3人，中级职称3人，初级职称1人；硕士生1人，本科生5人，高中生1人。

3. 荣誉成果

2000年至2002年，NCDSN连续3年获全国评比前三名，形变获2008年度全国评比第三名。牡丹江地震台2000年至今累计参加课题10项,发表论文25篇,交流论文19篇。

(黑龙江省地震局)

西藏拉萨地磁台

西藏拉萨地磁台为国家基准台,隶属西藏自治区地震局,台站字母代码LSA,数字代码24000。台站位于拉萨市金珠西路蔬菜研究所院内,占地总面积104115平方米,分为工作区和生活区两部分,现有观测人员4名,由西藏自治区地震局和中国地震局共同管理。由于拉萨地磁台所处地理位置重要,该台所得到的地磁资料一直为国内外科学工作者瞩目。

1. 台站概况

为了配合1957—1958年国际地球物理年的观测活动,1956年7月中国科学院地球物理研究所派周锦屏等赴藏选建地球物理观象台。勘定台址在拉萨西郊七一农场果园内。1956年秋破土兴建,建筑材料和设备由北京经兰州、西宁,由总参、总后和兰州军区派车队运至拉萨。1957年4月完工,台名为"中国科学院地球物理研究所拉萨地球物理观象台"。1964年改称为"西藏151单位"。仪器配置主要有:测震仪、地磁记录和观测仪、人造卫星观测仪(最后移交西藏军区代管)、臭氧观测仪(1959年初运回北京)。1957年7月1日正式出观测报告,分地磁和地震两个专业手段。1957—1974年期间,该台共刊出《拉萨地磁台观测报告》18卷。

2. 观测手段

西藏拉萨地磁台现有绝对测量设备Schmidt、DTZ-1、GSI仪、CTM-DI仪,相对观测仪有57型、CB3型,核旋定点观测主要有DTZ-1型设备。"九五"期间,中国地震局投入大量资金,对拉萨地磁台实施数字化改造,增设CTM-DI磁力仪、G856核旋仪、FHD磁偏仪及辅助仪器。在全国地震重点台站优化改造中,2002—2005年,国家和地方财政又投入资金,对台站基础设施和办公环境实施改造,新建综合办公楼787平方米,新建绝对观测房109.2平方米。2005年勘选地电观测场地,2006年地下流体观测井已打完,两个前兆观测手段观测日期指日可待。相对记录观测室改造项目正在筹划当中。

台站改造,提高了各观测项目的数字化、自动化和标准化程度,增强了该区前兆监测能力,拉萨地磁台必将发挥更重要的作用。

3. 荣誉成果

西藏拉萨地磁台的主要任务是观测区域地磁场变化并承担国际资料交换任务,为地震预报、国防及科研服务。1984年,拉萨地磁台荣获"国际地球观测百周年纪念"银奖。2003年和2005年该台被中国地震局评选为先进台站。

(西藏自治区地震局)

安徽合肥地震台

安徽合肥地震台位于合肥市西郊大蜀山森林公园内，台站占地 3970 平方米，地处华北断块区南缘，郯庐断裂带西侧，岩性为玄武岩、辉绿岩、白垩系红砂岩，是国家基本台、国家大震速报台，隶属安徽省地震局。台站代码：HFA；数字代码：34001。

1. 台站概况

该台于 1973 年 3 月开始基建，当年完成 350 平方米的平房建设。1999 年，中国地震局、安徽省政府共同投资 65 万元，建成一幢 397 平方米的监测楼，拆除部分旧建筑物，进行台站工作环境的改造，现台站总建筑面积 565 平方米。

2. 观测手段

安徽合肥地震台原为省属综合地震台，建台初期主要有测震、地电、应力等监测项目。20 世纪 80 年代，台站经过优化、调整，保留测震、地电和电磁波观测手段。自 1973 年至 1985 年开展地应力观测。1990 年，合肥地震台被中国地震局确定为国家基本台、国家大震速报台，承担全球大震速报任务。1997 年，又被中国地震局确定为国家 47 个数字化台站之一，在"九五"期间完成测震数字化改造任务。至 2002 年，测震仪器为 CTS-1 型甚宽频带数字地震仪，地电仪器为 ZD8B 数字地电仪。2003 年省地震局在该台建设地震科普基地，2004 年被安徽省科学技术协会批准为"安徽省地震科普教育基地"，成为省会城市开展地震科普教育工作的主阵地。2008 年省地震局对台站地震科普设施、观测环境、大门等附属设施进行改造。

3. 荣誉成果

2008 年该台业务技术骨干代表安徽省地震局参加中国地震局举办的地震速报比赛，获华东片区二等奖。承担省地震局科研合同课题 1 项。

（安徽省地震局）

地震灾害预防

2009年地震灾害预防工作综述

一、抗震设防要求管理

一是完善行政许可制度，加强地震安全性评价管理。与人事教育司和科技司共同组织完成了2009年度一级地震安全性评价工程师资格考试；依据《一级地震安全性评价工程师注册实施办法》开展注册工作，各省级地震局已完成了100多人注册申请的初审工作；印发了《地震安全性评价资质单位认定行政许可实施细则》。举办了省级安评委办公室主任培训班，组织完成辽宁兴城核电等100余项重大工程地震安全性评价的审定，各省级地震局审定地震安全性评价的重大工程达2000余项。二是多方协调配合，加强抗震设防要求监督管理。参加武汉等十个城市总体规划的审查；发布《关于学校、医院等人员密集场所建设工程抗震设防要求确定原则的通知》；积极参与全国中小学校舍安全工程的筹备和实施，印发了《关于配合做好全国中小学校舍安全工程实施工作的通知》和《全国中小学校舍安全工程地震工作指南》，动员指导各级地震部门参与工程实施；加强与《建筑抗震设计规范》等工程建设标准修订的衔接和协调。各级地震部门广泛参与重大工程的可行性审查和论证，积极开展抗震设防要求落实情况的监督检查。三是精心组织新一代全国地震区划图的编制。区划图编制工作取得重要进展，编制完成了达到出版要求的系列基础图件；提出了我国分区地震动衰减关系、土层参数调整表和区划图表达形式以及使用规定等；通过在湖南、四川、山东等地的试编，形成了新一代全国地震区划图主要技术要素的基本框架。四是积极推进实施农村民居地震安全工程。联合住建部等部门赴云南、甘肃、新疆实地考察调研农村民居地震安全工程实施情况，综合全国进展情况撰写调研报告并起草报送国务院领导的建议。各地实施农村民居地震安全工程取得新成效，一方面继续扩大示范工程建设的范围，另一方面加强宣传培训、技术指导和服务网络建设。新疆新建农村抗震安居房27余万户，四川完成100余万户农村民居的恢复重建，甘肃已基本完成40万户的年度任务，云南完成16万余户抗震农居的加固改造或重建。全年新建改造抗震农村民居超过180万户。

二、震灾预防基础性工作

各地普遍加大城市地震小区划、震害预测和活断层探测等震害防御基础性工作的力度，建（构）筑物抗震性能普查鉴定和抗震加固在部分地区也有新的进展。防震减灾示范社区创建活动初见成效，授予沈阳市沈北新区和东营市中山社区"全国地震安全示范社区"称号并正式挂牌。各地示范试点范围不断扩大，四川、山西、河南、吉林等十几个省先后启动了示范试点，创建工作内容不断创新、各具特色。

积极协助发财司开展"中国地震背景场"和"国家地震安全服务工程"前期工作；组织"十一五"国家科技支撑计划所属课题实施，完成课题所属专题和子专题的验收；组织实施"我国地震重点监视防御区活动断层地震危险性评价"项目；开展"十二五"专项规划编制工作；完成汶川地震科学总结和反思震害防御报告；会同国家文物局等部门指导四川省开展地震遗址博物馆建设。

三、市县防震减灾工作

组织市县防震减灾工作交流研讨会议并开展评比，鼓励探索并积极推介市县防震减灾管理的新思路、新模式。山西省政府与市政府签订了防震减灾目标责任书，将防震减灾内容纳入政府目标考核，四川、甘肃等省都以政府或人大的名义对市县防震减灾工作开展了检查或考核，浙江省将防震减灾工作纳入本省"平安市县"创建考核。高度关注基层地震机构和队伍建设问题，着力帮助基层解决工作困难。指导西昌市开展城市活断层探查和防震减灾规划编制，广东、湖北、江西、浙江等省印发关于加强全省市县地震工作管理机构的意见，多省份举办市县防震减灾工作培训班。

四、防震减灾宣传

一是继续拓宽合作领域和渠道。配合教育部制定"春、夏、秋、冬"安全系列校内外安全教育方案，录制系列科教片，促进将防震减灾纳入中小学生安全教育体系。各地普遍加强与教育等部门和媒体的合作。

二是继续推进防震减灾科普示范学校和科普教育基地的创建，各地科普示范学校和科普教育基地的数量和质量不断提高。山西、湖北、甘肃、宁夏、福建等省（自治区）与省（自治区）教育厅联合下发加强科普示范学校创建和管理的文件，规范示范学校认定标准，全年新建科普示范学校300多所，新认定国家级科普教育基地5个。

三是牵头组织首个全国防灾减灾日防震减灾科普宣传活动。印发《中国地震局首个防灾减灾日活动方案》，组织各地同步开展丰富多彩的科普宣传活动，层次高、规模大、覆盖广。成功举办以家庭为参赛单位的全国防震减灾知识竞赛。各地共组织宣讲会50000多次，学术报告会1350次，上街宣传2000多场，系统内领导、专家接受访谈100多人次，录制科普电视节目时间超过4000分钟，数以千万计的群众从中获益。

（中国地震局震害防御司）

各省、自治区、直辖市地震灾害预防工作

北京市

1. 抗震设防要求管理

2009年,北京市地震局派出抗震设防管理人员3人常年入驻北京市行政审批中心,加快工程建设项目的审批。全年完成市政府绿色审批通道1039个项目的抗震设防要求审查。

积极配合市教委开展中小学校舍安全性能排查、鉴定和加固改造工作,为全市250所中小学校加固改造提供抗震设防要求。

2. 农村民居地震安全工程

加强农村民居的抗震设防宣传、指导和服务,协助北京市建委、农委等部门开展农居示范工程建设,为农民提供多种抗震房屋设计图纸和抗震样板房模型,2009年新建农居抗震房4800户。在昌平等区县,开展村镇建设规划、村庄回迁楼抗震安全审查工作。

3. 活动断层探测工作

组织开展怀柔活动断层探测、昌平未来科技城地震小区划和活动断层探测工作,向市规委、市建委等提供活断层和小区划成果,纳入北京城乡建设规划。

4. 首都地震安全示范社区建设

大力推进防震减灾示范学校、示范社区、示范企业建设。向市科委申请经费总额近200万元的"首都地震安全示范社区建设"项目,带动全市新建防震减灾示范社区、示范村庄、示范企业25个。全市示范社区、村庄、企业数量达到63个,示范学校17个。

5. 宣传贯彻新修订的《中华人民共和国防震减灾法》

5月1日新修订的《中华人民共和国防震减灾法》颁布实施前后,北京市地震局多次组织各种形式的培训班、报告会,向政府部门、广大群众进行法制宣传,让政府和有关部门了解、落实其法定职责,并深入全市大部分区县进行《中华人民共和国防震减灾法》宣讲,受众群体数千人次。与此同时,启动《北京市实施〈中华人民共和国防震减灾法〉办法》的修订工作。

6. 科普宣传教育基地建设

继续推进各区县防震减灾科普宣传教育基地建设。完成小营地震台科普展厅建设,完成3个区县地震宣教馆和20多个街道宣传站建设。北京市已建成防震减灾科普宣传教育基地15个,其中4个为国家防震减灾科普宣传教育基地,9个为市地震局和市科委共同挂牌的市防震减灾科普宣传教育基地。

7. 防震减灾社会宣传教育工作

5月1日《中华人民共和国防震减灾法》实施日及"5·12"防灾减灾日之际,组织全市开展声势浩大、形式多样的防震减灾宣传活动。北京市地震局与市公交广告公司合作,

开展公交车厢防震减灾知识与《中华人民共和国防震减灾法》流动宣传活动。

积极推进防震减灾法律知识"进机关、进学校、进社区、进乡村、进企业、进单位"活动。地震工作人员深入学校、社区、街道、机关和农村，进行宣讲。举办各种不同主题的防震减灾法律和知识讲座20多场，参与群众达数万人，发放各种宣传材料50多万份。同时，还组织北京市2009年防震减灾知识家庭竞赛活动。

8. 区县防震减灾工作

进一步完善区县防震减灾工作机构和工作体系，加强"三网一员"队伍建设和业务培训，基本建立起覆盖全市大部分街道、乡镇和社区、村庄的防震减灾助理员队伍。编写《防震减灾助理员工作手册》，作为区县防震减灾助理员的培训教材。

设立区县防震减灾工作资助专项，资助区县创新性、示范性、基础性工作经费100万元。

制定《区县2009年防震减灾宣传工作要点》《区县防震减灾综合评比方法》以及防震减灾示范校建设的相关标准，指导区县开展防震减灾工作。

在中国地震局2009年度全国市县防震减灾工作综合评比中，昌平区地震局获得全国市县防震减灾工作综合评比三等奖，海淀区地震局获得综合评比优秀奖。平谷区地震局获得全国市县防震减灾工作综合评比防震减灾法制工作单项奖，海淀区地震局获得防震减灾社会动员单项奖。

在2009年度北京市区县防震减灾工作综合评比中，昌平区地震局荣获区县防震减灾工作综合评比一等奖，海淀区地震局荣获区县防震减灾工作综合评比二等奖，通州、平谷区地震局荣获区县防震减灾工作综合评比三等奖；朝阳区地震局获得应急救援工作先进奖；丰台区地震局获得震害防御工作先进奖；宣武区地震局获得科普宣传工作先进奖。

（北京市地震局）

天津市

1. 抗震设防要求管理

天津市地震局全年办理天津市文化中心等重大建设工程抗震设防要求行政许可事项48项，申请人评议满意率100%。认真履行法定职能，开展对中石化华北销售公司科研办公楼等16个建设项目的抗震设防要求行政执法检查。认真做好中小学校舍安全工程，审查抗震加固技术方案，明确中小学校舍加固的抗震设防要求，对责任包干的北辰区等3个区县开展2次行政督察工作，保证工程进度和质量满足国务院的要求。在全市范围内开展城乡建（构）筑物抗震性能普查工作。

2. 地震安全性评价管理

落实市委、市政府的要求，实现地震安全性评价单位对企业服务实行减半收费，减轻企业负担。加大对地震安全性评价报告评审的管理力度，通过实行初审、复审等多次审查，确保报告达到规范要求，使报告的整体水平有了显著提高。组织二级地震安全性评价工程师资格考试，提高地震安全性评价技术人员的职业素质和水平。完成天津地铁5、6号线，"大火箭"等30项重大项目的地震安全性评价，服务天津经济社会建设。

3. 活动断层探测工作

近海隐伏活动断层探测与地震危险性评价项目全面启动，完成了年度的目标任务。

4. 防震减灾社会宣传教育工作

开展防震减灾知识普及率调查工作，进一步了解广大群众掌握防震减灾知识的程度。"5·12"防灾减灾日期间，市委宣传部、市地震局、市民政局和市应急办等十家单位组织了以"提高防灾意识，建设平安天津"为主题的系列宣传活动，市领导出席了启动仪式，各界代表1000余人到场参加。活动期间，还举办2场报告会和5场讲座；15所中小学校开展地震应急疏散演练；市地震局主要负责同志参加了天津人民广播电台新闻台《公仆走进直播间》节目和北方网的专访节目；在多家报纸刊载防震减灾科普文章5篇。在"7·28"防震减灾宣传周期间，充分发挥新闻媒体的宣传主渠道作用，市地震局主要负责同志和专家接受市政务网和天津人民广播电台、电视台专题采访；在北方网开辟防震减灾知识专栏；在天津电视台播放家庭防震减灾知识竞赛决赛录像。市地震局、市教委和市科委联合组织了天津市防震减灾家庭知识竞赛，6支优胜代表队在天津电视台演播大厅举行决赛，电视台进行录播。市地震局承办东部11省市家庭防震减灾知识竞赛活动。

5. 其他工作

坚决贯彻执行市政府关于审批制度改革的部署，将4项行政许可合并为3项，减少审批要件2项，全部项目实现即时审批。完成对滨海新区城市总体规划和天津市土地利用总体规划的地震安全性审查。落实和平区防震减灾示范区建设工程。进一步充实调整各区县"三网一员"队伍，注重发挥"三网一员"队伍在全市防震减灾工作特别是在基层、社区工作中的重要作用。

（天津市地震局）

河北省

1. 抗震设防要求管理

2009年，河北省完成省管重大建设项目地震安全性评价结果审定和抗震设防要求确定行政许可34项，全部通过网上审批系统完成项目申报、受理、办理、批复过程。省政府将"抗震设防要求确定及地震安全性评价结果审定"纳入河北省房地产开发项目行政审批流程，下发到区市管理，停收地震安全性评价费。印发《河北省地震局关于贯彻落实河北省人民政府提高行政审批效能优化房地产业发展环境意见的暂行意见》《关于我省涉及房地产项目地震安全性评价报告评审有关问题的通知》等相关文件。固定资产投资项目中"抗震设防要求确定及地震安全性评价结果审定"作为合并或并联办理事项参加项目建设条件，联合审查施工图、联合审查建设工程竣工、联合验收和备案。"河北省地震局行政服务中心"建设完成并已正式运行。协助制定《河北省中小学校舍安全工程实施方案》和《河北省中小学校舍安全工程实施细则（试行）》，并就如何配合做好实施工作专门印发《河北省地震局关于配合做好全省中小学校舍安全工程实施工作的通知》。转发《关于学校、医院人员密集场所建设工程抗震设防要求确定原则的通知》，与省教育厅、建设厅等10个部门联合转发《全国中小学校舍安全工程实施细则》等3个配套文件。

2. 地震安全性评价管理

完成地震安全性评价报告送审162份，其中5份进行了会审，出具省地震安全评定委员会评审意见157份。建立较为完善的"河北省地震安全性评价资质单位诚信档案"（其中甲级资质单位9家，乙级2家，丙级9家）。

3. 活动断层探测工作

城市活动断层探测协同监理单位对保定、廊坊、衡水、邢台和石家庄五市活动断层探测项目中的控制性浅层人工地震勘探分项目的实施情况进行检查和现场监理，对跨断层钻孔联合剖面探测专题的阶段性工作结果进行检查并对施工现场进行现场监理。对廊坊市控制性浅层人工地震勘探与综合解释专题成果进行验收。与邢台市地震局共同组织有关专家，对"邢台市活断层探测和地震危险性评价"分项目中的"邢台市目标断层控制性浅层人工地震探测与综合解释"专题进行验收。组织召开河北省活动断层探测与地震危险性评价项目太行山前断裂论证会。积极筹备邯郸市活动断层探测项目总体成果验收会。

4. 防震减灾社会宣传教育工作

初步制定《河北省防震减灾宣传专项规划（2010—2015年）》《关于进一步加强我省防震减灾宣传工作的通知》《河北省地震局"十一五"省级宣教技术系统分项工程可研报告》《河北省防震减灾宣传教育技术系统硬件建设标准》等20个文件。组织全省地震系统开展各类宣传活动共计11项，印制资料54000余份，散发宣传材料33000余份，制作展板32件，完成视频专题片4项、宣传画册2项、科普软件1项、电子读物2项、知识读本1项，共10种作品，还有3类作品正在制作中。圆满完成5月1日《中华人民共和国防震减灾法》修订施行、"5·12防灾减灾日"汶川特大地震一周年纪念、科技周、安全生产月、全国防震减灾知识竞赛河北赛区竞赛活动、"7·28"防震减灾宣传周、国庆六十周年主题宣传、国际减灾日、"12·4"法制宣传日等宣传活动。全省防震减灾科普教育基地全年共接待653000余人次，开放天数达到315天。地震报出刊24期，60余万字，发行35万份，增刊13500份，电子地震报出刊24期。"河北地震信息网"全年更新简讯、通知、动态信息、音视频等710条，累计访问373800人次。承担河北省科技厅科普资源开发原创专项"地震知识智慧闯关互动游戏"，河北省地震局科研基金项目"当前地震科普声像作品的现状及发展策略研究"等10项课题和项目。

5. 其他工作

联合省教育厅、科技厅、科协开展防震减灾示范学校、示范社区、科普教育基地建设认定工作。自主开发研制的"河北省地震群测群防三网一员信息管理系统平台"通过专家验收并开始运行，真正实现了地震群测群防网络动态管理。印发《关于河北省地震群测群防"三网一员"网络管理信息系统试运行的通知》，建立健全各项管理制度和运行流程。

（河北省地震局）

山西省

1. **抗震设防要求管理**

   一是通过山西省政府与各市政府签订目标责任书推进抗震设防要求管理纳入基本建设程序。截至2009年底，太原、大同、临汾、长治、运城、晋中、阳泉、朔州市都将抗震设防要求纳入基本建设程序或行政审批事项。二是加大对学校、医院等人群密集场所的抗震设防要求管理。山西省地震局积极争取进入省中小学校舍安全工程领导小组，并要求各市地震局参与校舍安全工程。截至2009年底，山西省11个市地震局全部参与了校舍安全工程工作，并重点对在特殊地震地质条件下的60余所学校和医院进行了地震安全性评价、地震动参数复核等工作。截至2009年底，山西省地震局共对240个建设工程进行了地震安全性评价，审批217项，市县两级地震部门共对1025项工程进行了抗震设防要求管理。

2. **农村民居地震安全工程**

   一是对山西省地震重点防御区的21个县233个乡镇4754个自然村进行了农村民居抗震性能现状普查，共调查1086116户。通过此次普查，对山西省农村民居现状有了基本了解，积累了基础资料。二是继续推进农村民居地震安全示范工程建设，将农村民居地震安全工程纳入到新农村建设、沉陷区改造、移民搬迁中，截至2009年底，山西省共有100个县205个乡镇建设了469个示范村，共涉及139205套民居。

3. **防震减灾法制工作**

   山西省地震局以贯彻落实《中华人民共和国防震减灾法》为重点，以强化培训和宣传教育为抓手，加强法制工作。一是学习培训《中华人民共和国防震减灾法》。组织召开山西省防震减灾领导组成员单位、11个市地震局负责人参加的电视电话会议；举办防震减灾法等法律法规讲座10余次、法律知识有奖答题15次、行政执法培训3次，掀起学法用法、贯彻实施的高潮。二是加大普法宣传力度。充分利用"3·1""5·12""7·28""12·4"等重要时间节点，进行重点普及和宣传，为依法推进防震减灾工作奠定了坚实的基础。三是推进科学立法工作。2009年6月24日至7月3日，山西省地震局先后赴大同、运城、临汾、太原4个市进行了立法调研，实地考察13处新建工程，组织召开9次座谈会，广泛征求社会各界意见建议。2009年9月3日，正式将《山西省抗震设防条例（征求意见稿）》上报山西省政府法制办。四是规范行政执法行为。通过执法监督培训和清理法规性文件，加强了对全省地震行政队伍的管理，2009年共依法查处各类地震违法案件120起，绝大多数属于建筑工程抗震设防审批和环境保护方面的案件，有力推进了全省抗震设防管理和地震台站观测环境保护工作。

   2009年，山西省地震局先后荣获山西省委授予的"1999—2009依法治省十佳单位"，山西省政府授予的"五五普法中期评比先进单位"和中国地震局授予的"2008年全国地震系统法制工作先进单位"荣誉称号。

4. **活动断层探测工作**

   完成临汾市地震活动断层探测项目一期浅层地震探测和深部勘探工作；对临汾市区活

动断层调查二期工程进行了招标，临汾市财政下拨二期经费400万元。

5. 防震减灾社会宣传教育工作

（1）做好重点宣传与一般宣传工作。重点开展"5·12"防灾减灾日和"7·28"防震减灾宣传周活动。在5月12日国家设立的第一个"防灾减灾日"之际，组织开展了地震宣传周活动。山西省地震局樊琦副局长等5位专家，在山西省政府网站现场解答网民提问；在省直机关、省委党校等组织了10余场防震减灾专题讲座，在报刊发专版介绍防震减灾知识，并与山西省委宣传部共同印制了3万套宣传挂图，发放到社区和农村。组织开展文艺会演、电影放映、有奖征文和有奖知识竞赛等活动，大力营造科普宣传的良好氛围。据统计，山西省共有80余家电视台播放了地震应急和自救互救的宣传片，举办各类防震减灾和应急知识讲座90余次，组织收回防震减灾有奖征文1105篇，展出宣传展板1350余块，印发各种各类宣传材料上万册，取得了较好的宣传效果。除开展集中宣传外，平时利用防震减灾科普宣传教育基地及科普示范学校等阵地开展了广泛的防震减灾科普知识宣传，据统计，2009年共印制发放1505814份（套）宣传作品，深入社区宣传2367次、农村宣传5988次。

（2）继续推进科普教育基地和科普示范学校建设。2009年山西省共建成6个市级94个县级科普教育基地和620个科普示范学校，并对2007年、2008年确立的科普示范学校进行了抽查，对未进行防震减灾科普教育工作的学校取消了示范学校称号。

（3）开展防震减灾知识竞赛。山西省地震局组织全省119个县（市、区）参加了中国地震局组织的防震减灾知识竞赛山西赛区初赛，初赛历时3个月，各市、县广大家庭积极参与，收到了良好的宣传效果。7月，在各省初赛的基础上，山西省地震局组织了全国防震减灾知识竞赛中部赛区复赛，山西省、黑龙江省、吉林省、江西省、安徽省、湖南省、湖北省和河南省共8个参赛队伍进行了复赛，山西省和黑龙江省代表队获得了参加全国决赛资格。

（4）开展防震减灾科普宣传教育问卷调查活动。为了解山西省防震减灾宣传教育的基本情况，山西省地震局在全省范围内进行了防震减灾知识调查问卷活动，共收回2826份调查问卷，其中机关642份、农村483份、社区758份、学校527份、企业416份。通过调查发现，经过多年的防震减灾宣传教育，群众对防震减灾知识的了解程度较高，但掌握防震减灾科普知识的主要途径还是政府或单位组织的宣传活动，自主学习了解防震减灾知识的积极性不高。

6. 市县防震减灾工作

为进一步加强山西省防震减灾综合能力建设，3月5—16日，山西省防震减灾领导小组有关成员单位组成三个检查组，通过听汇报、座谈、查看相关资料和实地检查等方式对山西省11个市政府2008年重点监视防御区防震减灾工作考核指标完成情况进行了检查，对17个县（市、区）进行了抽查，为拟定2009年防震减灾政府目标提供了基础资料。在2009年山西省防震减灾工作会议上，山西省政府与各市人民政府签订了防震减灾目标责任书。山西省地震局根据省政府专题会议部署，起草了山西省政府防震减灾工作考核方案，拟将防震减灾工作纳入省政府目标责任考核内容。

7. 防震减灾工作培训

山西省地震局举办了全省防震减灾工作培训班，受训人员包括市级地震局长及有关业务人员、各县（市、区）地震局长，共计150余人。培训期间，对防震减灾社会管理、市县防震减灾工作、地震监测、震害防御、地震应急等方面的工作作了专题培训，培训内容立足实际工作，从解决市县防震减灾工作中的疑难问题入手，得到了市县地震局的认可。

（山西省地震局）

内蒙古自治区

1. 抗震设防要求管理

2009年，内蒙古自治区12个盟市已全部将抗震设防纳入审批大厅基本建设管理程序；呼和浩特市政府印发《呼和浩特地震安全性评价和抗震设防要求管理办法》，明确必须进行地震安全性评价的项目和开展地震小区划的地区，要求已建成的未采取抗震设防措施建筑进行抗震加固；内蒙古自治区对近30个重大工程、特殊工程和易产生次生灾害的工程项目开展地震安全性评价工作。

2. 中小学校舍安全工程

5月，内蒙古自治区政府成立中小学校舍安全工程领导小组，作为内蒙古自治区校舍安全工程领导小组成员单位，内蒙古自治区地震局进一步与教育部门协作，加强组织领导，督促各盟市地震局在当地政府统一领导下，与相关部门通力合作，全力做好校舍安全工程实施工作。各级地震部门充分发挥技术优势，利用城市活动断层探测、地震小区划、震害预测和重大建设工程场地地震安全性评价等地震科技成果，积极提供地震重点监视防御区、Ⅶ度以上地震高烈度区、地震多发区、地震断裂带和地震地质灾害分布等基础资料，加强对校舍选址、场地地震安全评估等方面的指导和监督检查，确保工程顺利实施。

内蒙古自治区地震局积极做好校舍安全工程技术指导和服务，积极引进使用玄筋砌体结构抗震加固技术，进行项目试验，对旧楼房进行抗震加固。在内蒙古自治区中小学校舍安全工程调度会上，内蒙古自治区地震局对玄筋砌体结构抗震加固技术的现状及应用进行详细说明，对提出的问题进行解答，会后会议代表参观了加固后的试点建筑物，此项技术受到高度关注和好评。内蒙古自治区副主席要求对各盟市的建筑工程使用配筋砌体结构抗震加固技术进行加固示范，以逐步推广使用。同时要求内蒙古自治区建设厅制定内蒙古自治区相应的建设规范标准。

3. 防震减灾社会宣传教育工作

（1）加强内蒙古自治区中小学校防震减灾工作。全面宣传贯彻《中华人民共和国防震减灾法》和"5·12"首个全国防震减灾日宣传活动的组织工作。内蒙古自治区地震局联合内蒙古自治区教育厅向各盟市教育（教体）局、地震局印发《关于加强内蒙古自治区中小学校防震减灾工作的通知》，通知要求各盟市教育及地震部门高度重视中小学防震减灾教育工作，加强对中小学防震减灾工作的领导和监督管理。同时各级地震和教育部门要密切合作，在内蒙古自治区中小学校开展防震减灾知识宣传、制定地震应急预案、进行应急避险演练、积极推进内蒙古自治区防震减灾科普示范学校建设等工作。

（2）建成呼和浩特防震减灾科普教育基地。5月11日，呼和浩特防震减灾科普教育基地在呼和浩特基准地震台落成剪彩。呼和浩特防震减灾科普教育基地正式开放后，已接待东乌素图小学、西乌素图小学、东街办事处、中华小记者团等多家单位团体及公众参观，日接待量过百人。

4. 其他工作

（1）地震背景场探测项目完成勘选工作。按照中国地震局和内蒙古自治区重点项目建设的安排部署，2009年内蒙古自治区地震局开始进行地震背景场探测项目的勘选工作。按照《关于开展中国地震背景场探测项目可行性研究的通知》要求，在克服自然环境恶劣、交通不便的情况下，按期完成内蒙古自治区地震背景场探测项目勘选工作。

（2）陆态网络项目已完成全部土建工程。本着科学管理项目原则，内蒙古自治区地震局承担的陆态网络项目已完成阿古拉、包头、乌海、乌加河、乌兰浩特五个基准站土建工程，并且通过中国地震局验收。

（3）建成应急预警高清视频会议系统。内蒙古自治区地震局结合实际积极实施"十一五"项目，率先建成覆盖内蒙古自治区各盟市的地震应急预警高清视频会议系统，实现12个盟市会场间720P高清视频和优质音频信号传输以及计算机数字信号双流发送功能。

（内蒙古自治区地震局）

辽宁省

1. 抗震设防要求管理

2009年，"地震安全性评价范围"已作为各级政府工程建设项目立项审批的依据，各市均将抗震设防要求纳入政府审批环节，有54项重大建设工程获行政许可审批。在全省实施中小学校舍安全工程，一是依据全国地震重点监视防御区的划分和第四代区划图，确定并向辽宁省校安办提供全省实施校舍安全工程的市县名单和全省7度以上高烈度区划图；二是按照有关规定，对全省校舍抗震加固和新建校舍工程提出新的抗震设防要求；三是与有关部门密切配合，加强对全省校舍安全工程设施情况进行监督检查。在朝阳市市长皋乡建成9栋（1500平方米）农村地震安全示范民居。

2. 地震安全性评价管理

根据人事部、中国地震局以及辽宁省关于实施地震安全性评价工程师制度的有关规定和要求，2009年，开展一级地震安全性评价工程师注册申请和初审工作，全省有6人通过一级地震安全性评价工程师注册初审；完成地震安全性评价二级工程师注册的前期准备工作。

3. 防震减灾社会宣传教育工作

地震、民政、减灾委等部门密切配合，共同推进防震减灾知识宣传活动，受益群众近百万人。新创建科普基地2个，示范校20所。辽宁省防灾减灾示范校已达130所。

4. 其他工作

沈阳市沈北新区被中国地震局授予全国首个"国家地震安全示范区城区"。

将辽宁省实施《中华人民共和国防震减灾法》办法草案纳入省政府2010年政府规章论证计划，修订公布实施《辽宁省地震局行政处罚自由裁量权指导标准》。

沈阳市地震局获全国市县防震减灾工作综合评比一等奖，营口市地震局获全国防震减灾工作综合评比优秀奖和地震灾害防御工作单项奖，沈阳市沈北新区地震局、盘锦市兴隆台区防震减灾办、鞍山市海城市（县）获全国县级防震减灾工作先进单位奖。

辽宁省地震局在全国市县防震减灾工作综合评比中获得优秀管理奖，并荣获全国震害防御工作先进单位称号。

（辽宁省地震局）

吉林省

1. 抗震设防要求管理

2009年，依法加强抗震设防要求管理工作，重大工程地震安全性评价工作有突破性发展，有34项重大工程依法开展地震安全性评价工作；为确保地震安全性评价工作质量，提高地震安全性评价从业人员能力和水平，举办地震安全性评价培训班，邀请国内著名专家对吉林省地震安全性评定委员会委员和地震安全性评价工作从业人员等40多人进行培训；参与吉林省中小学校舍安全工程相关工作，为吉林省校舍安全排查鉴定提供抗震设防要求等相关材料；为提高农村新建民房抗震能力，与吉林省劳动厅联合开展农村泥瓦匠民房抗震技能培训，发放培训教材2000套。

2. 防震减灾社会宣传教育工作

2009年5月12日是汶川特大地震一周年纪念日，也是国务院确定的首个"防灾减灾日"，为开展好首个"防灾减灾日"防震减灾知识宣传活动，制定《吉林省地震局首个防灾减灾日防震减灾科普宣传教育活动实施方案》，与吉林省委宣传部联合下发《关于进一步加强防震减灾宣传工作的通知》。

活动期间，共印制防震减灾知识挂图20000张，《中华人民共和国防震减灾法》宣传挂图300套，吉林省共悬挂横幅900余条，发放宣传单5万多份，制作宣传展板350块，宣传画册2000册，开展各类防震减灾知识讲座40余场，举办9场防震减灾知识竞赛，开放地震台站、防震减灾科普教育基地等11个，开展各种规模的地震应急演练18次，在各类日报上发表防震减灾宣传文章6篇，电视宣传20多次，除在各级地震部门网站上设立专栏开展宣传外，还在吉林省教育厅的网站上开设防震减灾科普宣传专栏，与电信部门联合利用手机短信开展防震减灾知识宣传，有2000万以上手机用户接收到了防震减灾知识短信，长白山地区还通过在邮件上加盖"防震减灾"纪念邮戳开展防震减灾知识宣传。吉林省约有500万人次接受防震减灾知识宣传教育。

3. 其他工作

为推进防震减灾知识进校园，完成8所防震减灾示范学校创建工作，经吉林省教育厅、吉林省科技厅和吉林省地震局的联合验收，确定为省级防震减灾示范学校。

吉林省市、县防震减灾工作在全国评比中取得优异成绩。松原市地震局获得综合奖二等奖，这是松原市地震局连续两年获得综合奖二等奖。长春市地震局获得优秀奖。

（吉林省地震局）

黑龙江省

1. 抗震设防要求管理

2009年，完成牡丹江至绥芬河（铁路）扩能改造、林源原油储备库、前嫩公路嫩江大桥、宁安宁古塔大桥、大唐东升水电站、哈尔滨市第101中学教学楼等106项建设工程场地地震安全性评价报告评审和审批。

主要以建设农村民居地震安全工程示范村或示范点为重点，检验和落实抗震措施，促进抗震知识宣传和技术服务。黑龙江省各市县地震局与建设、农委等部门共同选建31个农村民居地震安全工程示范村。9月，黑龙江省地震局组成3个工作组，对黑龙江省13个市（地）的15个县（区）的20个农村民居地震安全工程示范村或示范点进行交流学习评比，13个村为省农村民居地震安全工程示范村。市县纷纷举办各类培训班13期，发放材料、聘请工程技术人员作顾问等，开展形式多样的抗震知识宣传和技术服务活动，对推进农村民居地震安全工程发挥带动作用。

2. 活动断层探测工作

9月中旬，根据购买数字图件、影响数据和收集相关资料，完成哈尔滨市城市活动断层探测与地震危险性评价（二期）中活动断层地震危险性分析和活动断层地震危险性评价工作报告。

3. 防震减灾社会宣传教育工作

黑龙江省地震局充分利用《中华人民共和国防震减灾法》重新颁布实施日（5月1日）、"5·12"防灾减灾日、"7·28"唐山大地震纪念日等重要时段，提前下发文件，部署宣传方案。4月29日《黑龙江日报》第二版刊登了《明确防震减灾政府职能，加强抗震设防管理措施》记者专访；4月30日，黑龙江省人民政府副省长于莎燕在《黑龙江日报》上发表《认真实施〈中华人民共和国防震减灾法〉 努力做好防震减灾工作》署名文章，从政府角度保障督促防震减灾工作贯彻落实。《伊春日报》《七台河日报》《大庆日报》《鸡西日报》《黑河日报》《牡丹江日报》等相继刊发主管副市长、地震局负责人署名文章。黑龙江省减灾委员会主任、副省长孙永波，哈尔滨市副市长王莉，佳木斯市常务副市长孙喆，佳木斯市人大常委会副主任关玉琴，黑河市副市长赵桂英，五大连池市副市长陈锋，虎林市副市长姜敏等各级政府主要领导亲临现场参加防震减灾宣传活动。

黑龙江省共设立防震减灾咨询站近百个，为十多万群众现场讲解防震减灾基础知识。在政府办公大楼、城市主要街道与广场、乡村大集等场所悬挂条幅2000多条，制作、摆放宣传板近千块。发放《中华人民共和国防震减灾法》《地震知识百问百答》《地震来了怎么办》等各种宣传材料十多万册（份），各种宣传单几十万张。

黑龙江省举办以各个市（地）防震减灾科普示范校为基础，以家庭为单位的防震减灾科普知识竞赛活动。5月17日，在黑龙江省地震局机关应急指挥大厅举行"全国防震减灾知识竞赛"黑龙江省初赛，来自10个市（地）的13个家庭参加比赛。黑龙江省初赛第一名、黑河市王云舟家庭在山西太原举办的片区复赛中取得第二名，并最终在11月7日"全国防震减灾知识竞赛总决赛"中获得二等奖。

4. 其他工作

（1）行政审批（许可）权限清理工作。按照黑龙江省人民政府法制办公室（以下简称省法制办）的文件要求，完成黑龙江省防震减灾行政审批（许可）权限清理工作，省法制办初步认定行政审批（许可）事项5项。

（2）《黑龙江省防震减灾条例》修订工作。协调黑龙江省人大、法制办，积极争取2010年立法计划和执法检查计划。《黑龙江省防震减灾条例》的修订工作列入2010年立法后备计划。

（3）推进市县地震科普示范校工作。2009年黑龙江省地震局对科普示范学校提出明确要求，要求各市（地）将科普示范学校建立同防震减灾科普知识宣传工作紧密结合，开展各类科普知识学习，与教育部门合作，举行应急演练，编制中小学生科普知识课外读本等工作。伊春市地震局、鸡西市地震局组织在中小学开展地震应急科普知识讲座和地震应急演练活动。

（4）巩固"三网一员"工作体系。至2009年底，全省13个地市91个县市区，建立由1042名乡镇防震减灾助理员和3147名农民组成的"三网一员"队伍，共计4189人，形成"横向到边、纵向到底"群测群防网络体系。

（5）大庆市地震局获编办批准独立设置，全省13个市（地）全部设置政府直管地震局。黑龙江省地震局积极指导大庆市地震局做好规划计划工作，为其今后开展工作打下基础。

（黑龙江省地震局）

上海市

1. 地震安全性评价管理

为确保安评报告质量，一是规定所有安评项目必须由具有一级地震安全性评价工程师资质的人员担任技术负责人，安评报告必须由技术负责人签发；二是要求从业单位在接到安评任务后及时将工作方案报上海市安评办，将审查关口前移。

在从业单位安评资质和从业人员执业资格的管理方面，2009年，对上海神龙防灾技术有限公司的资质进行审核，对上勘院和波宇公司安评资质的延续申请进行初审，并报送中国地震局。3月，完成上海市一级地震安全性评价工程师注册工作的初审工作，并报送中国地震局。

辖区内建设工程开展地震安评方面，先后完成闵行发电厂燃气-蒸汽联合循环发电机组工程、辰塔路黄浦江（横潦泾）大桥新建工程、虹梅南路通道及越江工程等8项工程安评报告的评审工作，并将审定结果报送中国地震局震防司。

2. 防震减灾法制建设

10月22日，上海市第十三届人大常委会第十四次会议全票通过《上海市实施〈中华人民共和国防震减灾法〉办法》，并定于2010年1月1日起正式施行。2009年12月25日，上海市地震局组织召开新闻媒体座谈会，为即将实施的《上海市实施〈中华人民共和国防震减灾法〉办法》做好宣传工作。

3. 防震减灾社会宣传教育工作

结合新修订的《中华人民共和国防震减灾法》的实施以及全国首个防灾减灾日和2009年防灾减灾宣传周，利用报纸、电视、电子公告牌等媒介大力开展防震减灾科普宣传教育，并对各区县地震办公室提出具体指导意见，切实扩大宣传教育的影响，有效提高了市民群众的地震安全防护意识。还联合上海电信和上海文广在百视通网络电视（IPTV）上设立《地震专区》栏目，搭建全新的防震减灾科普宣传平台，建立长效宣传机制。根据中国地震局的统一部署，举办了2009年全国家庭防震减灾知识竞赛上海赛区预赛并参加东部赛区的复赛。

4. 其他工作

主要完成了上海世博园区3个固定强震点和1个移动台的建设，完成了与世博局应急指挥中心的实时传递方案认证，并编制完成《世博志愿者地震应急指南》。

（上海市地震局）

江苏省

1. 抗震设防要求管理

继续推进各地、各级政府把抗震设防要求作为项目可行性论证、工程设计、施工审批和竣工验收的必备内容。盐城市将新建建设工程抗震设防纳入建设工程项目审批的前置条件；镇江、连云港、南通、无锡和徐州等市在项目办理开工批复时，要求必须有地震部门抗震设防要求审批意见；赣榆、灌南等经济欠发达县（市）将抗震设防要求纳入基建管理程序，严格把关管理。重点抓好重大建设工程的安评管理。

参与江苏省校舍地震安全工程建设，提出全省7度以上地区和地震重点监视区的县（市、区）名单，作为实施校舍安全工程范围的重要依据；提出活断层可能涉及的乡镇名单，作为校舍安全排查的重要参考资料；由江苏省地震局倪岳伟副局长带队、省教育厅派员参加的督查组，对江苏省地震局包干的常州市校安工程开展省级专项督查，配合做好校安工程的各项工作，得到省校安工程领导小组的肯定。

2. 地震安全性评价管理

2月，组织制定江苏省《二级地震安全性评价工程师注册实施办法》，对二级安评师的初始注册、延续注册、变更注册、注销注册以及证书、执业印章遗失补办或污损更换等作详细规定。依据该办法做好地震安全性评价上岗证书管理制度向地震安全性评价工程师制度过渡的有关工作，并完成一级地震安评师首次注册申请的受理和初审工作。按中国地震局要求，对全国二级地震安评工程师考试的组织形式作出调整，并与省人社厅商定将2009年二级地震安全性评价工程师考试推迟至2010年4月进行。9月组织召开全省丙级地震安评持证单位技术负责人会议，进行业务培训和研讨。

对不同建设工程类别应当进行地震安评的等级发文作出明确规定。推动制定全省地震安全性评价收费标准，在征求多部门意见后形成草案，送省物价部门征求意见，规范地震安全性评价的市场行为。

进一步规范地震安评报告结果的审定制度，实行地震安评报告专家主审制，提高报告质量。全省共审定196个地震安评项目，并确定了抗震设防要求。试点在江苏省地震局网站分批次对地震安评报告审定结果进行公告，接受社会监督。

3. 震害预测工作

2月，召开全省震害防御工作研讨会，邀请专家进行培训。无锡、高邮等市、县做交流发言，相关文章在《震害防御与法治建设》上发表。

4. 活动断层探测工作

"南通市区震害预测与防御对策工程项目"全部完成，并通过由中国科学院周锡元院士任组长的专家组验收；盐城、常州等市派代表观摩，起到示范工程效果。推进3个省辖市的城市活动断层探测项目落地实施。徐州市活动断层探测项目已进入全面实施阶段；苏州市项目经费落实，并已完成项目招标；南通市经费基本落实，年内完成项目总体设计评审。常州、盐城等市震害预测项目已完成调研和项目建议书申报。

5. 防震减灾社会宣传教育工作

5月16日，江苏省地震局参加2009年全国科技活动周暨江苏省（南京市）第二十一届科普宣传周开幕式，现场展示三套（共计32块）展板和两套地震观测仪器，并发放地震科普知识手册数百册。科普周期间，全省各级地震部门开展科普进社区、进学校、进农村系列活动，并组织参加全国防震减灾知识竞赛活动。5月12日，江苏省地震局仲建民副局长带队参加中国江苏网在线访谈，介绍工作情况、回答网友提问。与金陵图书馆联合举办为期一个月的纪念汶川大地震一周年防震减灾展，数千人参观。6月5—7日，联合省科协、省教育厅、省科技厅举办全国防震减灾家庭知识竞赛（江苏赛区）选拔赛，12个市级代表队参赛，产生一等奖一个、二等奖两个、三等奖三个和优秀奖。在8月5日"全国防震减灾知识竞赛"东部（11省市）赛区，江苏（连云港）队荣获一等奖（小组第一）。11月7日，在北京全国总决赛中荣获二等奖。做好纪念溧阳6级地震30周年宣传活动。7月3日，组织当年参加溧阳地震现场报道工作的《新华日报》老记者赴当地老震区采访。7月9日《新华日报》设立专版，图文并茂，刊登包括何权副省长署名的《加强防震减灾工作　保障人民生命财产安全》等4篇主题文章。此外，组织在"江苏防震减灾网"上设立纪念专栏。

6. 其他工作

4月，江苏省地震局会同省教育厅、省科协发文部署年度省级防震减灾科普示范学校创建工作。各地共推荐上报40多所学校。8月，举办全省防震减灾科普示范学校创建工作培训班,各有关负责人和创建学校分管校长,共计 70 余人参培。10 月,制发《江苏省防震减灾科普教育基地申报和认定管理办法》,并受理相关申报、组织认定。12 月,江苏省地震局会同省教育厅、省科协对创建工作进行验收并对合格学校进行命名授牌。张家港市青少年社会实践基地荣获国家防震减灾科普教育基地称号。江苏省拥有国家级防震减灾科普教育基地 6 个。

(江苏省地震局)

浙江省

1. 抗震设防要求管理

依法加强对重大建设工程和生命线工程的抗震设防要求管理。浙江省地震安全性评价委员会 2009 年共组织评审并审批重大建设工程和生命线工程 55 项,较 2008 年增长 25%。省、市、县三级地震部门积极参与校舍安全工程,浙江省地震局印发《浙江省地震重点监视防御区及地震基本烈度Ⅵ度及以上区县名单》,指导开展相关工作。农村民居地震安全工程稳步推进,验收通过浙江省省级农村民居地震安全工程示范区"奉化岩头村农村民居示范小区"。平湖市农村新社区民居建设抗震设防研究及示范工程被列为浙江省重大科技专项,为探索浙江农村民居抗震设防工作开创新思路。

2. 活动断层探测工作

杭州市城市地震活动断层探测项目于 2009 年 12 月 11 日在杭州通过中国地震局验收。通过项目的开展,杭州市建成"断层探测数据平台""地震小区划平台"和"震害预测平台",改造提升"杭州市地震监测台网",开发"活断层探测综合数据与管理系统",完成"杭州市地震应急指挥中心"建设。

3. 市县防震减灾工作

经浙江省委、省政府同意,防震减灾工作于 2009 年首次被纳入"浙江省平安市、县(市、区)考核",长期困扰浙江省市县防震减灾工作发展的"机构极不健全""工作经费欠保障""抗震设防监管缺位"等 3 个突出问题得到明显改善。首先是地方政府防震减灾责任意识显著提高,许多原本没有地震工作机构的县(市、区)在考核过程期间迅速在科技局挂牌成立了地震局;所有未成立机构的县(市、区)都明确了具体负责防震减灾日常工作的部门和人员。其次防震减灾工作经费得到明显增加。所有市(县)财政都投入或增加了防震减灾经费。再次是对重大建设工程的抗震设防监管明显加强。

4. 防震减灾法制建设

在 2009 年浙江省政府规章清理中,《浙江省实施〈中华人民共和国防震减灾法〉办法》成功保留。同时,新的防震减灾立法工作取得进展:《浙江省防震减灾条例》被列为浙江省人大 2010 年二类立法计划。防震减灾 3 项行政许可事项和 4 项非行政许可事项被列为浙江省政府网上办事大厅办理事项,"建设工程地震安全性评价结果审定"进入浙江省投资项目管理信息系统。

5. 防震减灾社会宣传教育工作

以首个"防灾减灾日"为契机，全面强化社会防震减灾知识宣传。浙江省地震局会同浙江省教育厅、科技厅、气象局等部门，成功组织开展"浙江省暨杭州市'防灾减灾日'广场宣传""'漫话防灾'知识大课堂少儿漫画系列主题活动""浙江省万校师生应急避险大演练"以及防震减灾知识竞赛等一系列活动，并积极指导地方开展校本教材编制工作，在全省营造浓厚的宣传氛围。浙江省各市、县（市、区）也因地制宜开展防震减灾科普宣传工作。义乌市地震局与义乌工商学院联合在大学校园里开展防震减灾知识宣传活动；衢州市地震局与电信公司及邮政局联合举办"电信杯"防震减灾科普知识竞答；绍兴市地震局专门开设"防震减灾信息网"，为社会公众了解地震知识提供窗口。这些工作各具特色，贴近公众，取得良好的社会宣传效果。

（浙江省地震局）

安徽省

1. 抗震设防要求管理

安徽省政务服务中心地震窗口全年群众满意度为百分之百，窗口人员两度被评为优秀。全省17个市已有16个市级地震部门、12个县级地震部门进入同级政府服务中心开展工作，8个市依法将抗震设防管理纳入基本建设管理程序。2009年，全省有1万多项一般建设工程进行抗震设防要求核定。积极推进农村民居防震保安工作，指导新建3个农村民居地震安全工程示范点，在滁州召开全省农村民居地震安全工程现场会。

2. 地震安全性评价管理

加强地震安全性评价监管，全省有189项重大建设工程依法进行了地震安全性评价，对皖能长丰发电厂、望江东至长江大桥北岸连接线等重大建设项目进行跟踪管理。对省外安评从业单位来皖承担地震安全性评价工作进行资格审查和项目备案。

3. 中小学校舍安全工程

切实履行地震部门工作职责，成立全省地震系统校舍安全工程领导小组和技术专家组，加强对校舍安全工程地震工作的领导和指导。编印《安徽省中小学校舍安全工程地震资料汇编》，召开重点地区专题工作会议，对全省地震重点监视防御区和沿郯庐断裂带Ⅶ度以上地震高烈度地区抗震设防工作进行重点部署。及时制定学校、医院等人员密集场所建设工程抗震设防要求确定的原则，按要求下发中国地震局确定的全省地震重点监视防御区和54个Ⅶ度以上烈度设防的县（市、区）名单等。安排专项资金，购置"钢筋扫描仪""裂缝测宽仪"等一批用于结构检测的仪器，用于校舍安全排查和鉴定。根据省政府安排，包干指导督察亳州市校舍安全工程，同时赴全省30多个县（区），开展校舍抗震安全排查工作情况调研、检查，派出专家17人次参加滁州、六安、蚌埠等9个地市开展的中小学校舍排查督察工作。

4. 防震减灾社会宣传教育工作

安徽省地震局积极会同省科协、省教育厅开展省级防震减灾科普教育基地和示范学校认定工作。淮北地震台等5个单位被认定为省级防震减灾科普教育基地,马鞍山二中等8所学校被认定为省级防震减灾科普示范学校,另有8个单位获得市级防震减灾科普教育基地称号,33所学校获得市级防震减灾科普示范学校称号。积极开展"5·12"全国首个防灾减灾日宣传活动。在省局统一部署下,各级地震部门编印防震减灾科普知识宣传挂图、宣传彩页以及地震基础知识、避震和救助知识、汶川地震的启示等多种宣传资料8万多份,采用各种形式向广大群众普及。组织策划汶川地震一周年专题新闻宣传,在《安徽日报》上刊登专题纪念文章。策划"防震减灾江淮行"新闻采访活动,邀请《安徽日报》、省电台、省电视台、《新安晚报》等主流媒体记者深入有关台站、市地震部门和农村地震安全民居点进行集中采访,先后播发12篇稿件,既宣传全省防震减灾工作实绩,又宣传防震减灾知识。针对肥东地震的影响,安徽省地震局及时成立局领导挂帅的防震减灾科普报告团,先后到省、市共40多个机关、学校、企事业单位宣讲防震减灾知识。局有关部门应邀到省委、省人大、省政府、省政协和省直有关厅局以及部分市县播放《震撼》专题片近40场。加大网络宣传力度,开辟科普宣传专栏,加强各类信息发布,及时回复网民留言。

5. 防震减灾法制建设

安徽省地震局成立《安徽省防震减灾条例》(以下简称"《条例》")修订工作领导小组,形成《条例》修订草案,分别报送至省政府法制办公室、省人大常委会法制工作委员会。省人大已将《条例》修订工作列入全省5年立法计划。举办全省防震减灾行政执法人员资格认证培训班并组织考试,全省有88名学员通过考试,取得执法资格。认真落实新修订的《中华人民共和国防震减灾法》宣贯工作,组织30余个省直有关部门参加全国贯彻实施《中华人民共和国防震减灾法》电视电话会议。会同省直有关部门转发中国地震局等六部委局关于认真贯彻落实《中华人民共和国防震减灾法》的通知。参与省人大内务司法工作委员会、省委宣传部、省依法治省领导小组组织的江淮普法行系列宣传活动。

6. 地理信息工作

挂靠在安徽省地震局的省政府地理信息中心贯彻落实省地震局党组提出的"搭建行业交流与沟通的桥梁和纽带"的指导思想,充分发挥全省GIS行业主管部门优势,面向社会、面向市场,广泛开展与社会各界的合作交流。组织召开"2009安徽省GIS/GPS技术应用交流会",积极参加安徽省相关GIS项目评审,配合完成《安徽省地图集》地震图件的制作,多次应邀为中国科学技术大学等高校学生讲授GIS知识。建立安徽省GIS交流平台并正式运行,完成全省大环境专题报告,向省政府提交《安徽省自然灾害现状及综合防灾减灾能力分析(2004—2008)》报告。

(安徽省地震局)

福建省

1. 抗震设防要求管理

2009年,针对福建省抗震设防薄弱环节,重点推进高速公路重要构造物地震安全性评价工作，地震行政执法首次在交通行业推进并取得显著成效，省高速公路指挥部向福建省地震局提供了须补充开展地震安全性评价工作的在建 12 条高速公路的 65 个重要工程名单；积极推进校舍地震安全工程工作，向福建省校安办提交Ⅶ度以上高烈度区、地震重点监视防御区及地震多发地区的范围，并初步完成省直 17 所中小学校址地震安全排查工作；有针对性地指导市县农村民居地震安全工程工作，开展针对福建省典型农居抗震薄弱环节和特征的调查，与福州大学空间信息工程研究中心合作建立福建农居地震安全数据库的数据结构框架。

2. 地震安全性评价管理

福建省地震安全性评定委员会共完成 79 项地震安全性评价报告的评审工作，其中罗源湾港区、江阴半岛港区的地震小区划报告通过国家地震安评委评审。加强对行政执法人员的管理，拟定《2009 年度福建省行政执法资格考试防震减灾专业法律知识试卷》，开展地震行政执法人员执法证件的换证工作。

3. 活动断层探测工作

充分利用福建区位优势，与台湾地震部门达成联合开展"跨海峡震测实验"的意向，通过在台湾海峡开展联合爆破，对福建及台湾海峡深部地震构造进行探测，该项工作正在推进中。

4. 防震减灾社会宣传教育工作

部署安排全国首个"5·12"防灾减灾日暨"科技·人才活动周"活动，做好"7·28"唐山大地震纪念日、全省防震减灾宣传周、全国科普日等重要时段的防震减灾宣传活动。全省地震系统共举办科技报告会、科技下乡、进社区、展览、知识竞赛、培训、讲座等 1161 场次，发放科普宣传材料、挂图等 71.57 万余册，印制《机关企事业单位（社区）防震减灾手册》20 万册并分发给全省各企事业单位，为全省 9 个设区市制作供电视台播放的《蟾童Ⅱ》beta 带，刻制 3000 片《蟾童Ⅱ》DVD 光盘并发放到全省各市、县（区）地震局（办），编写出版《防震减灾科普课堂》。完成首批省级防震减灾科普示范学校评审认定，授予 30 所中小学校"福建省防震减灾科普示范学校"称号，与省教育厅联合召开科普示范学校现场经验交流会，大力推动中小学校地震科普知识普及力度。组织全国防震减灾知识竞赛福建赛区选拔赛，组织队伍参加全国复赛，获得优秀奖。

5. 市县防震减灾工作

在全省地震系统推广应用"防震减灾信息化管理系统"，该系统利用现代信息处理技术，采用开放式的网络管理模式，为市县地震工作机构提供信息快速传递、交流与分享的平台。

（福建省地震局）

山东省

1. 抗震设防要求管理

2009 年 7 月 14 日，省政府办公厅印发《关于在基本建设管理程序中进一步加强抗震设防要求管理工作的通知》。7月15日，省地震局、省发展改革委、省建设厅、省政府法制办联合印发《关于加强和规范地震行政审批服务窗口工作的意见》，进一步推动将抗震设防要求管理纳入基本建设审批程序。17个市地震部门均在行政审批大厅中设立地震行政审批服务窗口，140个县（市、区）中有46个县（市、区）地震部门在行政审批大厅设立地震行政审批服务窗口，占32.8%。推进农村民居地震安全示范工程建设，第一批6个省级示范工程完成验收，第二批12个省级示范工程正在开展建设，济南等市开展市级示范工程建设。积极参与中小学校舍安全工程，及时提供防震抗震方面的技术服务。组织开展2008年度全国市县防震减灾工作综合评比申报工作，济南局、东营局获得全国综合评比一等奖，诸城等7个县地震局获全国先进单位，山东省地震局被评为全国震害防御先进单位。

2. 地震安全性评价管理

青岛啤酒城、新北油田等339个重大建设项目开展了地震安全性评价，确定了抗震设防要求。规范资质单位执业活动，及时依法查处个别资质单位的违规行为，维护了地震安评市场秩序。全省共有地震安全性评价甲级资质单位1家、乙级资质单位1家、丙级资质单位6家，各资质单位共有一级地震安全性评价工程师19人、二级地震安全性评价工程师14人。举办地震安全性评价执业人员培训班，提高执业人员业务素质。公布全省一级和二级地震安全性评价工程师执业资格人员名单，启动《山东省地震安全性评价收费项目和收费标准》修订工作，省地震安全性评定委员会完成换届。

3. 活动断层探测和地震小区划工作

结合省防震减灾"十一五"项目建设，推进地震活动断层探测和地震小区划工作。2009年，开展地震小区划项目31个，完成9个，共计投入资金2724万元。全省已有12个设区的市、61个县（市、区）完成城区地震活动断层探测或地震小区划，探明抗震不利地段，制定更为精细的抗震设防标准。

4. 防震减灾社会宣传教育工作

全省各级地震部门共投入宣教经费320.7万元，围绕新修订的《中华人民共和国防震减灾法》实施日、"5·12"防灾减灾日、"7·28"唐山大地震纪念日、普法宣传日、科技活动周、国际减灾日、安全生产月等时机，深入推进防震减灾知识进学校、进社区、进农村、进企业、进机关，收到良好的宣传效果。5月6日，省地震局、省教育厅联合印发《关于在全省中小学校开展防灾减灾主题日教育活动的通知》；5月12日，全省中小学校普遍开展各种形式的宣传教育活动。加强地震科普示范学校建设，会同省教育厅、省科协开展地震科普示范学校抽查和验收。推进地震安全社区创建活动；3月31日，省地震局、省民政厅、省科协联合印发了《山东省地震安全示范社区管理办法》。召开全省地震安全示范社区创建工作现场会和第一批省地震安全示范社区授牌仪式，对东营市中山社区等6个社区进行命名授牌。其中东营市中山社区率先通过国家级地震安全示范社区的认定。5月7日，省地震系统开通12322防震减灾公益服务热线。组织开展农居建筑防震抗震知识宣传"百千万"活动。充分发挥各市县地震局的作用，通过在一百个县、一千个乡、一万个村举办知识竞赛、技术培训，提供科技下乡服务，召开现场会等，把防震减灾知识送进千家万户，提高广大农民的防震减灾意识，为农居地震安全工程建设营造更加浓厚的社会氛围。

5. 防震减灾法制建设

11月24日，省政府常务会议原则通过《山东省地震应急与救援办法（草案）》；12月

8日，省政府第217号令正式发布，自2010年2月1日起施行。《山东省防震减灾条例》修订立法工作进展顺利，完成征求意见稿。做好《中华人民共和国防震减灾法》《山东省地震重点监视防御区管理办法》宣传贯彻工作，省地震局、省政府法制办联合下发《关于贯彻落实〈山东省地震重点监视防御区管理办法〉的通知》，开展法律法规知识答题活动。坚持推进依法行政，举办全省地震系统防震减灾法培训班、行政执法人员培训班、规范地震行政审批服务窗口工作培训班，印发《全省地震行政执法自由裁量权管理办法》和《山东省地震局关于全面推进依法行政的实施意见》。在《大众日报》上刊登局领导署名的题为《加强防震减灾法治建设，保护人民生命财产安全》的文章，介绍修订防震减灾法的重要性、必要性、基本精神和主要法律制度，同时刊登全省防震减灾法律法规和地震科普知识竞答题卷，在全省组织开展有奖竞答活动并发放奖品。全省有150余万人参加竞答，收到很好的社会宣传效果。

（山东省地震局）

江西省

1. 抗震设防要求管理

江西省地震局加大对市县防灾减灾工作的指导力度，加大推进抗震设防要求纳入基本建设管理程序和审批流程，全省已有22个市县进入行政审批窗口依法履职。在江西省行政审批改革中，江西省地震局依法保留了4项行政许可事项、下放了1项行政许可权。实现了行政许可事项减少了50%，投资项目审批减少了50%，行政许可审批时限压缩了30%。

通过江西核电选址、峡江水利枢纽、大唐核电、南昌城市轨道交通一号线、宜春明月山机场和九景天然气管网等重点建设工程地震安全性评价工作的开展，中小学校舍安全工程、农村危房改造工程的实施，地震科技服务江西经济社会发展的能力不断得到提升。各地地震部门积极参与当地中小学校舍安全工程和农村危房改造工程建设，建成了300多个农村民居地震安全工程试点村，受益农户上万户。

2. 防震减灾法制建设

《江西省防震减灾条例》修订成果获得中国地震局2009年度防震减灾优秀成果奖震害防御类三等奖。同时，根据新修订的《中华人民共和国防震减灾法》，加快修订完善配套法规规章，对抗震设防要求管理和地震监测环境保护行政处罚等规定进行了细化。2009年9—10月份江西省人大常委会、省地震局组织开展《江西省防震减灾条例》立法质量评价工作，组成5个工作组奔赴江西省11个设区市和12个县区开展了调查研究，检查条例实施成果，并为修订条例、衔接《中华人民共和国防震减灾法》做准备。这是江西省第一个进行了立法质量评价的条例。

3. 防震减灾社会宣传教育工作

江西省地震局抓住首个"防灾减灾日"和"科技活动周"两个关键时期，开展了全方位、多角度、深层次的防震减灾宣传教育工作。5月12日，江西全省各地开展了声势浩大的防震减灾宣传活动，各级领导亲临参加，各种媒体加强宣传报道，并配合播放了系列科普宣传专题，有效增强了全社会的防震减灾意识。同时，利用"7·28"唐山大地震纪念日、"11·26"九江地震纪念日、12月25日江西省地震灾害紧急救援队组建等时机，开展深入广泛的防震减灾宣传教育，江西省各地通过开展防震减灾科普示范基地和示范学校创建，各大新闻单位进行专题报道，增加了全社会防震减灾意识。

（江西省地震局）

河南省

1. 抗震设防要求管理

2009年，河南省地震局依法审批建设工程243项。郑州市地铁2号线等4项重大建设工程通过中国地震局审批。河南省地震局联合有关部门地震和建筑设计专家，结合建设工程实际设计要求，经多次研究论证和大量反复计算，为学校、医院等人员密集场所工程确定了较为科学合理的抗震设防要求。重大生命线工程抗震设防措施在使用年限内全部达到了"大震不倒，中震可修，小震不坏"的要求。

河南省选取200多个村开展了地震安全农居示范点建设，建成了一批美观实用的抗震农居。同时，经多方沟通协调，农村房屋的建筑基础抗震知识、房屋结构抗震理论和方法、房屋抗震加固、抗震结构改造等施工技术纳入了"阳光工程"培训内容，根据有关政策，参加培训的农民工可以得到150~700元的补助，从根本上解决了开展地震安全农居工程过程中建筑工匠培训的资金难题，2009年全省培训建筑工匠达3200多名，为农居工程的深入开展奠定了坚实基础。

2. 地震安全性评价管理

制定印发了《河南省地震安全性评价报告评审管理的规定》，明确了新的评审办法和评审费发放规则，并于2月经省地震局办公会研究通过后统一执行。对申报注册的一级安评工程师的材料进行了认真审核，按要求将符合条件的12名同志的材料报送中国地震局。对不符合申请条件的2名同志材料予以退回。经反复沟通协商，省地震局与省人力资源和社会保障厅共同确定2008年度二级安评工程师考试合格分数线，3月，与人力资源和社会保障厅联合印发《关于公布2008年度河南省二级安评工程师资格考试合格标准及合格人员名单的通知》，确定了19名考生获得二级安评工程师资格。省地震局组织专家对15个地震安全性评价项目的野外地质钻探、人工地震测深现场进行实地检查。在焦作电厂人工地震浅层勘探施工现场，为确保探测到断层，专家根据地质图及时建议调整测线布置，准确地探测到凤凰岭断层在工程场址中的位置，确保了工程质量。严格执行中国地震局《关于学校、医院等人员密集场所建设工程抗震设防要求确定原则的通知》。及时转发各市级地震局贯彻执行。省地震局对全省位于地震动峰值加速度小于 $0.05g$、$0.05g$、$0.10g$、$0.15g$、$0.20g$ 共5个分区的50多个安评项目，召集10余名专家多次研究论证，结合建设工程的实际设计要求，确定了较为科学合理的地震动参数计算方法，以省安评办〔2009〕1号会议纪要的形式下发执行。

3. 震害预测工作

省地震局积极开展地震应急基础数据库收集工作，积极协调系统外力量，收集到全省境内学校（高中、初中、小学校学前教育）、医院、加油站、气站、汽车站、火车站、供电站（营业所）、工厂、企业、事业单位、培训机构、水库、道路（县道、乡道）经纬度信息以及各地市提供的建筑物、救灾物资储备等数据，并对数据真实性进行审核，为灾害快速评估和指挥辅助决策奠定基础。

4. 活动断层探测工作

河南省内开展过活动断层探测的省辖市包括许昌市、驻马店市、安阳市、郑州市。

5. 防震减灾社会宣传教育工作

3月，省地震局邀请中国地震局法制专家来豫进行辅导讲座。4月，与河南省法制办、发展改革、建设、民政、卫生、公安等部门联合召开了全省贯彻实施《中华人民共和国防震减灾法》电视电话会议，省政府副秘书长对全省贯彻落实《中华人民共和国防震减灾法》的工作进行了安排部署。召开省直有关单位履行《中华人民共和国防震减灾法》职责座谈会。5月8日，在《河南日报》上刊登《徐济超副省长就〈防震减灾法〉实施答记者问》，掀起了全省学习宣传《中华人民共和国防震减灾法》的高潮。部分省辖市也在当地党报和主流媒体上全文刊登了新修订的《中华人民共和国防震减灾法》。

5月12日是我国首个"防灾减灾日"，全省各地通过新闻媒体、街头广场宣传、文艺汇演、防震知识讲座、应急演练等方式开展了一系列防震减灾科普宣传活动；《中原减灾》报设立了"《中华人民共和国防震减灾法》实施和纪念汶川大地震"专栏，开展了"张衡杯"中小学生征文活动，全年发行量6万余份；策划制作了大型系列挂图和画册；组织了全省防震减灾知识竞赛，并派代表队参加了"全国防震减灾知识竞赛"华中赛区选拔赛，进一步普及了防震减灾知识，提高了社会公众的防震减灾意识。

目前，河南省已有安阳、驻马店等10个省辖市在市委党校开展了对领导干部的防震减灾宣传教育工作，首次在河南省委党校秋季郑大班举行防震减灾知识讲座。大力推进防震减灾科普示范学校创建，经与教育厅、科技厅联合检查验收，25所学校成为省级防震减灾科普示范学校。

6. 其他工作

在政协十届二次会议上，省政协委员针对地震事业发展提出3项提案，涵盖我省中小学校和医院的抗震性能普查、农村民居地震安全、提高烈度区的资金转移支付力度等问题。省地震局及时给予了答复。

（河南省地震局）

湖北省

1. 抗震设防要求管理

重新修订《湖北省地震安全性评价管理办法》，于 2009 年 3 月 1 日颁布实施；全省有 9 个市、18 个县相继颁布出台市县抗震设防规范性文件，对在建的 87 项建设工程和部分已建建设工程开展抗震设防执法检查。

全省共组织评审地震安评报告 50 余项，共审批一般工业与民用工程建设项目 500 余项，其中武汉市 228 项，建筑数量 374 幢，建设面积约 16531867 平方米。

与湖北省电视台联合拍摄电视片《地震安全农居建设指南》，首批印制的 1000 份碟片发放至市县，免费提供给农民朋友建房时参考使用。2009 年，共完成 41 个县抗震设防农居 70 多个村，共计 9000 余户。

制定《湖北省地震系统校安工程实施方案》，完成位于地震烈度Ⅶ度区的房县、竹溪、竹山、英山、罗田、公安等 6 县的 1648 所中小学校场址地震安全排查与督查工作，组织地震专家详查了房县、竹溪、竹山等 3 县距断裂带 200 米以内 21 所学校周围出露的断裂形迹与几何展布情况；会同省发改委、省教育厅等省校安办成员单位组成联合检查组，对位于地震烈度Ⅶ度地区的房县、竹溪、竹山等 3 县的中央投资改建与重建的 67 所中小学校舍安全工程实施情况进行实地检查，对 3 县距断裂带 200 米以内需进行地震安全性避让搬迁的 7 所学校进行复查；分别向省监察厅与省校安办提交督查工作报告。

2. 防震减灾社会宣传教育工作

以 5 月 1 日新修订的《中华人民共和国防震减灾法》正式实施日、"5·12"防灾减灾日、"7·28"唐山大地震纪念日、《中华人民共和国突发事件应对法》实行 2 周年纪念日、"12·4"全国法制宣传日为契机，湖北省各级地震部门大力开展防震减灾科普宣传，共举办《中华人民共和国防震减灾法》与科普知识宣贯讲座 267 场次，参加讲座的人员超 20 万人；编印各类宣传资料 13 万份；悬挂宣传横幅 300 余条；张贴宣传标语 3000 多条；制作宣传展板与宣传栏 3000 多个；在地方报刊和网站上刊登《中华人民共和国防震减灾法》与科普宣传报道 500 多篇；与湖北省电视台联合拍摄三集电视专题片《百年基业——湖北抗震节能新农居》，并在湖北电视台播出 2 次，各市县转播 36 次；配合省政府应急办编制《湖北公众应急手册》，免费向全省公众发放。在《中华人民共和国突发事件应对法》实行 2 周年纪念日期间，省政府举行首发仪式，常务副省长李宪生亲笔签名赠送第一本书。利用邮政网络，免费向边远山区农村邮寄地震科普知识宣传资料数万份。支持农村书屋建设，免费赠送地震科普知识宣传资料 5000 册。7 次组织青年科技骨干到农村，现场向农民宣传抗震设防知识。

3. 其他工作

经湖北省地震局、省教育厅、省科技厅、省科协初评，以及联合组织考察小组多次赴学校实地考察，最终评定首批 33 所省级防震减灾科普示范学校。

湖北省利用国家对李四光纪念馆新投资几百万元进行重新布展之机，新增加"李四光与地震"专馆，该馆于2009年11月重新开馆，中国地震局党组书记、局长陈建民专程赴黄冈参观李四光纪念馆并给予肯定；自筹资金对武汉地震科普教育基地展馆进行改造与充实，新增加10套新的地震仪器展柜和退役的地震仪器与一批光电展览设备；在新建九宫山地震台的同时建设了防震减灾科普教育基地。

在湖北省襄樊市樊城区回龙寺社区建设第一个"地震安全社区"，并于2009年11月25日正式挂牌成立。

（湖北省地震局）

湖南省

1. 抗震设防要求管理

2009年，全省14个市州全部将建设工程抗震设防要求纳入基本建设管理程序，14个市州地震局、36个县级地震部门驻当地政务中心开展行政审批。年内依法审批850项建设工程。参与全省中小学校舍安全工程督察，举办校舍场址地震安全评估技术培训班，为省中小学校舍安全工程办公室提供全省校舍抗震设防要求。加大对农村民居地震安全示范工程的检查指导、技术服务和资金扶助力度。扩大农村民居地震安全工程建设示范范围，全省在62个县建立72个示范点，新建农村地震安全民居示范户1410户，累计达6000户。省地震局积极与省建设厅、省建筑设计院等单位协商，将宁乡县灰汤镇农民安置小区列为省级农村民居防震保安示范点，开展了系列工作，取得阶段性成果。

2. 地震安全性评价管理

加强地震安全性评价机构队伍力量建设。组织地震安全性评价工程师执业资格考试，全省具有乙级地震安全性评价资质的单位1个，一级地震安全性评价工程师执业资格4人，二级地震安全性评价工程师执业资格27人。继续实施地震安全性评价管理目标责任制，加强对重大工程项目抗震设防要求的监管，依法对湘江长沙综合枢纽（蔡家洲）工程、长沙轨道交通2号线一期工程、长株潭城际铁路建设工程等91项重大建设工程进行场地地震安全性评价。

3. 防震减灾社会宣传教育工作

湖南省地震局与省法制办、省发展改革委、省建设厅、省民政厅、省卫生厅、省公安厅等部门联合召开全省贯彻实施《中华人民共和国防震减灾法》电视电话会议。湖南省地震局与省教育厅联合下发《关于加强中小学生防震减灾宣传教育的通知》，强化中小学生的防震减灾知识教育。以《中华人民共和国防震减灾法》和地震科普知识为宣传重点，利用《中华人民共和国防震减灾法》实施日、首个防灾减灾日、科技活动周、唐山大地震纪念日等重要时机，采取领导下基层辅导宣讲、政府分管领导在本地党报上发表访谈文章及发表电视讲话、在本地电视台黄金时段播放《地震揭秘》《地震来了怎么办》等专题短片、组织防震减灾科普知识竞赛等形式，在全省范围内开展宣传教育，提高社会公众防震减灾意识。湖南省地震局被中共湖南省委宣传部评为科普活动周先进单位。

4. 重大活动

"湖南中强地震活动地区抗倒塌地震区划图示范编制"课题通过验收。

9月6日，由湖南省地震局承担的"湖南中强地震活动地区抗倒塌地震区划图示范编制"课题在北京通过验收。该课题是国家科技支撑计划课题"强震危险区划关键技术研究"（2006BAC13B01）第六专题"地震区划概率水准确定与地震区划图预编试验研究"（2006BAC13B01-06）的第五子课题。课题收集、综合了近年来湖南省地震地质、地球物理场和地震活动性方面的最新研究成果。课题从中强地震活动地区地震区划编制原则与方法研究、地震构造背景与潜在震源区划分、中强地震地震动衰减关系、中强地震活动地区背景、背景地震参数确定及湖南典型中强地震发震构造的调查与评价研究等方面入手，编制了湖南省地震目录和震中分布图、湖南省地震构造图、湖南省新构造图、湖南省综合等震线图、湖南省地壳应力场图、湖南省地壳形变图、湖南省地球物理场图件等；开展了中等地震活动区的小震空间光滑模型研究，得出了湖南地区50年超越概率10%地震动峰值加速度。

5. 其他工作

认真落实湖南省机构编制管理委员会办公室和湖南省地震局联合下发的《关于规范市州地震工作机构设置的通知》要求，加快市县地震工作机构建设步伐。全省14个市州已有12个按要求规范了地震工作机构，县级地震工作机构数新增5个。《湖南省实施〈中华人民共和国防震减灾法〉办法》修订工作被省人大教科文卫委员会列入2010年的前期调研计划。

（湖南省地震局）

广东省

1. 抗震设防要求管理

广东省地震局下发《关于市、县（区）地震部门在工程建设审批中依法行使监督管理职能有关问题的函》，依法重申各地实施抗震设防管理职能。批复广东省天然气合网项目一期工程、珠江三角洲城际轨道交通工程、深圳机场T3航站楼、中山市东部快线工程、粤东LNG一体化项目、汕头至湛江高速公路汕头至揭西段等重大工程项目地震安全性评价报告并确定抗震设防要求114项。完成汶川县地震小区划工作，并向汶川县政府及广东对口支援汶川县工作领导小组提交成果。全年共完成地震安全农居示范村选址155个，建成农居抗震示范亭（结合宣传栏）53个，设置农村应急避难场所155处。编印《广东省地震安全农居工程抗震示范亭建设指引》和《广东省农村民居地震安全示范工程宣传培训手册（第一册）》等农居建设宣传培训教材，举办农居抗震建设专项技术培训及地震科普知识讲座85场，发放各类地震安全农居建设宣传资料18000份，开辟"广东省农村民居地震安全技术服务信息网"。

2. 地震安全性评价管理

共核准地震安全性评价单位丙级资质证书延展5项。完成广东省二级地震安全性评价工程师资格考试工作。

3. 震害预测工作

2009年8月21日,"深圳市经济特区震害预测与防御系统建设项目"通过验收。深圳市震害预测(二期)项目进入初步设计报批阶段。12月3日,中山市城区震害预测与防御系统建设项目通过验收。

4. 活动断层探测工作

东莞市活动断层探测项目完成4个专题验收,2009年度专题实施方案通过评审,各专题进入实施阶段。

完成深圳市活动断层探测与地震危险性评价工程(一期),在综合已有地震、地质、地球物理资料的基础上,开展地形图数字化、高分辨率航卫片遥感图像计算机处理以及野外地震地质调查工作,配合多测项地球化学探测、浅层人工地震剖面探测、电磁探测等,初步确定目标区存在的活动断层空间位置和活动性。主要内容有:地震、地质、地球物理资料的收集、分析与处理;航、卫片遥感图像处理与解译;地球化学高密度探测(气汞、气氡2条测线,横跨断裂布设8条线,合计长度8千米);浅层人工地震探测(测线16条,合计长度16千米);地质雷达探测(不同观测系统/激发条件和震源,测线4条,合计长度4千米);高密度直流电法探测(4条测线,合计长度4千米);瞬变电磁法探测(4条测线,合计长度4千米);活动断层钻孔探测与第四系标准剖面的建立;地震地质调查与综合制图。

编制完成《深圳地震活动断层探测与地震危险性评价二期项目初步可行性方案》。

5. 防震减灾法制建设

完成《广东省防震减灾条例(修改稿)》,《广东省防震减灾条例》的修订工作列入2010年省立法计划。广东省认真抓好新修订的《中华人民共和国防震减灾法》宣贯工作,通过开辟22个网站宣传专栏、举办150场(次)专题讲座、开展1次网络有奖知识竞赛等方式掀起学法的热潮,推进新法的贯彻落实。

6. 防震减灾社会宣传教育工作

开通12322防震减灾公益热线,24小时向社会公众免费提供地震科普知识、震情信息等公益信息服务。组织开展防震减灾科普基地开放日活动、防震减灾科普讲座、学校防震减灾应急疏散演练、家庭防震减灾知识竞赛活动,参加省减灾委员会主办的"防灾减灾日"活动、防震减灾宣传周的宣传活动,派出专家讲授防震减灾及应急避震知识数十场次,指导开展近百次的地震应急演练。2009年有13个科普教育场馆被认定为广东省防震减灾科普教育基地。

7. 其他工作

全省地震重点监视防御区县级以上城市建(构)筑物抗震性能普查工作取得明显进展。2009年给有关地市下达省级投资经费127万元,占总金额25.4%,年内共落实地方配套资金共计180万元。广州、江门、佛山三市进行项目公开招标。全省累计已完成建筑面积约2亿平方米的房屋调查工作。开展香港元朗—屯门地区滑坡与地震影响小区划项目前期工作。启动管道燃气强震动监测预警处置系统建设可行性研究。

(广东省地震局)

广西壮族自治区

1. 抗震设防管理

2009年，经过积极争取，"工程场地地震安全性评价结果的审定"进入了自治区基本建设行政许可联合审批环节，首开地震部门进入联合审批先河，从源头上把住了重大建设工程抗震设防关，为重大建设工程提供了有力的地震安全保障。

2月19日，广西壮族自治区地震局2008年度市县防震减灾工作综合评比会议举行。经评比产生了全区地级市防震减灾工作综合评比获奖单位6个，全区地级市防震减灾工作单项奖8个，全区县级防震减灾工作先进单位6个。

9月，自治区组织开展了全区防震减灾工作检查，成立了以分管主席为组长，自治区人民政府分管副秘书长和自治区地震局局长为副组长，自治区各有关部门同志参加的检查组，赴重点监视防御城市对贯彻执行新的《中华人民共和国防震减灾法》、新改扩建工程抗震设防要求管理、地震应急体系建设、农村民居防震保安工程建设、地震次生灾害源排查处置、地震重点监视防御区（城市）防震减灾工作等6个方面的内容进行了实地检查。

贯彻落实修订后的《中华人民共和国防震减灾法》，为确保校安工程顺利推进，2009年广西壮族自治区地震局先后印发了《关于我区学校、医院等人员密集场所的建设工程抗震设防要求确定原则的通知》和《关于明确学校医院等人员密集场所建设工程抗震设防要求确定原则的函》《关于我区学校、医院等人员密集场所建设工程抗震设防要求确定原则的通知》《关于切实做好我区校舍安全工程地震安全服务的通知》《关于进一步完善中小学校舍安全工程地震安全排查鉴定工作的通知》等规范性文件，明确区学校、医院等人员密集场所建设工程的抗震设防标准。

2. 地震安全性评价管理

2009年广西壮族自治区地震局完成地震安全性评价报告的评审101份（未完全统计）。组织了多次重大项目地震安全性评价会议，克服人员少、时间紧、任务重的困难，确保了安评结果的科学性和准确性。

同时，积极推进一级安评工程师考试报名工作，完成了广西壮族自治区地震局7位同志的二级地震安全性评价工程师的注册，确保了广西防震减灾事业的发展后劲。

3. 政务服务工作

自治区政务服务中心地震行政审批窗口开展"政务服务年"活动，做到全年无行政投诉，无行政复议案件发生。截至11月15日，窗口共受理申办件145件，办结率100%，办结提速率达60%，办结评议率和满意率达到100%，行政效能、工作效率以及群众满意度均排在前三名，在政务服务中心的每月情况通报中，地震局窗口工作都得到了通报表扬，自治区政务服务中心管理办公室为此还特致谢我局，感谢一年来窗口卓有成效的工作业绩。

4. 防震减灾社会宣传教育工作

在我国首个"防灾减灾日"和四川汶川特大地震一周年之际，为进一步提高全民的防灾减灾意识，根据《全国"防灾减灾日"暨〈中华人民共和国防震减灾法〉修订实施宣传活动方案》的要求，我处组织了一系列规模空前的科普宣传活动。

5月12日，全区市县地震部门与教育部门首次集中组织各级防震减灾科普示范学校开展一系列地震应急避险演练活动。参演学校达570多所，参演学生达10万多人；以"最大限度减轻地震灾害、保障和谐社会地震安全"为主题，广西壮族自治区地震局开展网络宣传和征文比赛，截至5月25日，共收到网络征文近100篇；5月16日，成功举办我区家庭防震减灾电视竞赛，比赛在广西电视台演播大厅进行，全区13个地级市共选送14支代表队参赛，此次比赛在5月17日和5月18日公共频道黄金时段播出；为宣传新修订的《中华人民共和国防震减灾法》，广西壮族自治区地震局组织编制的干部读物、学生读物、社区居民读物、农村群众读物等4部科普作品进入出版阶段，同时重新编排了四种挂图和基础知识展板，不断增强针对性，受到了广大群众的欢迎，巩固了地震管理部门良好的社会形象。

5. 其他工作

在2009年的全国震害防御工作会议上我局荣获了2008年度全国震害防御工作先进单位。广西壮族自治区地震局在全国首个"防灾减灾日"暨《中华人民共和国防震减灾法》修订实施宣传等活动中也获得多项组织奖和先进个人荣誉。

为了让全区地震系统广大干部职工尽快掌握新修订的《中华人民共和国防震减灾法》的各项内容，广西壮族自治区地震局转发了中国地震局等六部委联合下发的《关于贯彻实施〈中华人民共和国防震减灾法〉的通知》，研究制定了《广西壮族自治区地震局贯彻实施〈中华人民共和国防震减灾法〉实施方案》，成立了广西壮族自治区地震局贯彻实施〈中华人民共和国防震减灾法〉活动领导小组，将《中华人民共和国防震减灾法》和《〈中华人民共和国防震减灾法〉修订基本情况》印制成小册子各5000份，发放到广大干部职工手中；特别制作了《〈中华人民共和国防震减灾法〉确立的32项法律制度》《中华人民共和国防震减灾法定职能分解》等《中华人民共和国防震减灾法》随身学系列宣传小册子，分发到全区地震系统，李伟琦副局长在广西壮族自治区地震局举行《中华人民共和国防震减灾法》培训讲座，党组中心组全体成员悉数参加。6月，组织举办全区市县抗震设防要求管理及法制培训班，对全区市县地震系统约14个地级市80个县（市）的100余人进行了培训。

（广西壮族自治区地震局）

海南省

1. **抗震设防要求管理**

加强建设工程抗震设防要求管理。完成"建设工程抗震设防要求"等5项审批事项的行政许可项目流程优化和审批服务指南编制，汇编完成《海南省地震行政审批服务工作手册》。

地震行政许可被纳入海南省重大项目审批服务的前置审批环节，依法把重大项目的抗震设防要求管理纳入规范化的政府行政审批程序。

依法、公开、高效开展地震行政审批服务工作，做到及时赴野外实地勘察地震安评工作现场，全年审批重点项目建设工程地震安全性评价结果审定和抗震设防要求确定12项，完成省外地震安评资质单位来海南省开展地震安评业务备案3项。提前办结率100%，无任何投诉。

农村民居抗震设防管理。组织召开2次全省农居工程现场会议，推广实施农居工程工作，下达2009年全省农居地震安全工程试点建设指标2664个，全省共投入专项资金2151.29万元，其中省级资金投入1700万元，市县投入451.29万元，建成示范农居1664户。全年认真开展农居工程宣传、培训、指导和服务工作，组织举办各类培训班23期，培训1300人次；组织技术人员下乡开展技术服务和指导3000多人次；编印3万份农居工程宣传资料，宣传挂图2万张，发送到全省每个行政村。主动与省民政厅和省建设厅合作，加强少数民族地区茅草房和危房改造工程抗震设防工作。

加强农居工程审批工作。制定《海南省农村民居地震安全工程审批程序》等规章制度，组织专家在全省开展农居抗震设防情况抽查，实行网上申报审批，严格按程序对典型示范户进行审批，确保农居专项经费规范安全发放。

加强农居技术服务体系建设。完善市县、乡镇农居工程技术服务中心（站），投入399万元资金购买农居工程专用设备1002件（套），给全省乡镇防震减灾助理员和有关技术人员配备笔记本电脑、打印机、数码照相机和CPS仪器等设备，为农居工程建设提供广泛便捷服务条件。指导万宁等市县建立农居工程钢材服务站。充分发挥海南省农居地震安全工程技术服务网等网站高效、快捷的功效，加强农居抗震设防技术科普和技能的网上宣传，受到农民的普遍欢迎。

2. 地震安全性评价管理

认真履行海南省地震安评委工作职责。2009年度完成《海南洋浦30万吨级原油码头及配套储运设施工程场地地震安全性评价报告》等省重点项目地震安全性评价20项，确保有关建设项目按抗震设防要求科学设防。

研究国内外地震安全性评价工作发展趋势和先进经验，不断提高海南省地震安评委人员的业务素质。组织国家地震安评委有关专家作地震安全性评价有关知识报告1次。

3. 防震减灾社会宣传教育工作

组织协调做好全省防震减灾科普宣教工作，利用海南省科技月活动、"5·12"汶川特大地震纪念日、唐山大地震33周年纪念日等契机开展形式多样的防震减灾科普宣传。举办主题为"依法开展防震减灾，努力建设地震安全家园，弘扬抗震救灾精神，提升地震应急救援能力"的汶川特大地震防震减灾宣传周活动和纪念唐山大地震33周年宣传活动，使汶川特大地震经验教训和启示更加深入人心，取得良好的宣传效果。

指导各市县建立健全宣传网络，结合"5·12"汶川特大地震纪念日、法制宣传日、科普宣传周等，会同省宣传、教育、法制、新闻等部门"主动、慎重、积极、有效"地开展防震减灾法宣传活动，举办防震减灾知识巡回展和大型防震减灾图片展，进一步提高全社会的防震减灾意识和能力，科学、积极、有效地促进海南省防震减灾各项工作，取得明显成效。

（海南省地震局）

重庆市

1. 抗震设防要求管理

严格重大工程地震安全性评价报告审查，确定抗震设防要求，先后完成清河花园、奉中花园、巫山机场、金佛山水利工程等11项重大工程地震安全性评价报告审批。将地震安全性评价工作纳入《重庆市"平安重庆"工作考核办法》，占政府目标考核分0.5分。

2. 活动断层探测工作

完成彭水县城保家拓展区的地震小区划工作，重庆市都市区活动断层探测与地震危险性评价及荣昌县城区地震小区划。

3. 防震减灾社会宣传教育工作

首个"防灾减灾日"宣传周期间，由重庆市政府应急办牵头，在全市范围开展防震减灾知识"进社区、进校园、进农村"活动和地震应急疏散演练。8月上旬，组织承办全国防震减灾知识竞赛西部复赛。12月初，启动12322防震减灾宣传服务热线。利用唐山大地震纪念日、科技活动周等时段，积极开展防震减灾知识宣传，全年共发放防灾减灾宣传资料近5万份，现场解答市民咨询5000余人次，培训讲课20余场次。

（重庆市地震局）

四川省

1. 抗震设防要求管理

四川省地震局与建设部门共同印发灾区各乡镇抗震设防参数表，为灾区一般建设工程业主和设计部门搞好抗震设防提供便捷服务。组织管理和技术专家参加各类涉及防震抗震评审项目审查会、评估会共80余次。全年办理重大建设工程抗震设防要求审定行政审批事项共计156项，均符合法定要求，无任何违法违纪情形发生。

各市、州、县与建设、规划部门共同制订灾后农居施工图集，为集中统建农房选址。灾后重建的分散农居90%左右采取了抗震设防措施，已经具备基本抗震能力。集中统建的农居，其抗震设防能力已等于或高于本地的抗震设防要求。已有5个重点监视防御区的市州局成为规划委员会成员单位或参与基本建设管理，具备在可研或设计审查阶段对重大建设工程抗震设防履行监督管理职责。共对52项建设工程初步设计方案进行审查，对346项建设工程抗震设防进行了执法检查。

通过排查、重点排查和专家现场核查的方式在规定时限内完成全省25333所中小学校校舍场址地震安全性排查工作。

2. 地震安全性评价管理

全面参与省重大建设工程可研报告评审和水电站防震抗震专题研究报告的审查工作。

认真贯彻落实省政府关于行政审批"两集中、两到位"精神，进一步规范行政审批程序，向政务服务中心行政审批窗口派驻首席代表，给予充分授权，加强行政审批窗口服务工作。在四川省政务中心受理并完成地震安全性评价行政审批156项、地震监测环境审批156项。

3. 震害预测工作

协助制定"四川省中小学校舍安全工程地震工作"实施方案。承担该项工作的实施，对各地州工作人员进行技术培训，派出技术骨干，对全省157所可能位于活断层附近的中小学校舍进行实地考察、复核。为广东省地震局开展的"汶川县地震安全性评价"、山东省地震局开展的"北川县新址地震小区划"等项目，提供技术、资料、人员等方面的支持。

4. 活动断层探测工作

灾后重建中，异地新建的县城、乡镇以及灾后重建建设工程选址，依据经审定的专门场址。汶川、茂县、青川、成都、西昌、雅安等市县已开展或正着手开展地震活动断层探测。与郑州物探中心合作，共同完成技术难度较大的"青川乔庄镇活断层探测与鉴定"工作。

5. 防震减灾社会宣传教育工作

四川省全年各地共出动流动宣传车近100台次，发放各类宣传资料近500万份。四川省地震局全年组织街头宣传4次，现场发放宣传资料3万多份。全省各市州县组织宣传活动600多次，发放宣传资料340多万份，悬挂标语横幅3000多条，接受公众咨询3万多人次，播放电视专题节目和录像1万余场次，图片展览达1200多场次，举办防震减灾科普讲座5000多场次，各地防震减灾局指导各行各业举行逃生演练200多次。在5月12日首个"防灾减灾日"当天，四川省地震局联合省级各职能部门以及省级地震综合救援队在成都市进行大型的宣传活动，活动反响非常热烈。中国地震局党组成员、副局长修济刚现场视察相关宣传活动，四川电视台、成都电视台、《成都商报》、《华西都市报》等各大媒体均进行大幅报道。德阳、攀枝花、宜宾等市州也在当天联合市政府进行大规模宣传活动，使整个宣传范围覆盖全省。联合省委宣传部、省人大有关委员会以及法制报社举行"神钢·成工杯"防震减灾大型有奖知识竞赛。全省共计20个市州参加本次竞赛，通过报纸形式发放竞赛题50多万份，回收有效答卷30多万份，回收率达60%。通过实施防震减灾素质教育工程，健全完善省级防震减灾科普示范学校、示范社区的评定标准与办法，促进各地加快推进防震减灾知识进校园、进社区。全省防震减灾科普示范学校从2008年的140余所跃升至325所。拓展宣传工作思路，提请四川省政府印发《关于进一步做好〈防震减灾法〉宣传贯彻工作的通知》，对各级政府与相关部门下达学习、宣传防震减灾法的具体任务，保障宣传工作的顺利进行。

（四川省地震局）

贵州省

1. 抗震设防要求管理

首批贵州省农村民居地震安全（示范）工程10个点建设从2007年开始实施，经过2

年的努力，首批示范工作已顺利完成，经组织专家验收，技术规范等各项抗震指标，均达到设计要求。

贵州省农村危房改造工程全面推进。贵州省将抗震设防纳入危房改造主要内容，全省各级财政共投入补助资金21.94亿元，完成农村危房改造15.8万户。

积极参与编制《贵州省校舍安全工程实施方案》和《贵州省中小学校舍安全工程规划》。贵州省地震局为配合做好该项工作，拟定了工程地震工作指南，确定了全省校舍安全工程抗震设防要求，将全省14个Ⅶ度以上县和重点监视防御城市纳入校舍安全工程重点，印发实施《关于配合做好全省校舍安全工程工作的通知》等文件。

2. 地震安全性评价管理

2009年贵州省地震安全性评定委员会共评审工程场地地震安全性评价项目14项，对北盘江马马崖水电站、中石化贵州煤磷电化一体化项目、贵阳龙洞堡国际机场二期工程、贵阳新建北站等一批重大建设工程地震安全性评价报告进行了审定并出具行政许可审批意见。

考核认定首批二级地震安全性评价工程师。贵州省地震局会同贵州省人力资源和社会保障厅，按照中国地震局关于二级地震安全性评价工程师的认定考核办法和相关要求，经专家组考核评定，认定了贵州省首批12名二级地震安全性评价工程师。

3. 防震减灾宣传教育工作

7月17日，贵州省人民政府办公厅印发实施《贵州省防震减灾宣传教育工作方案》，明确总体要求、主要目标和具体方式，对贵州省2009—2012年防震减灾宣传教育工作作出总体规划和部署，强化经费、组织和制度保障措施。

贵州省地震局联合贵州省教育厅印发实施《关于加强全省中小学校防震减灾科普宣传教育工作的通知》，要求将防震避震知识纳入中小学校教学计划，并结合实际制定校园地震应急预案，在中小学校开展地震应急救援演练，培养学生的安全意识和自救互救能力。同时，将中小学校防震减灾宣传教育纳入考核内容。

不断拓展防震减灾宣传教育渠道。贵州省地震局组织编制防震减灾科普读物。贵州省地震局和贵州人民广播电台协商联合举办两期防震减灾科普直播节目，并在新华网直播节目中宣传防震减灾知识。

努力推进防震减灾知识进党校。贵州省地震局与省委组织部、省委党校（省行政学院）协商，将防震减灾知识纳入省委党校（省行政学院）主体领导干部教学计划，作为领导干部的必修课。

4. 其他工作

建立健全贵州省防震减灾指挥协调组织机构。9月11日，贵州省人民政府正式成立"贵州省人民政府抗震救灾指挥部"，建立"贵州省防震减灾工作联席会议"制度，指挥部和联席会议由省直28个单位或部门组成，分管防震减灾工作的副省长任指挥长（主任）。抗震救灾指挥部办公室设在贵州省地震局，办公室主任由贵州省地震局局长担任。各市（州、地）人民政府（行署）相继成立抗震救灾指挥部和建立联席会议制度。

（贵州省地震局）

云南省

1. 抗震设防要求管理

依法审批 190 项地震安全性评价项目。参加云南省捧河大丫口、五郎河南瓜坪、洗马河二级赛珠水电站、兰坪碧玉河水电站、维西南极洛河水电站、普洱市把边江长田水电站等工程抗震防震研究设计专题报告及云南恩洪矿区煤矸石 2×150MW 电站工程可行性研究报告等 7 个项目的审查。完成溪洛渡水电站等近 10 个监测预警系统建设，运行顺利。隔震垫科技支撑项目成果在昆明国际新机场应用取得重大突破，云南省科技攻关及高新技术发展计划项目"昆明新机场特殊岩土工程"和"昆明新机场航站楼工程抗震关键技术研究"主体工作圆满完成，取得多项创新成果并运用于机场建设工程，云南省地震局主持申报的"昆明新机场航站楼成为应用减隔震技术的世界最大单体建筑"入选"2009 年云南十大科技进展"。举办一级地震安全性评价工程师考试培训班 3 期。完成第四届八省、自治区、直辖市震害防御协作会议的会务工作。

2. 农居地震安全工程和校舍安全工程建设

云南省完成农村民居地震安全工程 30 余万户，将 640 万平方米 D 级危房纳入信息管理和监控系统，排除 D 级危房 364 万平方米。云南省地震局下发《关于云南省中小学校舍安全工程抗震设防要求确定的通知》，确定云南省校舍安全工程中的抗震设防要求基本依据。参与对 16 个州市校舍安全工程规划的评审、上报国务院校舍安全工程办公室《云南省中小学校舍安全工程规划》编制等工作。组织专家多次到玉溪市、曲靖市进行校舍安全工程的督查、调研。配合教育部门共完成 200 万平方米中小学校舍危房改造。

3. 防震减灾法制建设

2009 年，云南省地震局与省委宣传部、省发展和改革委员会、省住房和城乡建设厅、省民政厅、省卫生厅、省公安厅等联发关于贯彻实施《中华人民共和国防震减灾法》的通知，安排部署云南省宣传贯彻实施工作。4 月 14—18 日，全国人大教科文卫委员会立法调研组在中国地震局党组成员、副局长刘玉辰的陪同下，赴云南省昆明市、昭通市和楚雄市进行《中华人民共和国防震减灾法》修订调研。2009 年 9 月 7—23 日，由云南省政府督查室牵头，省地震局、省监察厅、省民政厅、省财政厅等单位参加，组成 3 个督查组对云南省防震减灾工作进行专项督查，其中对昭通、楚雄、红河、保山、丽江 5 个州市进行实地督查。

4. 防震减灾社会宣传教育工作

云南省全面实施防震减灾知识家喻户晓工程，云南省地震局制作发放 11 类宣传材料 800 余万册。11 月 9—20 日，云南省地震局组织"防震减灾科普大篷车"防震减灾科普知识巡回宣传活动。有近 1000 名县直党政干部听取了专题报告，6000 余名师生听取了讲座，共发放防震减灾知识宣传材料 30000 余份。云南省各州、市、县（市、区）地震部门还利用"5·12"防灾减灾日、"11·6"防震减灾宣传周、"12·4"全国法制宣传日、科技活动周等，组织开展防震减灾科普宣传活动，共发放《地震知识 100 问》等各种宣传资料约 10 万份。

云南省地震局与云南电视台联合举办"普及地震科学知识，提升防震减灾能力"为主题的云南省防震减灾科普知识电视竞赛活动，联合开办《地震百科》电视栏目。与云南省教育厅联合评选出云南省首批防震减灾科普示范学校13所。《云南省地震局汶川8.0级地震应急大行动》画册正式出版。

（云南省地震局）

陕西省

1. 抗震设防要求管理

审批50多项重大建设工程的抗震设防要求。基本完成第五代区划图编制相关工作。发布汉中重灾县地震断层分布图，编制全省1∶50万地震地质构造图。会同有关部门对重灾县恢复重建学校、医院的抗震设防要求进行检查。积极参与校舍安全工程，对汉中校舍安全工程进行督导检查。

2. 地震安全性评价管理

制定《陕西省二级地震安全性评价工程师注册实施办法》《陕西省地震安全性评价资质单位信用评价试用办法》。

3. 防震减灾社会宣传教育工作

会同省委宣传部等11个部门，举行以"关爱生命，科学减灾"为主题的全省防灾减灾科普宣传暨防震减灾知识竞赛活动和全省家庭防震减灾知识电视大赛。组队参加西部片区和全国竞赛，获西部片区竞赛一等奖、全国竞赛三等奖。

制作《科学应对地震灾害》宣传片。向全省16800所中小学校和所有"农家书屋"捐赠《农村建房莫忘防震》图册和防震减灾知识光盘。组织科普报告团开展10余场科普宣传讲座。继续在省委党校和省行政学院开展领导干部防震减灾实践课。将10所中小学校和幼儿园确定为省级防震减灾科普示范学校。

4. 地震安全示范工程

制定省地震安全示范社区指标体系，全省新增示范社区17个。安排部署全省农居抗震设防现状普查，全省新增农居示范点54个。

（陕西省地震局）

甘肃省

1. 抗震设防要求管理

建设工程抗震设防要求管理情况。甘肃省地震局在汶川特大地震灾后恢复重建中，会同省发展改革委、省残联等部门对7个市州、11个县市区的30多个重建村镇和工程场点开展抗震设防要求落实情况检查。在此基础上，组织召开8个市州、17个县市区政府领导和地震局负责人参加的恢复重建抗震设防要求督导工作会议，会后省政府办公厅批转了甘肃省地震局《关于进一步加强恢复重建工程抗震设防要求监督管理工作的通知》，对各地、各部门依法加强恢复重建工程项目抗震设防要求监督管理提出具体要求。各市州地震部门积极推进将抗震设防要求管理纳入基本建设管理程序，对建设工程实施提前介入、中途管理和建成检查等措施。2009年，全省共审批包括一般建设工程在内的抗震设防要求1018项。甘肃省地震局积极将甘肃省抗震安居工程与国家农居地震安全技术服务工程相衔接，将"农居地震安全技术服务工程"纳入省政府5年（2009—2013年）建设200万户抗震安居房规划中，提供地震科技服务。按照省政府主要工作任务分解和为民办12件实事实施方案要求，在"建设40万户抗震安居房项目"中，积极组织实施"农居地震安全技术服务工程"项目，编制《甘肃省1∶50万地震动参数区划工作图》《甘肃省活动断层分布图》（1∶50万）及其避让表，以省政府办公厅文件形式下发各地执行；"农居地震安全技术服务网络"已完成软件研发及评审；编印发放《农居地震安全基础》《农村民居抗震设防技术指南》等；举办4期农村民居建设抗震设防培训班，参训人数达到2000人。各市州地震部门推广科学合理、经济适用的不同类型结构的农村民房建设图集和施工技术，加强技术指导和服务，完善农村建筑施工队和施工技术员管理制度，在全省新建一批抗震安居房示范点和示范户。

2. 地震安全性评价管理

依法加强地震安全性评价执业资格和资质管理，完成二级地震安全性评价职业资格审核颁证；制定《甘肃省地震局地震安全性评价工程师注册管理暂行规定》和《甘肃省二级地震安全性评价工程师注册实施办法》，对从业人员实现规范化管理；在全省范围内组织开展地震安全性评价资质单位工作质量和资质使用情况检查，对存在问题的单位进行通报批评并责令整改，有效地规范了地震安全性评价工作和市场管理；甘肃省地震局与省物价局联合制定《甘肃省地震安全性评价收费试行标准》，为推动安全性评价市场良性竞争发挥积极作用。2009年度对57项重点项目地震安全性评价报告进行审查、评审，确定科学合理的抗震设防要求。

3. 防震减灾社会宣传教育工作

全省各级地震部门坚持法制宣传与防震减灾科普教育相结合，依托主流媒体、地震信息网、科普教育基地，坚持不懈开展经常性的防震减灾法制与知识宣传。在新修订的《中华人民共和国防震减灾法》颁布实施、普及宣传和首个防灾减灾日纪念宣传等特殊时段，组织全省地震系统开展形式多样的防震减灾法制和科普宣传。2009年度全省地震系统共举办《中华人民共和国防震减灾法》培训60场次，在各类报刊发表文章500篇，举办地震科普知识讲座150场次，接受电视、电话访谈70次，展出展板4000块，发放各类宣传资料600万份，悬挂张贴各类横幅和标语200条，发送手机短信5万人次，出动宣传车50辆，播放宣传光盘500张。通过宣传，有力推动了防震减灾科普知识"进机关、进企业、进社区、进学校、进农村"活动的开展，社会公众防震减灾意识、自救互救能力明显提高。

（甘肃省地震局）

青海省

1. 抗震设防要求管理

2009年，省政府召开青海省防震减灾领导小组视频会议，对2009年防震减灾工作作出安排和部署。在全省保障性住房建设中，积极与青海省民政厅、建设厅、农牧厅沟通、协商，大力推进全省农牧民民居地震保安工程的建设步伐。

2. 地震安全性评价管理

推进地震安评资质管理工作，有3人通过二级地震安评师资格考试，1个单位取得地震安评丙级资质，有16项地震安评项目通过青海省地震安评委评审。为提高县级机构的防震减实能力，青海省地震局与省编办积极沟通、协商，在各级政府大力支持和当地各级地震部门不懈努力下，将县级地震工作机构由原来的4个增至22个。完成608所中小学校址安全排查鉴定工作。

3. 防震减灾社会宣传教育工作

全省各级地震部门紧紧抓住"5·12"汶川特大地震后，人民群众和社会各界对防震减灾工作高度关注的时机，开展主题突出、形式多样的防震减灾宣传工作。首先，全国首个少数民族防震减灾科普培训基地在青海省海北藏族自治州落成，填补青海省乃至全国民族地区防震减灾宣传教育工作的一项空白；其次，承办中国地震局主办的全国少数民族文字防震减灾科普作品研讨会，对加强民族地区防震减灾宣传教育有着深刻意义；再次，利用门户网站、简讯等介质，及时向社会发布防震减灾科普知识和信息400余条。全年共组织各类讲座20余次，发放宣传材料挂图100套，宣传册5000份，制作并下发《中华人民共和国防震减灾法》宣传展板10套，组织学生演习10余次，近1万名学生参与地震应急演练。各州（地、市）地震机构利用"5·12"防灾减灾日、科技周以及传统民族节日等机会，积极开展富有本地特色的宣传活动，为提高全民的防震减灾意识起到了积极作用。

4. 其他工作

在全国防震减灾工作总体思路指导下，各州（地、市）、县地震局根据各自的实际情况积极开展工作。在2009年度全国市、县防震减灾工作综合评比中，西宁市地震局获全国评比二等奖，海东地区地震局获全国评比优秀奖和地震监测预报单项奖，海西州地震局获防震减灾创新奖，格尔木市地震局获全国评比先进集体称号。海西州地震局防震减灾科普基地获国家级防震减灾科普基地称号。

（青海省地震局）

宁夏回族自治区

1. 抗震设防要求管理

根据中国地震局《关于学校、医院等人员密集场所建设工程抗震设防要求确定原则的通知》要求，重新核发 4 个单位的地震安全性评价许可证书。2009 年，共审批一般工业与民用建筑项目 700 余项，审批重大建设工程地震安全性评价项目 70 项。

2. 活动断层探测工作

4 月，按照宁夏回族自治区党委书记陈建国关于在地震活动断层现场设置标识牌、指导避让工作的指示精神；6 月，召开全区地震活动断层避让工作会议。宁夏地震局组织技术人员，完成宁夏回族自治区地震活动断层踏勘工作，现场确定断层标识牌的位置，设计制作地震活动断层避让标识牌，在已探明的地震活动断层上设立了避让标识牌；组织编印《地震活动断层与防震避险》宣传材料；联合公安厅等单位，印发《关于做好地震活动断层标识牌管理保护工作的通知》。

3. 防震减灾社会宣传教育工作

认真学习贯彻《中华人民共和国防震减灾法》。协调民政厅、法制办等部门，联合印发《关于贯彻落实〈中华人民共和国防震减灾法〉实施意见的通知》《关于开展〈中华人民共和国防震减灾法〉宣传月活动的通知》，就宣传贯彻《中华人民共和国防震减灾法》活动作出安排，将 2009 年 4 月 20 日—5 月 20 日确定为宁夏回族自治区《中华人民共和国防震减灾法》宣传月。与自治区人大常委会、自治区政府法制办等部门，联合召开学习宣传贯彻落实《中华人民共和国防震减灾法》座谈会。配合法制办，完成《宁夏回族自治区地震监测管理办法》立法调研工作；向自治区人大常委会报送《宁夏回族自治区防震减灾条例》修订调研计划。广泛开展防震减灾知识宣传。在"5·12"汶川地震周年纪念日期间，宁夏回族自治区各行各业开展规模空前的防震减灾知识宣传活动，参与宣传部门 1097 个，接受防震减灾知识教育群众达 431.2 万人，占全区总人口的 70%。对宁夏回族自治区首批 12 个防震减灾科普示范学校进行授牌。宁夏回族自治区代表队荣获全国防震减灾（家庭）知识竞赛第一名。

（宁夏回族自治区地震局）

新疆维吾尔自治区

1. 抗震设防要求管理

深入贯彻实施《新疆维吾尔自治区实施〈地震安全性评价管理条例〉若干规定》，全面依法加强建设工程抗震设防管理与监督，一般工业与民用建筑必须依据地震区划图进行抗震设防。

重大建设工程、生命线工程和可能发生严重次生灾害的建设工程必须依法进行地震安全性评价，并依据评价结果审定抗震设防要求。2009 年，全区累计开展 50 余项地震安全性评价工作。年度国家级重点建设工程项目无一遗漏，自治区级重点建设项目也基本都开展了地震安全性评价工作。

2. 防震减灾社会宣传教育工作

新疆维吾尔自治区地震局投入科普教育基地建设经费近 40 万元，新建乌鲁木齐红山、阿克苏、和田以及喀什四个防震减灾科普教育基地。为充分发挥科普教育基地的宣传作用，结合南疆三地州的少数民族聚集特点，专门制作了维吾尔文的展板。

2009年与自治区教育厅、建设厅、科协协商，在自治区中小学校开展防震减灾科普示范学校创建活动。各地、州、市（县）在多个中学、小学开展防震减灾知识科普讲座和防震减灾应急疏散演练活动。向学校和有关单位发放《逃生避险应急手册》和《地震奥秘》光盘，共发放科普知识宣传资料5000多份。各地、州、市（县）地震部门在各地电视、报刊等主流媒体上开设专栏或专题，集中播出、刊发有关防震减灾的专题内容。印制新修订的《中华人民共和国防震减灾法》、防震减灾科普宣传画册等宣传材料6万余份，发放给各地、州、市地震部门。与移动公司、联通公司、中国电信等电信部门合作，编辑公益性防震减灾信息4条，直接受益人群达40000人。

在乌鲁木齐市、各区县、各委办局的领导和教育系统、卫生系统等单位作了题为"地震灾害防御与减灾"的知识讲座。在吐鲁番地区、阿克苏地区作了题为"缅怀汶川地震罹难同胞，加强防震减灾意识"的专题讲座。讲座内容除包含防灾减灾知识、汶川地震情况外，专家针对听众大多是党政机关领导的特点，还对新修订的《中华人民共和国防震减灾法》赋予各级政府的法定职责进行重点讲解。

根据中国地震局"防灾减灾日"和汶川特大地震一周年纪念活动总体安排，向社会正式公开12322防震减灾公益服务号码，开通12322防震减灾公益热线。

依托抗震安居工程的实施，通过举办培训班、讲座等多种形式，进行抗震安居工程的宣传。各地举办各类培训班近千期，培训各类管理人员、农村工匠、建房户18.5万人次。

（新疆维吾尔自治区地震局）

地震灾害应急救援

2009年地震灾害应急救援工作综述

2009年,在应对国内地震事件中,中国地震局和各省(自治区、直辖市)地震局共派出12批、100多人次协助地方政府快速有效地进行了突发地震事件处置,对4级左右有感地震和5级以上破坏性地震开展了震情趋势判断、地震流动监测、灾害调查评估、社会稳定等应急工作,有效稳定了群众情绪,安定了社会秩序。

一、地震应急救援体系建设

(一)组织领导

《中华人民共和国防震减灾法》对各级抗震救灾指挥机构的职能职责进行了明确,国务院抗震救灾指挥部负责统一领导、指挥和协调全国抗震救灾工作。县级以上地方人民政府抗震救灾指挥机构负责统一领导、指挥和协调本行政区域的抗震救灾工作。

中国地震局通过汶川地震总结与反思、学习实践科学发展观活动的研究与思考,对机关内设机构设置及人员编制进行了调整,增设科学技术司(国际合作司)和政策法规司,更加明确了各司室职能职责分工,进一步理顺了管理体制和运行机制,为强化防震减灾社会管理和公共服务提供了有力的组织保障。还特别明确了国务院抗震救灾指挥部办公室日常事务由震灾应急救援司具体承担,人员编制增加到16人。

(二)预案建设

中国地震局会同国务院有关部门成立了《国家地震应急预案》修订组织领导和工作机构,开展国家预案修订工作,《国家地震应急预案》(修订稿)已征求42个国务院部门和31个省(自治区、直辖市)政府的意见。制定实施《关于加强地震应急预案管理工作的意见》,组织起草"各级各类地震应急预案修订指南",完善"地震应急预案管理信息平台",加大对各地、各部门预案建设的指导。

截至2009年底,全国各级各类地震应急预案总数达2.7万余件,31个省(自治区、直辖市)、98%的市(地)、82%的县(市)、4500多个乡(镇)人民政府编制修订了应急预案;武警和10个国务院有关部门编制了地震应急预案,26个国务院有关部门编制了与地震相关的综合防灾减灾预案,600多个省级、2000多个市级、6300多个县级政府的委(办、局)、1400多个各级地震部门编制修订了应急预案;4000多个人口密集场所,2500个企事业单位,3200多个街道、社区(村)编制修订了应急预案。

继续加强应急演练。天津、宁夏等组织开展了综合性的地震应急救援演练,提高了地方政府应急救援指挥、协调和处置能力。

(三）队伍建设

中国地震局会同军地有关方面，全力推进国家地震灾害紧急救援队建设，在原有222人的基础上扩编为480人，中央财政拨付专项资金1.1亿元强化救援装备。救援队扩编后，具备同时在3处复杂城市条件下异地开展救援的能力，也可以同时在6处一般城市或9处乡镇地区实施救援行动。2009年11月，国家地震灾害紧急救援队通过联合国国际救援组织的分级资格测评，成为全球第12支、亚洲第2支获联合国认可和资格认证的国际重型救援队。

各省积极推进专业救援队建设，2009年12月江西省成立地震灾害紧急救援队，已有27个省（自治区、直辖市）组建了地震灾害紧急救援队。山西、云南、江苏、安徽等省与军队、武警、公安消防等，共同组建了本地区第二支地震救援队；湖南、浙江、山东等地整合应急救援力量，组建了包括地震专业救援在内的综合性应急救援队伍。

福建省成立地震救援志愿者行动指导委员会，出台了地震救援志愿者行动实施意见。湖北、江西等地震局联合通信、工程机械等企业成立了地震救援志愿者队伍。

（四）应急保障

针对2009年地震趋势判定情况，召开了地震重点危险区地震应急准备工作会议，强化对重点危险区应急准备工作的部署，印发了《关于进一步强化地震重点区的应急准备工作的通知》。重点危险区各单位积极制定应急对策和保障措施落实各项应急准备工作，对地震事件的应急处置工作起到了重要保障作用。

中国地震局联合中国联通、中国移动开通12322防震减灾公益服务平台，可以及时便捷地向社会公众提供防震减灾咨询，广泛有效地向社会公众普及防震避震常识，客观直接地收集社会公众的防震减灾工作意见和建议，快速准确地发布地震消息。

继续积极发挥国家救援训练基地的辐射作用，多次成功举办地震应急救援培训及应急救援管理与技能培训，2009年对应急管理人员、专业救援队员和志愿者开展了71批5000余人次的培训。

26个省（自治区、直辖市）的181个城市建有地震应急避难场所，已有部分县级城市开始规划或建设地震应急避难场所。

（五）应急处置

在应对国内地震事件中，中国地震局和各省（自治区、直辖市）地震局共派出12批、100多人次协助地方政府快速有效地进行了突发地震事件处置，对4级左右有感地震和5级以上破坏性地震开展了震情趋势判断、地震流动监测、灾害调查评估、社会稳定等应急工作，有效稳定了群众情绪，安定了社会秩序。

二、典型案例分析

7月9日19时19分，云南楚雄州姚安县境内发生6.0级地震。地震发生后，中国地震局立即启动Ⅲ级应急响应，派出地震现场工作组，协助指导灾区抗震救灾工作，云南省地震局迅速派出地震现场应急工作队会同地方政府和有关部门组织开展地震现场应急工作。

（一）迅即启动预案，高效开展应急处置

地震发生后，中国地震局立即启动Ⅲ级响应，迅速了解地震造成的人员伤亡和破坏情

况，及时向党中央、国务院报告震情和灾情，调集多方人员，派出震灾应急救援司副司长带队的地震现场应急工作队，前往灾区，指导当地政府和各级地震部门开展抗震救灾工作。中国地震局党组成员、副局长刘玉辰震时正在云南调研工作，地震发生后，便立即赶往震区，指导当地抗震救灾工作。遵照党中央、国务院的指示精神，中国地震局、云南省地震局及灾区相关地震部门共114名地震现场工作人员，在党组成员、副局长刘玉辰的统一领导指挥下，分为震情趋势判断组、地震观测组、强震观测组、灾害评估组、科学考察组、后勤保障组、秘书组、通信保障组和地震知识宣传组等工作组迅速有序地开展了各项工作。

（二）做好地震现场应急工作

由中国地震局、云南省地震局等单位组成的联合地震现场应急工作队在灾区主要开展以下工作。①震情趋势判断工作。分析姚安地区地震活动和前兆异常，研究震区的地质构造条件、区域地震活动性，预测地震类型和后续余震，为政府提供地震趋势意见。②地震监测工作。联合现场工作队在姚安地震震区架设了流动测震仪器，监测震区发生的1.0级以上余震。③强震观测工作。在灾害现场架设强震仪，记录了多次强余震的加速度，捕捉到地面近场地震动场的变化特征。④灾害调查和损失评估工作。灾评工作组由29名专家组成，分成17个调查小组开展震害调查工作。对姚安县、大姚县、南华县、牟定县、永仁县及祥云县、宾川县的部分乡（镇）进行灾情调查，共调查150个居民点，88件生命线工程及水利工程结构。调查行程共计约2.2万千米。⑤科学考察工作。开展了初步的地震科学考察工作，对宏观异常、发震构造、地震烈度、震害特征、生命线工程震害、地震地质灾害、社会影响等进行了调查，为灾区的恢复重建提供了科学依据，并为该地区及其周边地区的地震提供基础资料。⑥防震避震知识宣传。地震后，根据当地政府和灾区的需求，现场工作队及时派出有关专家，接受新闻媒体的采访，宣传防震减灾、自救互救知识，起到了安定人心，稳定社会的效果。

（中国地震局办公室）

各省、自治区、直辖市地震灾害应急救援工作

北京市

1. 地震应急预案体系建设

2009年，北京市地震局积极推进简化实化地震应急预案修订工作，认真总结和汲取汶川8.0级地震的经验与教训，分析与研究天津等其他大城市的地震应急预案的特点，结合北京城市地震应急工作实际，形成简单实用的北京市地震应急预案工作思路，制定重大修改和调整重点，明确采取简化和实化的具体措施。

为做好北京市地震应急预案的规范和动态管理工作，建立"地震应急预案管理信息系统"，涵盖2272件各级、各类地震应急预案信息，实现地震应急预案的动态管理。

2. 地震应急避难场所规划建设

北京市地震局与北京市规划委员会共同完成《北京地区地震灾害背景及地震应急避难场所规划目标定位（初稿）》。各区县共新建各种类型和规模的应急避难场所40多个，应急物资库10多个。截至2009年底，全市已建成大型室外应急避难场所33个，占地510.24万平方米，可供159.6万人紧急避难使用。城八区基本完成地震应急疏散预案和疏散图。

3. 完成国庆60周年庆典期间地震应急安全保障

编写完成《北京市建国60周年庆祝活动期间地震安全风险评估与控制报告》《新中国成立60周年庆祝活动期间北京市地震事件风险控制与应急处置工作方案》《新中国成立60周年庆祝活动期间北京市地震风险评估与控制对策报告》《北京市庆祝新中国成立60周年活动期间地震应急预案》和《60周年特殊时段地震现场工作队方案》。加强"十一"期间应急值守工作，实行领导在岗待班，处级领导值班业务人员值班，圆满完成值守应急工作任务。

4. 应急救援队伍建设

北京市地震局与北京市应急办、北京卫戍区共同拟定《北京市地震应急救援队组建方案》，上报市政府。继续加强地震志愿者队伍建设，全市在册地震志愿者达1.5万人。启动北京市地震应急指挥部志愿者队伍的建设，已先期在丰台马家堡街道试点。

5. 地震应急救援演练

5月8日，在凤凰岭基地组织开展"纪念5·12汶川地震一周年演练"活动，中国地震局震灾应急救援司、市应急办领导和18个区县地震局局长现场进行观摩。此次演练全部参演人员和90%的课目纳入"5·12"国家减灾委员会、国委院应急办、中国地震局的纪念汶川一周年演练活动，接受中共中央政治局委员、国务院副总理回良玉的检阅。

9月9日，组织开展北京市地震局地震现场工作队专项应急演练，演练进行帐篷搭建、发电机供电、与北京市地震应急指挥中心800兆手台联系和视频通信联络等，取得预期

效果。

9月15日，组织开展首都圈地区跨区域地震应急联动演练。模拟当日清晨6时，河北省保定市发生5.9级地震，震感波及北京市、天津市。进行地震速报、信息报送、震害快速评估、灾情收集、震情会商、现场工作队派出、应急力量的组织协调、应急通信、地震现场流动观测、灾害损失评估等科目的演练。北京市地震局、天津市地震局、河北省地震局、中国地震台网中心、中国地震应急搜救中心主要领导和相关工作人员等100多人参加演练。

（北京市地震局）

天津市

1. 应急指挥技术系统建设

根据中国地震局的部署和要求，经过前期的号码备案、内部测试、培训、试运行等环节，天津市12322防震减灾公益服务热线于5月12日正式向社会服务。服务热线是天津市防震减灾工作面向社会、服务公众的重要窗口，可提高社会公众的防震减灾意识和应急避险能力，促进防震减灾能力建设。强化应急指挥中心的管理，严格操作流程，印发《天津市地震局地震信息网络管理细则》和《地震信息网络运行工作细则》。及时进行设备调试维护，参与首都圈和环渤海地区的区域应急指挥演练。

2. 地震应急救援准备

以天津市防震减灾工作领导小组办公室名义向全市印发《关于贯彻落实〈天津市地震应急预案〉的通知》，要求各区县、各部门、各单位，按照"横向到边，纵向到底"的原则，编制修订本级地震应急预案，并落实机构、队伍及经费，做好技术、装备和物资保障工作。与市应急办联合召开区县地震应急预案修订工作部署会，全面部署和指导区县地震应急预案修订工作。18个区县及19个相关单位完成地震应急预案及与之配套保障计划的编制和修订。结合工作实际，重新对《天津市地震局地震应急预案》进行修订，制定应急准备工作方案。完善地震现场工作的制度建设，制定《地震现场工作管理规定实施细则》。5月14—16日，在天津市武清区组织召开华北地区地震应急区域协作联动工作会议，完成与河北省地震局的交接。中国地震局震灾应急救援司副司长出席会议并讲话。天津市地震局局长、河北省地震局局长出席会议。北京市、天津市、河北省、山西省、内蒙古自治区、山东省、河南省地震局和中国地震局第一形变监测中心等单位的分管领导及有关职能部门负责人共30余人参加会议。完善华北地震应急区域协作联动工作实施方案及震后应急组织指挥协调制度。联合天津市应急办于10月24日成功组织策划"2009天津市重大地震灾害应急演练"。副市长王治平、天津警备区副司令员李德生、市政府秘书长李泉山等领导同志组织指挥并参加演练，国务院应急办副主任王守兴、中国地震局副局长阴朝民一行应邀全程观摩演练。此次演练共计23家单位参与，参演人员2400余人，观摩人员260余人。积极与各相关单位沟通协调，推动应急避难场所建设，加快长虹公园应急避难场所试点二期工程进度。

3. 应急救援队伍建设

积极推进天津市地震灾害紧急救援队装备经费落地，进一步落实天津市救援队300人编制，增强基层紧急救援工作队伍的实力，志愿者队伍已达31支6518人。

（天津市地震局）

内蒙古自治区

1. 地震应急救援准备

2009年8月11日，内蒙古自治区地震局在呼和浩特市和林格尔县进行模拟远程地震事件应急拉练演习，进行科学考察、震害快速评估和指挥中心应急通信等科目的演练。

9月14日，内蒙古自治区举行"蒙西-2010"大型地震应急演练。演练以巴彦淖尔市临河区发生6.5级地震为背景，演练"地震监视、路桥抢修、维护社会治安、人员抢救、医疗救护、卫生防疫、应急疏散、通信抢修、新闻报道、灾民安置、电力抢修、供气抢修、供水抢修、铁路抢修、次生灾害救援"等15个内容。内蒙古自治区防震减灾工作领导小组成员单位负责人，各盟市分管防震减灾工作的盟市长、秘书长和18个专业分队1000余人参加演练。

加大武警内蒙古总队抢险救援力量建设，建立基本救援力量和专业救援力量。根据内蒙古自治区地域特点，将基本救援力量划分为三个战区指挥调度兵力，已配备各类救援装备100余种。

2. 应急救援队伍建设

2009年7月20—21日，内蒙古自治区政府举办内蒙古自治区地震应急预案培训班，对内蒙古自治区防震减灾领导小组成员单位负责人，各盟市政府秘书长、应急办主任进行培训。

3. 应急救援条件保障建设

制定内蒙古自治区地震局"大震应急方案"（包括地震模拟演习）实施细则，对各部门的工作流程和主要职责进行细致、明确的划分。

制定《内蒙古自治区地震应急联动工作实施方案》，按照区域划分原则，将内蒙古自治区划分为东北、华北、西北三个协作联动区开展应急联动工作。结合内蒙古自治区地域特点和震情形势，坚持"抓中间、带两头"的工作方针，建立以"呼—包—鄂金三角"为中心，东西部为两端的协作区框架，进一步完善和健全震情跟踪、应急协作工作方案。

（内蒙古自治区地震局）

山西省

1. 应急指挥技术系统建设

一是山西省机构编制委员会办公室批准成立"山西省地震应急中心",处级建制,编制8人,全面负责地震应急指挥技术系统的运行和管理工作。二是山西省防震减灾领导组印发《山西省地震应急基础数据收集管理办法》,建立了地震应急基础数据收集、更新、完善的长效机制。三是完成应急指挥大厅、地震现场技术系统、地震应急基础数据库和卫星系统的运行维护工作,完成应急指挥大厅的技术改造与升级工作,及时更新了地震应急基础数据库的15类基础数据。

在组织实施的"十五"网络项目中,大同、临汾、运城、忻州4个市建设完成了地震灾情上报系统,长治、晋城2个市建设完成了市级地震应急指挥系统。

2. 地震应急救援准备

3月30日,山西省政府印发《山西省地震应急预案》,并以此为契机,山西省掀起了地震应急预案修订、学习、宣传和演练的高潮。一是修订完善预案。山西省防震减灾领导组印发《关于制定、修订地震应急预案的通知》,要求山西省11个市、57个防震减灾领导组成员单位和Ⅰ类特大型工业企业在2009年底前完成地震应急预案修订工作。二是组织预案培训。山西省防震减灾领导组举办了2期地震应急预案培训班,共计培训市级人民政府分管防震减灾工作的副秘书长和省防震减灾领导组成员单位分管防震减灾工作的厅局级领导69人、省委办公厅等省直部门75名防震减灾联络员。三是开展应急检查。2009年共开展3次地震应急检查。3月28日原平4.2级地震发生后,山西省政府应急办组织省发改委、地震、民政、住建、教育等10余个部门,专门赴原平市对忻州市和原平市的地震应急工作进行了专项检查;4月,山西省政府组成地震应急检查组,对除忻州市的其余10个市级政府进行了地震应急专项检查;12月,山西省政府办公厅印发《关于对山西省地震应急预案实施情况进行专项检查的通知》,由省政府应急办会同省防震减灾领导组办公室组成5个地震应急预案检查组,对全省57个防震减灾领导组成员单位、11个市级政府进行了专项检查。四是开展应急演练。按照山西省政府2009年4月3日防震减灾专题会议部署,制定了《山西省晋震2009地震应急演练方案》和《演练脚本》,确定了参加桌面推演的12个重点单位、12个观摩单位、7个实兵拉练单位,并进行了两次预演。2009年山西省举办了各级各类地震应急演练,其中山西省90%的中小学校举办了地震避险、逃生疏散、自救互救的地震应急演练,增强了全社会的防震减灾意识,提高了各级政府及其工作部门的指挥决策、应急反应和实战能力。五是加强应急避难场所建设。10月,山西省地震局对全省地震应急避难场所建设情况进行了专项检查,向山西省政府报送了《关于加强全省应急避难场所建设的工作方案》。

3. 应急救援队伍建设

山西省地震局在健全应急工作机构、创新体制机制上狠下功夫,狠抓落实。一是组建山西省地震灾害紧急救援二队。7月31日,山西省政府办公厅印发《关于同意组建山西省地震灾害紧急救援二队的复函》，明确规定了省地震救援二队的应急职责；8月1日，山西省省长王君为省地震救援二队进行了授旗。二是组建朔州、忻州2支市级救援队，截至2009年底，山西省11个市均建立了市级综合救援队伍。三是加强地震现场工作队伍的建设和管理，截至2009年底，山西省共有1支省级现场队、11支市级现场队、90支县级现场队，现场队员近600人。

4. 应急救援条件保障建设

一是加强地震应急救援经费保障。为地震救援专业队伍争取日常运转费110万元、救援装备费1200万元，共购置近2000台套的救援装备和设备。截至2009年底，共为省级地震救援一队、二队配置包括破拆、顶升、个人防护、应急通信、应急车辆等7大类2743台套的救援装备和设备。为地震现场工作队配置应急车辆9台、卫星电话4部、短波电台10台套、集群对讲机14台、现场工作队员个人防护装备100套。二是建章立制，规范应急救援工作程序。制定印发《加强地震重点危险区地震应急准备工作方案》等一系列规章制度，起草《山西省地震灾害紧急救援队管理办法》《山西省地震应急基础数据收集管理办法》和《山西省企业救援队伍地震应急征用管理办法》。

（山西省地震局）

辽宁省

1. 应急指挥技术系统建设

建成了省、市、县（区）三级预案管理体系和预案数据库。举办全省地震应急预案管理系统培训班。全省14个市、101个县（市、区）的地震应急预案数据库已入库。组织修订的省级地震应急预案，进入征求政府各部门意见环节，预案的可操作性、实用性更强。烈度速报台网及灾情监控系统运行稳定，开通了12322防震减灾信息系统，为快速获取灾情信息提供了保障。

2. 应急救援队伍建设

全省已有志愿者队伍上百支，人员达数万人，并配有数量可观的专业设备。沈阳、大连、锦州、鞍山、铁岭等市扎实推进地震应急救援志愿者队伍建设，加强培训与演练，专群救援队伍已具规模。各地在地震安全示范区、示范社区、示范学校和应急避难场所不断强化应急演练，救援队伍的技战术水平和能力以及社会和民众的自救互救能力明显提高。省局进一步完善了现场工作队装备配置，重新购置140个应急包，对现有装备进行了更新调配，救援技术水平和救援力量显著提高。全程参与了在哈尔滨举办的破坏性地震现场应急救援演练，全面检验了省地震应急现场工作队的快速反应与应急处置能力及装备保障能力。

3. 地震应急救援演练

进一步加大应急区域协作联动配合，在哈尔滨举办了东北联动应急演练。作为辽蒙协作区牵头单位，与内蒙古地震局共同制定了应急协作区工作方案；不断加强与环渤海应急协作区成员单位配合，制定了应急数据库信息交换和流动监测方案；与省军区、省消防局、省公安厅、省安全生产管理局、省通信管理局、省武警部队等建立了协作配合机制。沈阳市建立抗震救灾军地联动机制。实现了地震应急专业救援队，人防煤气、自来水等6支专业抢险救灾队和沈阳警备区13个民兵抗震救灾抢险排等骨干救援力量的有效整合。

沈阳、盘锦、铁岭、抚顺等市大力推进应急避难场所建设。全省挂牌设立标识的地震应急避难场所已有11处。

（辽宁省地震局）

吉林省

1. 应急指挥技术系统建设

推进"吉林省12322防震减灾公益热线"建设，继续加强应急指挥中心建设。吉林省12322防震减灾公益服务热线获吉林通信管理局批复。加强应急指挥中心建设，吉林省地震局在新闻发布室、指挥成员会议室、指挥长办公室增设办公设施，设计安装指挥流程图、成员单位职责、各种工作用图等图板，在应急指挥区制作10幅应急体系建设图板，投资20万元进行会议音响改造。

2. 地震应急救援准备

加快推进预案体系建设，结合预案举办和参加各种形式的地震应急演练。会同延边州地震局，在全国首个防灾减灾日成功举办"延边州暨延吉市地震应急演练"活动，20多家单位近600人、30多台车辆参加演练。参加在哈尔滨举办的"2009东北三省地震现场应急救缓演练"，按照演练方案规定，较好完成演练科目任务，充分展示吉林省地震局现场工作队优良的应急车辆及现场装备。配合吉林省应急办筹备吉林省地震灾害应急救援演练活动。

3. 应急救援队伍建设

加快推进地震应急救援队伍建设，加大力度补充完善现场工作装备。积极同吉林省应急办、吉林省财政厅、吉林省消防总队、吉林省武警总队沟通联系，组队方案正式进入实施阶段。投资近20万元补充购置现场办公、通信、评估等工作组仪器设备。

4. 地震应急处置

高效、快速、有序应对"伊通4.3级地震""抚松4.6级地震"。2009年3月20日和8月5日分别在吉林省伊通县和抚松县发生4.3级、4.6级地震。两次地震震感强烈，有感范围较大，长春等城市震感明显，一度造成社会恐慌。地震发生后，吉林省委、吉林省政府领导高度重视，多位省领导分别作重要指示，并亲自到吉林省地震局坐镇指挥，部署震后应急工作。

两次地震吉林省地震局都及时启动应急预案，在应急处置过程中，高度重视，组织到位。各部门反应迅速，各司其职，有条不紊，落实到位。现场工作队快速到岗到位，分别在震后48分钟和55分钟快速派出。地震速报快速准确，分别在震后4分钟、6分钟完成定位。震后趋势判定较为准确，敢于承担社会责任。信息报送及时准确，为政府科学决策提供可靠依据。吉林省委、吉林省政府对两次地震的应对均给予高度评价。

（吉林省地震局）

黑龙江省

1. 应急指挥技术系统建设

省级地震应急指挥中心建设：完成省级地震应急指挥中心建设收尾工作，逐步开展地震应急指挥系统的日常运行、维护和管理工作。

地震应急基础数据库建设：加强地震应急基础数据库的更新和维护，协调黑龙江省人民政府应急管理办公室搜集省内的灾害危险源、重要目标等工作，完成1∶50000电子地图县级公路的更新和拼接工作，以及地震灾情速报员的收集及数据库录入工作，共更新维护了2.5万多条记录。

防震减灾公益服务热线和地震应急短信平台建设情况：2009年3月，黑龙江省地震局积极与省通信管理局、中国联通黑龙江省分公司及其他电信运营商协调，部署防震减灾公益短信息12322灾情速报平台实施工作。办理开通了黑龙江省12322防震减灾服务热线，做好为社会提供防震减灾咨询、发布地震震情、应急公告、接收灾情报告等前期准备工作。

2. 地震应急救援准备

组织机构建设情况：黑龙江省13个市（地）和48个县（市）政府均成立了防震抗震领导小组，从组织上保证了省政府对全省防震减灾工作的统一领导。全省13个市（地）地震局都有相应地震应急救援机构和人员，成立应急救援科或有专人负责地震应急救援工作。

各级各类地震应急预案修编情况：截至2009年底，黑龙江省已有10个市（地）政府（行署）批准颁布新修订的地震应急预案，40多个县（区）级地震应急预案也重新修订和颁布实施。按照中国地震局的统一部署安排，初步建立省、市（地）、县三级预案管理信息平台，开展预案建设与演练调研工作，加强指导并推进预案评估机制建设。

地震应急演练情况：5月12日是我国首个"防灾减灾日"，按照国家减灾委员会和黑龙江省人民政府应急管理办公室有关通知要求，在全省13个市（地）范围内开展地震应急救援演练活动。主要有：大兴安岭地区开展大型党政机关预防突发性地震、火灾应急演练活动；双鸭山市地震局会同民政、教育、卫生、公安、武警、消防等部门在市第32中学开展地震应急演练；哈尔滨市地震局与香坊区、道外区教育局联合在哈尔滨市第49中学、哈尔滨市钱塘小学、通河县第4中学开展地震应急疏散演练，共有4000余名教职工参加。牡丹江市地震局于3月在牡丹江市立新实验小学开展地震应急演练。其中，绥化市肇东市作为县级代表也开展了地震应急演练工作。

东北三省联合地震应急演练：按照中国地震局的片区划分情况，黑龙江省地震局组织开展东北片区地震应急协作联动工作。10月16日，黑龙江省地震局组织在哈尔滨市城高子镇开展东北三省地震现场应急救援演练。辽宁省地震局、吉林省地震局、中国地震局工程力学研究所、黑龙江省卫生厅、黑龙江省民政厅、黑龙江省公安消防总队、哈尔滨公安消防支队、中国移动黑龙江省分公司、黑龙江省地震灾害紧急救援队共150余人参加此次演练。中国地震局党组成员、副局长赵和平，黑龙江省政府副秘书长师伟杰，中国地震局震灾应急救援司司长黄建发，黑龙江省政府应急管理办公室副主任徐明等领导现场观摩指导。

地震应急救援培训：2009年9月在虎林市举办了黑龙江省中、东部地区地震应急救援培训班。参加这次地震应急救援培训的有哈尔滨市、牡丹江市、佳木斯市、鸡西市、鹤岗市、双鸭山市和七台河市的地震局局长、主管地震应急工作的副局长、应急科科长和七市所辖县（市、区）的地震局局长共计60余人。

3. 应急救援队伍建设

市级地震应急救援队伍建设：截至2009年底，黑龙江省已有鸡西市、佳木斯市、绥化市、齐齐哈尔市、大庆市、大兴安岭地区、伊春市、七台河市、黑河市等九个市（地）政府成立市级地震灾害紧急救援队伍，市（地）政府还配备必要的救援装备和器材，开展应急救援训练。

地震应急青年志愿者队伍建设：截至2009年底，黑龙江省共成立市级志愿者队伍9支，在册人数4300人。包括齐齐哈尔市1200人、哈尔滨市100人、佳木斯市50人、伊春市400人、大庆市40人、鸡西市1500人、大兴安岭地区310人、七台河市400人、黑河市300人。其他市（地）正在积极规划建设中。

4. 应急救援条件保障建设

应急避难场所建设：截至2009年底，黑龙江省绥化市、鸡西市、齐齐哈尔市、佳木斯市、伊春市、哈尔滨市、大兴安岭地区建立了应急避难场所。牡丹江市东宁县、双鸭山市宝清县也在比较显著的地方设立了地震应急避难场所标识牌。

黑龙江省各市（地）区域联动机制建设：11月，鸡西市地震局组织召开黑龙江省南部片区应急协作联动工作会议，会议制定和完善了相关规定和要求。按照区域划分、属地为主、信息资源共享原则，整合区域内队伍、装备、救灾器材等应急资源，形成应急合力，加强救灾演练，提高应急救灾能力。片区采用"内部协调，轮流负责召集"的管理机制，根据本区域特点，确定各具特色的应急联动协调机制。

5. 地震应急救援行动

黑龙江省境内发生4级以上有感地震2次，分别是5月10日22时47分安达市太平庄镇（46.8°N，125.3°E）4.5级地震和12月19日21时26分鸡西市鸡东县（45.2°N，131.3°E）4.1级地震。两次地震发生后，黑龙江省地震局第一时间向省委、省政府、中国地震局汇报有关情况并及时启动地震应急预案，局领导、各部门各单位负责人迅速到达工作岗位，紧急召开地震应急指挥部会议，按照预案分工开展地震应急工作，组织有关专家召开会商会认真分析震情，做好地震趋势分析判定工作。要求黑龙江省地震台网中心和省内各地震台站密切监视跟踪震情，迅速派出地震现场工作队连夜赶赴震区开展现场应急工作。同时坚持内紧外松的原则，统一对外口径，及时向群众发布地震信息，做好宣传解释工作，解答社会公众咨询。两次地震应急响应均无人员伤亡和财产损失报告。

（黑龙江省地震局）

上海市

1. 应急指挥技术系统建设

上海市地震应急指挥技术系统和上海市地震应急指挥大厅在运行中不断完善,特别是在软件系统方面对应急数据库进行了更新和本地化改造,在华东地震应急联动协作区演练及上海松江2.5级地震处置工作中发挥了积极作用。

为配合2010年上海世博会地震安保工作,对上海市政府应急联动系统与上海市地震局应急指挥系统进行了整合。完成了上海市应急办应急视频会议系统与上海市地震局地震应急指挥视频会议系统的连接,调优了部分地震应急指挥系统软件。

2. 地震应急基础数据库建设

因上海市南汇区和浦东新区合并为浦东新区,所以对地震应急基础数据库中南汇区和浦东新区的资料进行了合并。更新了部分区域建筑的基础资料。通过与上海市应急办的协调,获取了上海区域最完整及最新的应急基础数据。

3. 地震应急救援准备

结合上海市地震局学习实践活动的整改落实和2009年11月7日松江2.5级地震的应急处置情况,2009年,上海市地震局地震应急预案共作了3次修订,进一步增强可操作性。先后对6个区县开展地震应急专项预案编制的辅导,并参与多个区县预案的评审。截至2009年底,绝大部分区县已完成横向到边、纵向到底的预案体系建设。同时整合形成12322防震减灾公益服务热线、行政值班和应急值班"三位一体"的总值班制度。2009年有针对性地开展各类地震应急演练共7次,包括联合卢湾区地震办公室在市第四聋哑学校举行地震避险与疏散演练,为本市迄今为止首次针对特殊群体举行的地震演练;联合嘉定区地震办在嘉定竹园幼儿园举行幼儿地震疏散演练,旨在贯彻防震减灾科普教育从娃娃抓起的宗旨;在奉贤和闵行举行两次"比武"式综合演练。此外,还参加了2009年华东地震应急联动协作区综合演练、中国地震局2009年地震应急指挥演练和华东地震应急联动协作区应急技术指挥平台检验演练,切实提高妥善应对地震突发事件的处置能力。

4. 应急救援队伍建设

根据资源整合和一队多用、一专多能的原则,上海市各区县地震应急志愿者队伍与科普志愿者和民防志愿者队伍合并,通过多科目或综合性演练开展练兵,上海市登记的应急志愿者已近万名。

(上海市地震局)

江苏省

1. 应急指挥技术系统建设

2009年,成立江苏省地震应急保障中心,8月6日参与全国地震应急指挥技术系统演练。加强对南通、盐城、镇江、常州等市应急指挥技术系统建设技术指导,为扬州市、徐州市安装大中城市应急反应决策系统。

2. 地震应急救援准备

江苏省13个省辖市地震应急预案及13个省辖市地震局地震应急预案均已重新修订并印发实施。连云港、徐州、南通等市的所有行政村也全部编制地震应急专项预案。印发《关于推广试用地震应急预案管理信息系统的通知》,配发地震应急预案管理信息系统市(县)级版软件,完成各市(县)地震应急预案汇总统计,并上报中国地震局。

积极开展地震应急演练。5月22日,2009年度华东地震应急联动协作区扬州地震应急演练在扬州市邗江区举行。江苏省地震局局长丁仁杰担任演练指挥长,副局长张振亚指挥演练各项工作,中国地震局震灾应急救援司领导专程前往指导。华东五省一市地震局分管局长率领各现场工作队参加演练。10月19日,举办华东地震应急协作区地震应急指挥技术系统联合演练。安徽、浙江、福建、上海、江西地震局参加演练。2009年,江苏省地震局组织地震现场工作队进行3次综合演练,1次到岗应急演练,以及通信保障组、测震组近10次单项演练。12月27日,12322防震减灾公益服务平台热线正式开通。

南京市地震局建立基于GIS技术和现代移动通信技术的地震灾情速报系统,建立起以街道、乡镇科技助理为骨干的覆盖全市13个区(县)辖区内的地震灾情速报网络。连云港市地震局举办地震灾情速报演练,以检验速报网络的有效性。扬州市等地震局在地震应急演练中发挥灾情速报员作用,通过演练使灾情速报员熟悉相关灾情速报流程。苏州、盐城、连云港、镇江、无锡、南通、扬州和淮安等市共建成30个地震应急避难场所,其中苏州市于2009年初投入80余万元,在苏州市最大的公园桐泾公园建成江苏省第一个达到国家Ⅰ类标准的地震应急避难场所。

江苏省政府为救援队配备雷达生命探测仪、钢筋速断器、各种液压动组合破拆器材以及各种救援顶杆、手动破拆器材等30余件(套),价值149万元;为地震灾害紧急救援队二队配备价值231万元的抗震救灾装备,包括抗震救灾车辆2辆、专业器材6大类138件(套)。此外,江苏省地震局投入100多万元改装应急指挥车。

3. 应急救援队伍建设

5月10日,南京市地震局会同南京警备区,依托黄埔再生资源利用公司组建江苏省首支抗震救灾民兵连南京黄埔抗震救灾民兵连;徐州军分区也组建抗震救灾民兵连。全省地震应急救援志愿者人数增加到21万多人。4月29日,江苏省地震局以中网通信公司为基础成立江苏省第一支地震应急通信志愿者队伍。

(江苏省地震局)

浙江省

1. 地震应急救援准备

2009年,浙江省各级地震部门坚持围绕震情开展工作,立足有震,全力做好地震应急准备。依据地震应急预案，全省共成功组织开展滩坑水库地震应急演练、国庆应急演习、万校师生大演练等各类地震应急演练 20 余次。浙江省地震局坚持每周应急通信试机和节假日应急检查制度，严格保证应急通信畅通和人员、装备始终处于良好的应急状态。12 月 16 日，根据《浙江省应急检查制度》，浙江省政府应急办、地震局、发展和改革委员会、民政厅、安全生产监督管理局等 5 家单位联合对湖州市进行应急检查。开通浙江省 12322 防震减灾公益服务热线，防震减灾为社会公众服务有了新的通道。

2. 应急救援队伍建设

截至 2009 年底，浙江省建成 1 支省级地震救援队、2 支市级地震专业救援队、2 支县级地震专业救援队，以及 3 支志愿者队伍。浙江省地震救援总队于 2009 年 5 月 9 日正式授旗成立。浙江省政府在浙江省人民大会堂广场举行成立大会。浙江省委、省人大、省政府和省政协 4 套班子主要领导均出席大会。省委书记、省人大常委会主任赵洪祝作重要讲话，省长吕祖善亲自为救援队授旗。

3. 地震应急救援行动

9 月 10 日—10 月 9 日，浙江省宁波市鄞州区、余姚市交界（皎口水库）发生一系列小震活动，其中 1 级以上地震 9 次，最大震级为 10 月 9 日 5 时 34 分发生的 2.3 级。由于震源较浅，地震发生时，附近乡镇居民普遍有震感，个别乡镇曾出现小范围的社会恐慌。9 月 10 日地震发生后，省、市两级地震部门会同地方政府，迅速采取应急措施：一是进一步加强震情值班，密切跟踪震情发展；二是立即开展防震减灾科普宣传，通过新闻媒体及时发布震情信息，解答群众咨询；三是加强网络舆情监管和引导，严密防范地震谣传发生。由于处置及时，震区社会未出现停工停产或地震谣传事件，民心安定。

（浙江省地震局）

安徽省

1. 应急指挥技术系统建设

完成安徽省地震应急指挥中心监控系统、视频矩阵、大厅线路、双电路等 10 余项改造，提高地震应急指挥中心综合功能。完成安徽省地震应急三级响应系统的研发。更新地震应急数据库，完成 20 余大类的应急数据收集、近 10 万条空间及属性数据更新和数据字典编制等。

2. 地震应急救援准备

加快各级各类地震应急预案的修订，省和绝大部分市政府、省和大多数市地震局修订印发地震应急预案，其他单位和县级政府的预案修订工作也陆续启动，部分完成。新修订的省政府地震应急预案，充分汲取汶川地震的经验，在应急响应程序、指挥部组成、省地震局职责、市县乡指挥体系等方面有较大突破，强化了预案的针对性、实用性和可操作性。2009 年，安徽省地震局共主持、参加淮南省市流动台联合演练、阜阳全省救援分队搜救破拆演练、宣城现场应急指挥演练等近十场预案演练，达到检验预案，锻炼队伍，磨合机制，熟悉程序的目的，大大提升地震应急工作水平。

3. 应急救援队伍建设

从 2009 年起，省地震救援队每年装备经费和日常工作经费纳入省财政预算，补充价值 100 万元救援装备。利用中国电子科技集团第三十八研究所技术力量成立 10 人地震灾害紧急救援通信分队。推动合肥、蚌埠等地震重点危险区 5 个市分别建立市级专业地震应急救援队伍。先后召开皖南、皖中西部、皖北地震应急协作区联席会议，成立 3 支地震应急协作联动区地震现场应急工作分队，指导滁州、淮南、淮北、合肥、蚌埠、安庆等地初步建立起几十支地震应急救援志愿者队伍。

4. 应急救援条件保障建设

安徽省地震局与网通安徽分公司积极协作，于 2009 年 9 月底，正式开通 12322 防震减灾公益服务热线。淮南市地震局和淮南市电信公司密切配合，使淮南市成为全国首批开通 12322 防震减灾公益服务热线的城市之一。与省民政厅、省政府应急办合作，进一步推动城市应急避难场所建设，包括重点区在内的各市、县挂牌建立 20 多个应急避难场所。在省直相关部门的支持下，更新完善安徽省地震应急基础数据库。起草安徽省应急避难场所规划建设地方标准，已通过省主管部门组织的专家评审会，安徽省质量技术监督局于 2009 年 12 月 10 日发布实施《安徽省地震应急避难场所场址及配套设施要求》（DB34/T 1072—2009）。此外，安徽省地震局创新应急思路，整合社会资源，推动滁州、合肥 6 个市建立地震应急救援装备社会资源库。

5. 地震应急救援行动

2009 年 4 月 6 日 22 时 22 分肥东发生 3.5 级强有感地震，这是汶川特大地震后安徽省最大的一次地震，其造成的影响在安徽地震史上十分罕见。地震发生后，安徽省委书记、省长等省领导亲自指挥或参与指挥此次应对工作，省委常委会会议、省人大常委会主任会议、省政府专题会议分别听取情况汇报和研究部署应对工作。在省委、省政府的坚强领导和各有关部门的大力配合下，安徽省地震局干部职工不辱使命，顾全大局，果敢决策，连续作战，在信息发布、会商研判、查灾核灾、舆论引导等方面开展大量工作，有效消除此次地震带来的不利影响，稳定人心，顺利完成中博会震情保障任务，得到省委、省人大、省政府、省政协的充分肯定。4 月 19 日，《人民日报》头版发表题为《要和传言比速度》的评论，对安徽省应对此次地震中的信息公开和舆论引导工作给予积极评价。4 月 20 日，省领导在省政府第六次全体会议上，对安徽省地震局在此次应对中的表现给予表扬，称赞该局在震前（即年初）即将肥东等地划定为值得注意地区，震后能准确判定趋势。5 月 20 日，中国地震局党组成员、副局长赵和平在安徽省地震局上报的肥东地震应急工作总结报告上作出批示，对安徽局各项应对工作和提出的相关建议也给予充分肯定。5 月 25 日，省委书记专门听取安徽省地震局局长张鹏、副局长姚大全有关震情汇报，充分肯定省地震局各项应对工作，并作出 6 点指示。

（安徽省地震局）

福建省

1. 应急指挥技术系统建设

（1）省级地震应急指挥技术系统建设。福建省地震局完成地震应急信息上报平台和视频会议终端节点建设，实现与省政府应急视频会议系统互联，并能及时向省政府提供地震应急信息。

（2）市级地震应急指挥技术系统建设。福建省9个设区市地震局实现与福建省地震局指挥中心视频互联互通，建立和完善突发事件信息报告制度，并对已建成的地震应急基础数据库不断更新补充完善。莆田、漳州、泉州、厦门、福州、龙岩、南平还积极争取资金充实完善或建立功能更加齐全的地震应急指挥中心。泉州地震局完成与各县（市、区）地震办的视频会议系统建设，厦门地震局建设厦门地震局电视电话系统，龙岩市建成应急指挥中心，南平市地震应急指挥中心进入装修施工阶段。

（3）地震应急基础数据库建设。组织有关人员先后到南平、宁德、漳州、沙县、罗源、闽清等地收集地震应急基础数据，完成数据更新近千组，并适时更新到应急指挥技术系统中。

2. 地震应急救援准备

（1）各级各类地震应急预案修编。按照中国地震局2009年的工作部署，建立福建省地震应急预案管理系统。到目前为止，福建省9个设区市政府和85个县（市、区）制订地震应急预案，建立省、市、县三级政府预案体系，制定省、设区市及县政府地震应急预案95部，各级政府抗震救灾指挥部成员单位的地震应急预案919部，各类生命线工程、学校、社区、人员密集场所、重点企事业单位等的地震应急预案477部。为进一步加强对地震应急预案的管理，福建省政府办公厅印发《关于加强福建省地震应急预案管理工作的意见》。

（2）地震应急检查工作落实。福建省地震局组织有关人员到南平、三明、龙岩、漳州、泉州、莆田等地了解基层工作进展，检查《中华人民共和国突发事件应对法》贯彻落实和各级预案管理情况。同时，龙岩、三明、漳州、泉州等市地震局会同市直有关部门，开展县（市、区）基层单位地震应急工作检查，重点检查地震重点危险区应急准备工作和地震紧急救援能力建设工作情况。

（3）应急演练落实。做好重点危险区的地震应急准备工作，下发《2009年度福建省地震重点危险区应急准备工作方案》和《闽粤交界地震重点危险区和水口库区预案》，并要求重点危险区内的各部门制订专项预案，开展演练和预案检查。加强与广东省地震局的地震应急合作，制定《闽粤交界地震重点危险区2009年度地震应急联动方案》，建立优势互补、协作配合的工作机制，并于2009年12月10日在福建省云霄县开展首次地震应急联动演练。积极参与华东地震应急联动协作区工作，加强与华东地震应急联动协作区的联动，参加在扬州举行的2009年度华东地震应急联动协作区地震应急综合演练和华东地震应急联动协作区地震应急指挥技术系统联合演练。

（4）应急避难场所建设。积极推进福建省标准化地震避难场所建设，全省建成泉州刺桐公园、晋江世纪公园等标准避难场所7处，建成663处疏散场所（含避难场所），面积2845万平方米。

3. 应急救援队伍建设

（1）各级地震救援机构建设。2009年，福建省人民政府办公厅下发《福建省人民政府办公厅关于进一步加强我省地震灾害紧急救援能力建设的通知》，全面部署福建省地震紧急救援能力建设工作，要求在全省设区市、县（不含设区市所在的区）依托消防队伍开展地震救援队建设，同时给予49个财政困难的县每县14万元装备经费的财政补助。厦门、莆田、泉州、龙岩、漳州挂牌成立市级地震救援队，福州市依托省级救援队共建；三明市、南平市政府下文成立地震救援队；宁德市积极争取装备资金筹建地震救援队。泉州市、龙岩市、漳州市等所辖县（市、区）级救援队大部分组建，其余的县（区）地震救援队尽快完成组建，地震救援装备陆续到位。省、地（市）、县三级政府将投入1亿元专项经费配置地震救援装备。

（2）各级地震现场应急工作队伍建设和管理。将地震现场工作队员纳入特岗人员范围，为在编60名现场工作队员购买人身意外保险。及时向各有关单位转发中国地震局《地震灾害区域等级评估工作指南》等文件，规范现场工作。多次派地震现场队员赴北京、银川、杭州等地参加包括现场通信、现场评估等方面的培训，提升队员地震现场工作能力。

（3）青年志愿者队伍建设和管理。与共青团福建省委、福建省红十字会联合成立地震救援志愿者指导委员会。通过福建省消防总队、团省委、省红十字会等各部门的共同努力，2009年底全省地震救援志愿者队伍已有378支，正式注册人员万人，可动员志愿者的社会力量达7万人。

4. 应急救援条件保障建设

（1）地震现场应急装备建设。在前期配置装备的基础上，为地震现场工作队配备应急通信指挥车1部，增加强震仪和微震仪各10台，提高地震现场震情监测能力。

（2）救援物资及装备建设。福建省地震灾害紧急救援队二期装备采购进入政府公开招标程序，先后召开9次评标会议，招标项目预算资金约2584万元，占二期装备项目的77%，装备包括地震流动监测、搜索、营救、灾情获取、医疗、照明及个人装备等7类99种3302台（件、套）。

（福建省地震局）

江西省

1. 应急救援队伍建设

2009年12月25日，江西省地震灾害紧急救援队挂牌暨授旗大会在南昌举行。中国地震局党组成员、副局长赵和平，公安部消防局战训处副处长金京涛为救援队成立揭牌。江西省委常委、常务副省长凌成兴为救援队授旗。江西省人民政府副省长谢茹、江西省军区副司令员陈健出席授旗大会。江西省政府副秘书长晏驹腾主持会议。

江西省地震灾害紧急救援队的组建是江西省委、省政府的一项重要决策。4月，江西省政府正式批复同意成立江西省地震灾害紧急救援队。5月，江西省政府投入630万元专项经费用于救援队组建。救援队主要依托公安消防部队特勤大（中）队建立，并由江西省地震局部分地震技术专家和医疗急救专家等组成，下设救援、医疗救护、工程技术等三个分队。其中救援分队分设南昌、九江、赣州三个小分队。总人数达 200 人。

2. **地震应急救援准备**

指导江西省防震减灾工作领导小组各成员单位依据《江西省地震应急预案》和汶川地震抗震救灾实践，结合行业特点和部门实际，制定或修订本单位的地震专项应急预案。在对各部门预案进行备案的同时，对江西全省地震应急预案和省直各单位预案进行了汇编。

5 月 10 日，江西省地震局开展了纪念汶川特大地震一周年应急演练，演练模拟江西省修水县发生 5.0 级地震，江西省地震局启动应急预案 I 级响应、各工作机构履行职责、11 个设区市地震局（办）与省局联动响应的整个过程，并依托应急指挥技术系统实现了与宜春、萍乡等设区市的视频联通。

作为华东地震应急联动协作区成员单位，江西省地震局坚持参加区域联动。在江苏扬州举行的 2009 年度华东区域地震应急联动演练中，圆满完成了综合协调、震情监视、分析预报、灾评科考、通信保障、后勤保障等科目的演练任务。

3. **应急救援条件保障建设**

5 月 18 日，江西省全面开通 12322 防震减灾公益服务热线，成为全国首批开通 12322 热线的省份之一，在此基础上，江西省实现了联通、移动、电信各运营企业间的互联互通，接受各地手机、固定电话和小灵通用户关于防震减灾政策法规、科普知识的咨询和地震异常、灾情信息的报告。此外，江西 12322 短信平台还在灾情速报功能基础上进行了拓展，可以直接面向全社会提供各类防震减灾公益短信服务。

（江西省地震局）

山东省

1. **应急指挥技术系统建设**

2019 年，山东省建成市级地震应急指挥中心 12 个，其余 5 个市安装视频会议系统，山东省地震局与 17 个市地震局实现远程视频对接。3 月 31 日和 8 月 6 日，两次演练环渤海联动区地震应急指挥中心视频互通。

2. **地震应急救援准备**

山东省地震局、省教育厅联合印发《关于加强中小学校地震应急预案建设的意见》，山东省卫生厅、省地震局联合印发《关于加强医疗地震应急预案建设的意见》，山东省地震局、省民政厅联合印发《关于加强社区地震应急预案建设的意见》。山东省地震局印发《关于开展山东省地震应急预案管理示范县（市、区）创建活动的通知》，在章丘市召开全省地震应急预案管理示范县现场会，命名表彰第一批 17 个示范县（市、区）。地震应急预案建设深入学校、医院、社区，至 2009 年底，全省各级各类地震应急预案达到 1.1

万件。

2月11日，山东省政府办公厅下发《关于印发山东省地震应急检查工作制度的通知》。各市普遍以政府文件出台市级地震应急检查工作制度。9月9—12日，山东省地震局会同省应急办、发展和改革委员会、民政厅、安全生产监督管理局4部门组成全省地震应急工作检查组，实地检查济宁、菏泽两市的地震应急工作。8月6日，山东省地震系统举行内部应急演练。济南、潍坊、临沂等市局组织开展不同规模的应急演练活动。山东省地震局牵头组织实施环渤海联防区冀、辽、津、鲁四省市应急联动方案，9月17日，在东营召开环渤海地震应急联动区工作会议。9月21日，召开全省地震系统国庆节全运会期间震情应急和安全稳定工作视频会议。山东省内东、中、西协作区及时安排部署区域联动各项工作任务。地震应急避难场所建设不断推进，临沂、日照、济宁、菏泽等9个市新增一批地震应急避难场所，全省县级以上城市的地震应急避难场所达到409处。

3. 应急救援队伍建设

3月31日，山东省政府下发《关于组建山东省应急救援总队的通知》。4月2日，山东省应急救援总队正式成立。17个市全部成立应急救援支队，全省地震抢险救援队伍达到241支，救援队队员达到17926人。山东省地震局救援队配备救援装备，开展业务培训。全省地震系统的现场工作队达到82支，队员人数达到522人。规范地震应急救援志愿者建设与管理，完成志愿者证书、徽章设计；12月10日，山东省地震局、团省委在费县召开全省地震应急救援志愿者行动推进会，表彰先进志愿者组织和优秀个人。全省地震应急救援志愿者人数达13万人。

4. 应急救援条件保障建设

17个市地震局全部配备汽油发电机。部分县（市、区）地震局配备卫星电话，其中东营市的5个区县实现全部配备。

（山东省地震局）

河南省

1. 应急指挥技术系统建设

河南省地震应急指挥技术系统经2008年5月12日汶川8级大地震、多次全国地震系统视频会议、8月6日全国地震应急指挥技术系统联动演练、11月24日华北地震应急指挥技术系统联动演练检验，完全符合省级地震应急指挥技术系统建设要求。新乡市地震应急指挥技术系统建成。进一步完善河南省地震应急基础数据库。

2. 地震应急救援准备

河南省18个省辖市已全部制定本级地震应急预案，其中部分省辖市修订了本级地震应急预案。

位于地震重点监视防御区的县（市、区）都制定了本级政府《地震应急预案》。截至2009年底，河南省已有113个省辖市局（委、办）、18个省辖市地震局、139个县（市、区）、42个县（市、区）地震机构、289个乡（镇、办事处）、167个重要企事业单位、21个社会基层组织制定了《地震应急预案》。

《河南省地震应急预案》涉及的33个省直有关部门、单位已有29个制定了本单位地震应急预案。

11月16—18日，河南省地震局会同省政府应急办、省发展和改革委员会、省民政厅、省安监局组成省地震应急工作检查组，分别对安阳、濮阳、郑州市的地震应急工作进行检查。

省市县地震机构开展了不同规模、不同形式的地震现场应急演练。全省各地学校、医院等在地震部门的指导下开展了形式多样的地震应急演练，仅濮阳市5月12日全国"防灾减灾日"当天，就有26万多名师生参加了防震避险和应急疏散演练。12月15日，河南省地震局组织开展全省地震系统地震应急演练，增加了省市流动监测台的组网及数据传送、野外宿营、召开新闻发布会和12322防震减灾公益服务热线回答群众咨询的演练科目。4月17日，豫北地震快速应急联队的郑州、开封、安阳、新乡、焦作、濮阳、商丘市地震现场工作队在安阳开展了地震现场应急演练。

依托《中原减灾》报、河南地震信息网和"防灾减灾日"等平台宣传应急救援科普知识，使应急管理科普宣教的影响力进一步增强。

河南省已初步建立了全省市、县、乡三级地震灾情速报网络，人数近3000人。通过多次3级以上地震实际应对工作检验，大部分速报员能够发挥一定作用。

焦作市投入150万元建成龙源湖公园地震应急避难场所，中原油田投入50万元建设了新蕾公园地震应急避难场所，洛阳市投入15万元，在洛甫公园分期建设应急避难场所。截至2009年底，河南省已完成地震避难场所建设27个。

3. 应急救援队伍建设

河南省18个省辖市均成立了防震抗震指挥机构，部分县（市）成立了地震应急指挥机构。三门峡市成立了由市地震局、市公安消防支队、市卫生局的部分专家、官兵、医疗救护人员47人组成的三门峡市地震灾害紧急救援队。河南省地震局在原有基础上，对省地震局地震现场工作队伍作了适当调整，进一步明确了现场工作人员职责；对地震现场工作方案进行了完善，使其更具有可操作性。为使地震现场应急人员熟练掌握应急工作的程序和内容，河南省地震局要求每一个现场工作人员制作完成个人应急流程图。有16个省辖市地震局成立了地震现场工作队。河南省青年志愿者达187支，7000余人。特别是安阳市，有164支队伍5333名志愿者。

4. 应急救援条件保障建设

河南省地震局下达经费计划15万元，购置笔记本电脑、摄像机、帐篷、便携办公设备、工作服等地震现场应急装备。市级地震现场应急装备也得到补充完善。

5. 地震应急救援行动

全省地震部门及时、有效处置了3次省内3级以上有感及破坏性地震。每次地震发生后，省地震局和有关市地震局迅速启动相应级别的地震应急预案，迅速研判震情，及时向中国地震局和省委、省政府报告。尤其是12月20日22时21分，河南省焦作市修武县、武陟县，新乡市获嘉县交界处发生3.6级地震，震感较强。河南省和有关市地震局地震现场应急工作队快速响应，冒着-8℃的严寒奔赴地震现场，迅速开展应急行动。在此次地震应急工作中，反应迅速，传达信息准确，处置有力，维护了社会稳定。

（河南省地震局）

湖北省

1. 应急指挥技术系统建设

（1）地震应急指挥技术系统建设。湖北省地震局2019年共开展地震应急指挥技术系统月演练8次，季度演练3次，半年演练1次。

（2）市级地震应急指挥技术系统建设。建立武汉市、宜昌市重点监视防御城市的地震应急指挥系统，湖北省17个市（州）有13个市（州）建立与湖北省地震应急指挥技术系统相链接的信息节点。

（3）地震应急基础数据库建设。建立符合《区域级抗震救灾指挥部地震应急基础数据库格式规范（修订稿）》和其他相关标准（规范）的地震应急基础数据库，对数据库及时更新，以满足地震应急指挥需要。区域抗震救灾指挥部技术系统基于1:5万比例尺进行建设，重点城市和重点监视防御区中城市的城区基于1:1万比例尺进行建设；不同指挥部技术系统之间的数据可通过网络进行交换。

2. 地震应急救援准备

（1）各级各类地震应急预案修编情况。根据中国地震局的要求，派专家参加《国家地震应急预案》修订、《地震应急预案编制指南》编写、《地震应急预案编制国家标准》制定工作，先后修订《湖北省地震应急预案》《湖北省地震局地震应急预案》，起草《中南五省（区）政府协作联动地震应急预案》。湖北省17个市（州）政府全部编制地震应急预案，74个县（市）政府编制地震应急预案，14个市（州）地震工作主管部门编制部门地震应急预案。

（2）地震应急检查工作落实情况。开展全省各市（州）地震应急工作的指导和检查，向湖北省人民政府应急管理办公室提出《省人民政府关于加强县级应急救援体系建设的意见（征求意见稿）》的反馈意见，向各市、县下发《湖北省地震局关于加强全省地震应急救援工作的意见》；督促、检查应急基础数据的收集和建库情况；检查落实预案编制情况、应急避难场所建设情况、应急演练情况。

（3）地震应急演练落实情况。8月21日，湖北、广东、广西、湖南、海南五省（区）地震局和中国地震局驻深圳办事处联合在三峡重点监视区兴山县开展2009年度中南五省（区）地震应急区域协作联动演练暨三峡重点监视区地震应急演练。中国地震局震灾应急救援司黄建发司长和长江三峡开发总公司代表亲临现场，对演练进行指导和点评。

（4）应急救援科普宣教情况。开展"《湖北省地震安全性评价管理办法》实施日"宣传活动。5月12日是全国首个"防灾减灾日"暨汶川地震一周年纪念日，组织编写制作"普及防灾减灾知识、减轻自然灾害损失"宣传展板，编印《颤抖的地球》《科学面对地震》等系列宣传画册并向各市县发放;开放湖北省防震减灾科普教育基地,组织中小学生参观。11月1日,派专家参加湖北省政府应急办组织开展的《中华人民共和国突发事件应对法》颁布实施两周年纪念宣传活动,累计发放地震科普知识宣传手册近3000份,接受咨询近100人次。

(5) 地震灾情速报网络建设和管理情况。加强湖北省地震灾情速报网络建设和管理,全省共有3万余名灾情速报员,建立灾情速报员信息资料库,灾情速报员覆盖到每个乡镇(街道)。

(6) 应急避难场所建设情况。湖北省有14个市(州)规划或在建的应急避难场所共102处,约7025481平方米,襄樊市建立地震安全社区,完善避难场所硬件设施,地震应急避难场所建设取得阶段性成效。

(7) 乡村、社区应急工作开展情况。宜昌、黄冈、黄石、随州等市相继成立城市社区地震应急救援志愿者队伍,指导乡镇、社区制订应急预案,对社区群众进行避震应急培训。

3. 应急救援队伍建设

(1) 各级地震救援机构建设情况。全省17个市(州)地震部门中有12个按照"三大工作体系"分工,设立专门的应急救援科室。

(2) 各级地震现场应急工作队伍建设和管理情况。湖北省地震局组建60人的地震现场应急工作队,有8个人员编制较多的市(州)地震部门组建地震现场应急工作队。定期组织开展地震应急工作培训和应急演练,并加强对市(州)地震应急工作指导。

(3) 各级地震灾害紧急救援队伍建设和管理情况。与湖北省公安消防总队联合组建120人的地震灾害紧急救援总队。与湖北省军区、武警湖北总队、省公安消防总队、省红十字会建立应急救援重大事项联席会议制度,十堰市、随州市成立地震灾害紧急救援队。

(4) 青年志愿者队伍建设和管理情况。2009年5月12日是汶川特大地震一周年暨全国首个"防灾减灾日",湖北省地震局联合省红十字会、中国船舶重工集团710研究所等七家企业联合组建湖北省地震灾害救援志愿者队伍。

4. 应急救援条件保障建设

(1) 地震现场应急装备建设情况。湖北省地震局配置6台流动数字测震仪,3台强震记录仪,10台流动重力仪,12台流动GPS观测仪,1套现场流动卫星通信设备,5部卫星电话,8部手持GPS定位仪,5台应急车辆,部分数码照相机、摄像机、便携式计算机、打印传真等多功能一体机以及30套个人应急装备,为现场工作队员增加配备头盔、帐篷等部分野外应急装备。

(2) 救援物资及装备建设情况。湖北省地震灾害紧急救援总队配置有2台生命探测仪,6台应急车辆,2部卫星电话以及一批破拆、顶升设备。

5. 地震应急救援行动

地震现场应急工作情况。2009年湖北省地震局共开展地震应急响应36次,派出地震现场工作队15次,其中落实宏观异常3次,协助当地政府做好社会稳定工作。

(湖北省地震局)

湖南省

1. 应急指挥技术系统建设

加强湖南省地震应急指挥技术系统的日常运行维护和值班管理,完成中南五省区(广东、广西、海南、湖南、湖北)和全国应急指挥技术系统联动演练,做好多次全国地震系统视频工作会议的技术支持。

2. 地震应急救援准备

召开湖南省地震系统应急救援工作会议,传达全国应急救援工作会议精神,制定《关于加强市县应急救援工作的意见》,对全省今后一段时期的应急救援工作进行全面部署。完善各级地震应急预案,在全省市县地震部门推广使用应急预案管理信息系统软件,湖南省政府和全省14个市州、70多个县市政府发布实施地震应急预案。湖南省地震局加强与省应急办的沟通联系和广东、广西、海南、湖北等省区的应急联动协作,讨论形成《中南五省(区)政府协作联动地震应急预案》,就协作区内地震应急联动组织指挥、队伍调派、工作流程等方面进行明确。加强市县地震应急救援保障能力建设,全省应急避难场所达34个。湖南省政府组织开展包括地震灾害事故在内的应急救援综合演练,12个市州开展多部门参加的地震应急演练。出台《地震速报和信息发布的有关规定》,修订完善《湖南省震情会商制度》《湖南省地震局灾情速报细则》《湖南省地震现场工作实施细则》,提高地震应急救援规范化制度化水平。

3. 应急救援队伍建设

以全省市县地震工作机构规范设置为契机,衡阳、郴州、张家界、湘潭等市地震局,设立应急管理岗位,调整充实工作人员。按照省政府关于组建综合应急救援队的相关要求,省和大部分市州成立本级综合应急救援队伍,地震应急救援力量得到加强。

4. 应急救援条件保障建设

争取省财政安排500多万元资金,为省地震灾害紧急救援队采购一批专业搜索救援装备和4台运兵车、应急指挥车;为地震现场工作队员添置野外生活帐篷、睡袋、防潮垫等地震应急现场装备。2009年9月28日,湖南省地震局地震应急住宅项目建设奠基,至2009年底,地震应急住宅1号楼和2号楼的主体工程分别建至9楼和11楼。

5. 地震应急救援行动

宁乡煤炭坝、常德石门、娄底双峰、湘西龙山、郴州等地多次发生2级以上有感地震。这些地震震级不大,但由于震源浅,震中地区部分群众震感较强,出现房屋掉砖掉瓦、门窗玻璃震裂、墙体开裂等现象,给当地群众正常工作生活秩序带来一定影响。地震发生后,湖南省地震台网中心第一时间测定地震基本参数并发送信息,省地震局、市县地震机构及时组织开展现场调查,向群众宣传解释,做好群众稳定工作。根据震区震情,湖南省地震局增设流动监测仪器加密监测,与长沙、常德等地政府科技、地震部门及矿山企业开展会商,并根据监测及研究结果,向当地政府提出工作对策和建议,较好地履行职责,提高地震工作的社会影响力。

(湖南省地震局)

广东省

1. 应急指挥技术系统建设

2009年8月6日，广东省地震局参加全国地震应急指挥联动演练。演练检验应对中强地震的应急指挥能力、应急准备情况以及地震应急指挥技术系统的支持能力，重点检验地震应急指挥部各成员到达岗位速度、对应急工作程序的熟悉程度以及应急指挥技术系统启动速度和信息产出能力。从演练效果来看是成功的，人员到岗迅速、信息发布快、会商和趋势判定意见详尽而快速、应急指挥和辅助决策系统运转正常，演练达到预期目的。

成功设计改装地震应急通信指挥车。该车可作为指挥中心和通信中心，保障指挥调度和担负对上信息联络和数据、图像传输，对下保证指挥命令的顺利传达。

2. 地震应急救援准备

广东省直有关部门按照《广东省地震应急预案》的有关要求，完成地震应急分案的修订工作。广东省地震局每月底前更新《广东省地震应急预案操作手册》内容。广州市完成地震应急避难场所建设规划，深圳市完成地震应急避难场所规划立项，佛山南海和韶关市各新建1个避难场所。6月26日，广州增城市仙村中学创建防震减灾科普示范学校通过验收。全省建成防震减灾科普示范学校50所。6月初，组织开展中南地震应急协作联动区地震应急指挥技术系统联动演练；8月下旬，参加2009年度中南五省（区）地震应急联动演练、全国地震应急指挥联动演练。12月，与福建省地震局在福建省漳州市云霄县联合举办2009年度粤闽交界地震应急联动演练。12月21日，联合阳江市政府在阳江市共同开展市级多部门协同作战地震应急救援演练。10月29日，指导东莞开展地震应急现场工作演练。12月17日，指导广州市举办首次地震应急综合演练（桌面推演）。全省中小学校全年开展100余次地震应急演练。

3. 应急救援队伍建设

建立包括"建设、医疗、消防、地震"等部门专家参与的"广东省地震应急管理专家库"，在库专家21名。珠海、梅州、韶关依托共青团和青年志愿者组织各组建1支地震应急志愿者队伍。2009年共组建21支5600人的地震应急志愿者队伍。

召开省救援队一般事项联席会议，总结汶川地震救援情况，提出进一步完善救援队装备方案等措施。广东省地震灾害紧急救援队在广州开展建筑物倒塌搜索与营救演练。

4. 应急救援条件保障建设

完成地震灾害紧急救援队需要补充地震救援器材的前期调研工作。

（广东省地震局）

广西壮族自治区

1. 应急指挥技术系统建设

2009年,广西壮族自治区地震局举办市县数字地震观测指挥中心设备和软件应用培训班,对13市1县地震部门技术人员实施全方位培训。柳州、桂林、梧州、贵港、玉林、百色、来宾、贺州、北海、平果10个市县数字地震观测指挥中心建设完成,其他4市也完成大部分建设任务。3月19日,中国地震局召开全国2009年度地震重点危险区地震应急准备工作视频会议,柳州、桂林、梧州、贵港、玉林、百色、贺州、来宾8市数字地震观测指挥中心视频会议系统顺利连通,这是广西地震系统首次开通的国家、省、市三级视频会议系统,在全国地震系统尚属首例。

2. 地震应急救援准备

(1) 各级各类地震应急预案修编情况。2009年,广西共有省级地震应急预案1项、省级部门地震应急预案16项、地市级14项、县(区)级72项。广西壮族自治区地震局结合广西地震应急工作实际情况,编制自治区地震应急预案简明操作手册。重新修订自治区地震局地震应急预案。梧州、北海市地震局指导各城区制定地震应急预案,形成市、县(区)、乡镇三级地震应急预案体系。

(2) 地震应急检查工作落实情况。广西防震减灾工作检查组到河池市实地检查防震减灾工作,深入检查都安3.0级地震处置情况,听取河池市防震减灾工作情况汇报。柳州市地震局组织开展全市防震减灾工作大检查,对全市应急准备情况进行摸底调查。梧州市地震局积极部署,组织各县(市、区)及市直有关部门对全市防震减灾工作情况进行自查和检查。7月,北海市地震局组织深入一县三区,检查指导、帮助各县(区)地震局(办)总结经验,查找问题,谋划新的发展。

(3) 地震应急演练落实情况。自治区地震局先后开展6次地震应急演练,参与全国地震应急指挥技术系统演练1次,中南5省(区)地震应急技术系统联动演练1次。来宾市人民政府抗震救灾指挥部8月18日在市防震减灾指挥中心举行大规模综合性地震应急桌面演练,设置震情处理、启动预案、应急指挥三个科目,提高政府处置突发灾害事件能力。

(4) 应急救援科普宣传教育情况。在全国防灾减灾日当天,广西地震局联合自治区教育厅组织防震减灾示范学校进行地震应急演练。玉林市县两级23所科普示范学校、河池市11个县20所科普示范中小学、桂林市135所中小学及幼儿园计8万多人次开展地震应急避险自救互救演练;桂林辖区平乐、恭城、永福、资源等县共有365所学校举行地震应急演练。梧州、贺州、来宾、北海等市也组织学校开展地震应急演练,并邀请本级防震减灾领导小组成员单位、非防震减灾科普示范学校、教育系统等观摩学习。

(5) 地震灾情速报网络建设和管理情况。2009年5月12日正式启动广西壮族自治区12322防震减灾公益服务热线。公益服务热线成为地震行业面向社会、服务公众、收集民情、了解民意的重要窗口,8月6日的全国地震应急指挥系统演练中首次尝试使用12322短信息灾情搜集平台,效果较好。

（6）乡村、社区应急工作开展情况。北海市地震局举办"2009年北海市地震应急暨农居保安工程培训班"，就地震应急技能进行强化培训，保证防震减灾工作在基层扎实开展并收到实效。

3. 应急救援队伍建设

广西壮族自治区有省级地震现场工作队1支，为自治区地震局现场工作队。该现场工作队共有信息联络组、灾害损失评估与科学考察组、建筑物安全鉴定组、地震监测预报组、宣传报道组和后勤保障组6个小组共25名成员。

4. 地震应急救援行动

11月18日，河池市都安县保安乡发生3.0级地震，19日北部湾海域发生3.1级地震，这两次地震的发生打破了自2009年以来自治区长达8个月的无3级以上地震的平静，中强地震活动开始呈现频发态势。广西壮族自治区地震局迅速启动局有感地震应急预案，派出现场工作组，开展流动地震监测，多次组织震后趋势会商；第一时间接受新闻媒体采访，发布信息稳定社会；形成自治区地震趋势分析判定意见等3份专题报告。

（广西壮族自治区地震局）

海南省

1. 应急指挥技术系统建设

2009年，海南省地震局建立完善海南省地震应急指挥技术系统工作制度，先后制定《海南省地震应急指挥中心技术系统管理规定（试行）》《海南省地震应急基础数据库运行维护办法》等规定；加强技术运行和数据库维护，更新经济、地震目录、活断层数据速报网数据等，完善地震灾情快速分发系统平台，实现震情自动短信发布。

2. 地震应急救援准备

地震应急预案修编情况。指导全省18个市、县和省抗震救灾指挥部36个成员单位按照《海南省地震（火山）应急预案》的要求，对预案进行修订，进一步完善预案备案制度。同时，利用《地震应急预案管理信息系统》对全省预案进行管理。

地震应急检查工作落实情况。根据《海南省地震应急检查工作制度》的要求，海南省地震局派检查组到市县开展地震应急检查，指导市县开展专门地震应急工作检查，提出明确要求和具体措施，使地方政府更加重视和支持防震减灾工作。

地震应急演练落实情况。组织2次海南省地震局地震应急演练，参与中南片区应急技术系统演练及中国地震局应急技术系统演练。

应急救援科普宣传教育情况。发挥海南省农居地震安全工程技术服务网等网站效用，加强地震应急避难和应急救助科普知识及技能的网上宣传；结合推进农村民居地震安全工程工作，在举办农居地震安全工程技术培训班时，增加地震应急救助内容；结合防震减灾科普宣教活动，采取多方合作，多种形式，通过各种途径和渠道，让地震应急宣传教育进机关、学校、社区、农村、企业和军营等，扩大地震应急宣教强度、广度，全年共举办应急救助讲座 30 场次，有效提高了全省民众防震减灾意识和应急避难技能。

应急避难场所建设情况。按照国家地震避难场所建设标准要求，将澄迈、陵水等市县作为试点，并要求各市县加快地震避难场所规划和建设。指导澄迈县按国家标准进行金江镇绿地广场地震避难场所建设。

3. 应急救援队伍建设

地震灾害紧急救援队伍建设。推进全省 18 个市县地震灾害紧急救援队伍组建工作，全省各市县已经全部成立救援队，初步形成海南独特的地震应急救援队伍体系并具备一定救援能力。

志愿者队伍建设。组织指导各级共青团委和有条件的社区、学校、企业和村庄组建志愿者队伍，全省已建成 28 支地震救助志愿者队伍。

4. 应急救援条件保障建设

为全省 18 个市县地震机构、海南省地震局、省地震灾害紧急救援队配备了短波基地电台、车载电台及对讲机等应急通信设备，加强和改善海南省地震灾害救援队和海南省地震局地震现场工作队个人装备。

（海南省地震局）

重庆市

1. 应急指挥技术系统建设

更新基础数据库，为评估和决策系统提供数据参考。基础数据库内容已涵盖全市 40 个区县（自治县）、1083 个乡（镇）、8600 个行政村信息。

2. 地震应急救援准备

协助重庆市政府应急办编制《三峡工程 2009 年试验性蓄水重庆库区地震灾害应急预案》。修订《重庆市地震局地震应急预案》。加强区县（自治县）地震应急预案修编工作，全市 32 个区县（自治县）政府制定或修订地震应急预案。制定《重庆市地震局 2009 年重点监视防御区地震应急方案》及《重庆市地震局地震现场工作实施细则》。将三峡库区作为 2009 年应急检查工作重点，参加全市三峡库区安全防范和应急准备工作检查。启动《重庆市地震应急检查制度》修订工作。2009 年开展 4 次地震系统应急演练，出动设备 100 来套，其中作为牵头单位完成 1 次西南片区应急联合演练，3 次参与全国、西南片区应急联合演练。2009 年共指导学校、企业地震应急综合培训及演练 100 余次。为 20 名地震应急现场工作队成员统一购置个人现场应急装备，完成应急物资库搬迁以及应急物资标牌的制作等。建成市级应急避难场所 3 个，区县级应急避难场所 41 个。灾情速报网络纳入"三网一员"建设，初步实现"横向到边、纵向到底"。

3. 应急救援队伍建设

全市 38 个区县（自治县）设立地震工作机构，落实应急工作人员和应急工作职责。及时更新重庆市地震紧急救援队的人员配置，完善与市消防总队形成的应急救援协作联动机制，建立救援队工作会议制度。配合重庆市志愿者服务指导中心，指导万州、巫山、巴南和大足等区县建立一队多用的地震应急志愿者队伍。

4. 地震应急救援行动

2009年8月8日21时26分，重庆市荣昌县发生4.0级地震后，重庆市地震局迅速启动预案，实施4级响应，派出地震现场工作队，在市级相关部门和荣昌、大足县政府的配合下，科学、高效、有序地开展应急处置工作。

（重庆市地震局）

四川省

1. 应急指挥技术系统建设

（1）省级地震应急指挥技术系统建设。按照四川省汶川地震灾后恢复重建规划项目安排，四川省地震局完成"省级应急救援专业队伍训练基地"和"四川省灾情快速上报接收处理系统"两个项目的可行性研究报告并通过四川省发改委的审批。

（2）市级地震应急指挥技术系统建设。部分汶川地震重灾区防震减灾部门按照政府安排开展灾后恢复重建项目建设。成都市开展地震应急指挥技术系统和地震烈度速报系统建设，阿坝州开展应急避难场所、灾害救助应急指挥平台和救灾物资储备库建设，雅安市开展应急救援队和应急避难场所建设。

（3）地震应急基础数据库建设。攀枝花、乐山等7个市州建成应急决策指挥中心和基础数据库，凉山州辖区列入全省11个防震减灾综合能力建设县的西昌、冕宁、宁南、盐源等4个县市的建设方案获省地震局批准，以"地震应急指挥和灾情速报、评估技术系统和数据库"为核心内容的技术系统建设进入实施的最后阶段。

2. 地震应急救援准备

（1）各级各类地震应急预案修编情况。完成《四川省地震局地震应急预案》的修订，制定《四川省地震局地震现场应急工作队地震应急预案》和《地震现场应急工作队装备管理暂行办法》。编写《市县地震应急预案编制指南》；按照中国地震局要求，在全省地震系统推广试用地震应急预案管理信息系统。

（2）地震应急检查工作落实情况。2009年，四川省地震局3次派出工作组，行程4000余千米，对全省地震重点区的7个市（州）、20多个县（市、区）部署指导应急准备工作。成都、乐山、雅安、眉山、阿坝、凉山、南充、巴中等市州组织开展本地区地震应急检查，通过检查，对区、县防震减灾工作加以指导。

（3）地震应急演练落实情况。2009年12月11日，四川省地震灾害紧急救援队与成都市双流县政府在双流县共同组织开展综合演练。这次演练是汶川地震后四川省救援队举行的首次大型综合演练，从力量集结、奔赴现场、实施救援等方面，全面检验队伍按照地震应急预案要求实施救援行动的能力，进一步提高队伍在复杂环境下处理高难度救援任务的综合救援技能。演练受到省、市、县各级媒体的广泛关注，包括四川电视台在内的近10家媒体进行现场采访报道，采访内容当天下午在中央电视台新闻频道及省内多家电视台播出。

（4）应急救援科普宣传教育情况。结合5月12日全国首个防灾减灾日和防震减灾法系列宣传，四川省地震灾害紧急救援队参加在成都市体育中心举行的地震应急救援装备展览，与成都市防震减灾局联合参加成都市组织的"5·12"汶川特大地震纪念活动，5月12日，在成都市数码广场开展地震应急知识宣传，编印《地震救援志愿者知识读本》，向应急志愿者队伍以及全社会普及地震救援知识。

（四川省地震局）

贵州省

1. 应急指挥技术系统建设

根据《贵州省级地震应急指挥中心运维细则》等规范和标准的要求，认真做好贵州省地震应急指挥技术系统的运行维护工作。同时，对应急基础数据库做了全面的更新，更新内容包括交通、水利、房屋、学校等数据。

2. 应急救援队伍建设

一是5月，省政府为省地震局、省公安消防总队和卫生厅联合组建贵州省地震灾害紧急救援队举行了授牌仪式，贵州省第一支地震紧急救援专业队伍正式成立。二是按照中国地震局相关要求，经过与贵州省武警总队协商，将省武警总队工化救援中队建设成贵州省抗灾救灾紧急救援队并纳入省地震救援队的建设和管理，实行贵州省地震局与贵州省武警总队共建共管，同时双方还建立了联席会议制度及相关工作制度。

3. 地震应急救援准备

一是进一步完善地方地震应急预案。2011年，督促和指导5个县（市、区）制定了地震应急预案，1个地区修订了地震应急预案。通过进一步完善各级地震应急预案，确保了地震发生后各级政府能够高效有序开展地震应急救援工作。二是根据中国地震局、国家发改委、民政部和国家安全生产监督管理总局联合颁发的《关于印发〈地震应急工作检查管理办法〉的通知》的要求及省政府有关领导批示，贵州省地震局会同贵州省发改委、省民政厅、省安全监管局拟定了《贵州省地震应急工作检查管理办法》，为加强地震应急管理，规范地震应急检查工作提供了依据。

4. 地震应急救援演练

5月12日，贵州省地震局承办了贵州省地震紧急救援队成立仪式及实战演练活动，参演队伍包括省地震局、省消防总队、省武警总队、省卫生厅、省公安厅、省青年志愿救援队伍以及金阳新世界国际学校等7支队伍。孙国强副省长出席仪式和现场指挥演练，并代表贵州省委、省政府为贵州省地震紧急救援队揭牌和授旗。

（贵州省地震局）

云南省

1. 应急指挥技术系统建设

2009年，云南省地震局完善大震应急救援指挥体系，建立健全地震现场和后方指挥部的通信协调机制，建立大震应急通信新模式和应急流程，成立相应的应急工作小组，明确工作职责、工作流程、工作任务等。

2. 地震应急救援准备

云南省地震局制定印发地震重点危险区应急准备工作相关方案及通知，组织对部分州、市地震部门的地震应急预案进行检查，并提出修订完善意见。各州、市、县地震部门开展对地震应急预案修订工作。108个云南省县级地震机构配备地震应急车辆。建成125个短波移动台组成的无线电短波应急通信网，培训应急通信人员360人。购买135台卫星电视配发到云南省73个国家级贫困县和37个云南省抗震救灾指挥部成员单位。

在2009年中国地震局开展的地震应急指挥中心工作评比中，云南省地震局地震应急指挥中心被评为先进集体，应急基础数据库获一等奖和单项评比三等奖。云南省116000余名中小学生进行地震应急演练。

3. 应急救援队伍建设

云南省地震灾害紧急救援队由原来的1支队伍160人扩展到5支队伍1620人。昭通市组建200人的市地震灾害紧急救援队；玉溪市以公安消防支队为依托，组建160人的玉溪市地震灾害紧急救援队；昆明市五华区组建由武装部10名民兵为骨干的区地震应急救援队；云南武警总队医院、云南边防总队医院分别组建60人的云南省医疗救援队；在原云南省地震局地震现场工作队的基础上，会同省民政厅、省住房和城乡建设厅、省卫生厅、省交通运输厅、省通信管理局、云南电网公司等7个部门组建220人的地震现场工作队；云南电网公司在云南省系统20个单位组建共计1340人的应急抢险队伍；建立8支省级安全生产应急救援队，形成滇中、滇东北、滇南、滇西四大片区均有省级救援力量的配置格局。

4. 地震应急救援行动

组织对7月9日楚雄州姚安县6.0级地震、11月2日大理州宾川县5.0级地震的灾情调查，及时将调查情况上报云南省委、省政府和中国地震局。分别指导1月2日西双版纳州勐腊县4.2级地震、4月5日普洱市墨江县4.2级地震、4月14日大理州洱源县4.4级地震的灾情调查。7月9日姚安6.0级地震发生后，云南省地震局立即启动地震应急预案，派出地震现场工作队赶赴地震灾区开展应急工作，中国地震局党组成员、副局长刘玉辰带领14人的现场工作组到灾区指导工作。楚雄州委和云南省地震局主要领导应邀为中央组织部和中国地震局联合举办的全国首届市长应急研修班讲课。2009年，云南省地震局被中国地震局评为地震应急救援工作先进单位。

（云南省地震局）

陕西省

1. 应急指挥技术系统建设

编制重点地区应急准备工作方案，落实地震应急准备的各项措施。完成地震应急基础数据库更新，更新基础图件300余幅、电子影像图797幅。开通12322地震灾情速报平台。地震现场应急指挥系统在2009年9月19日陕甘川交界5.4级地震和11月5日临潼、高陵交界4.8级地震应急中提供装备支持。

2. 地震应急救援准备

启动局地震应急预案修订工作，在全省推广应用地震应急预案信息管理系统。联合省应急办开展全省地震应急工作检查。加强陕、晋、豫和西北地震应急协作联动机制建设。指导咸阳、延安等地学校开展地震应急疏散演练。编制重点地区应急准备工作方案，落实地震应急准备各项措施。

制定并发布陕西省应急避难场所标志地方标准。制定《西安市城区应急避难场所规划》。宝鸡、渭南、咸阳、汉中、西安市应急避难场所建设实施方案完成审批，并按计划实施。

3. 应急救援队伍建设

完成省地震灾害损失评定委员会换届工作。组织队员参加国家地震搜救技能与实战能力培训。补充省地震灾害紧急救援队和省地震应急现场工作队装备。开展地震应急现场通信培训与演练。组建宝鸡金台区地震应急救援志愿者队伍。

4. 地震应急救援行动

高效应对汶川余震区两次强余震和11月5日临潼高陵交界4.8级地震。

（陕西省地震局）

甘肃省

1. 应急指挥技术系统建设

（1）地震应急指挥技术系统建设。完成甘肃省地震应急指挥大厅电源系统维修，对损坏的模块、地面插座、UPS接头、蓄电池进行更换；完成北斗定位文传设备用户机入网和信号测试；建立12322防震减灾公益服务热线平台系统，安装仪器、应用软件。完成金昌市地震应急指挥系统升级、调试，系统运行正常。兰州市政府投资208万元建成兰州市地震应急指挥中心，指挥中心系统与县区地震局实现联网。

（2）地震应急基础数据库建设。推广地震应急预案管理系统软件应用，甘肃省地震局地震应急基础数据库更新录入气象、经济、人口等数据；14个市州及部分县区地震局地震应急基础数据库更新录入经济、人口、学校、医院、房屋建筑、工业厂房、次生灾害源等数据。基本建立省市县三级地震应急基础数据库共享机制，实现数据实时更新及动态管理。

2. 地震应急救援准备

（1）各级各类地震应急预案修编情况。全省各市州政府及相关部门、单位汲取汶川特大地震应急救援工作经验教训，结合本地实际，制定或修订本级政府、本部门、本单位地震应急预案1216件，并完成向当地地震部门的备案。

（2）地震应急检查工作落实情况。在"元旦""五一""十一"节日期间，甘肃省地震局对各市州地震工作部门应急准备工作进行检查，落实相关措施。

（3）地震应急演练落实情况。5月12日，甘肃省地震局牵头组织由民政、卫生部门及省地震灾害紧急救援队、省消防总队参加的防灾减灾综合演练，各参演部门、单位进行通信、救援、救护、防疫、消防等实战演练。全省14个市州、县区市政府和有关部门、单位组织本地区、本系统和学校、企业地震应急演练及地震紧急避险演练600场次，参加人数达到35.5万人，提高了应急预案的可操作性和应对地震的灵活性。

（4）应急避难场所建设情况。甘肃省地震局加大指导力度，推进应急避难场所建设，全省各市州、县区市地震部门协调民政、发展改革、城乡规划等部门，新建应急避难场所120处，全省建成应急避难场所380处，做到有组织、有方案、有规划、有场地、有标志、有设施。陇南、甘南、平凉、武威等市州应急避难场所建设工作方案得到当地发展改革部门的批准，建设工作有序进行。

3. 应急救援队伍建设

（1）各级地震现场应急工作队伍建设和管理情况。甘肃省地震局制定《地震现场工作指南》和《地震现场应急工作手册》，进一步完善地震现场工作管理，举办地震应急现场工作队员技能培训，开展应急演练，全体队员现场工作能力不断提高。

（2）各级地震灾害紧急救援队伍建设和管理情况。甘肃省地震局积极协调市州政府，大力推进市县级地震灾害紧急救援队伍建设，兰州市、酒泉市、武威市、金昌市、临夏州、临夏市、嘉峪关市和酒泉市、白银市的部分县区，结合本地实际，2009年度先后组建23支地震灾害紧急救援队，全省建成27支地震灾害紧急救援队，做到有组织、有旗帜、有章程、有计划、有场所、有装备、有活动、有演练。陇南、甘南、庆阳等市州地震灾害紧急救援队建设方案经当地政府批准。

（3）青年志愿者队伍建设和管理情况。甘肃省地震局因地制宜推进社区地震应急救援志愿者队伍建设，酒泉、嘉峪关、张掖、武威、兰州、定西、平凉、临夏等市州及县区地震局，2009年度新组建地震应急救援志愿者队伍125支，全省组建地震应急救援志愿者队伍185支，总人数达到6000人。其中，酒泉市在全市沿山及牧区乡镇建立地震应急志愿者摩托车通信队，共275人。

4. 应急救援条件保障建设

（1）地震现场应急装备建设情况。甘肃省地震局投资30万元为地震应急现场工作队重新配备服装、生活用具、药品等。武威市地震局为应急现场工作队员配备应急装备、通信器材和应急车辆，张掖市地震局为应急现场工作队员配备电脑、服装等应急装备。

（2）救援物资及装备建设情况。酒泉市地震局积极筹措资金，投资23.6万元补充70多类地震应急救援物资，建立卫星电话、固定电话、短波电台、移动电话、地震专网及国际互联网组成的地震应急通信网。兰州市地震局购置100套应急包，购置安装50kW柴油发电机、对讲机、防寒服、应急帐篷等 10 多种应急装备，重新建设短波通信系统。

5. 地震应急救援行动

高效应对甘肃省及边邻地区显著地震事件 20 次。特别是 9 月 18 日酒泉市肃北蒙古族自治县 4.8 级地震发生后，甘肃省地震局立即启动内部地震应急预案，迅速开展震后趋势判定、信息发布、灾情上报等工作，及时派出地震现场工作队与酒泉市地震局地震现场工作队共同开展灾害损失调查，客观、公正地完成灾害损失评估工作，并向省政府提交《2009 年 9 月 18 日酒泉市肃北蒙古族自治县 4.8 级地震灾害损失评估报告》。

（甘肃省地震局）

青海省

1. 应急指挥技术系统建设

一是建立健全地震应急预案体系。青海省地震局与省教育厅联合下发《关于在全省中小学中定期开展地震应急演练活动的通知》，详细规定在学校进行地震科普宣传教育和建立健全学校应急反应机制等。二是进一步做好省地震灾害损失调查评估工作，建立由青海省财政厅、民政厅、水利厅、教育厅、卫生厅等单位组成的地震灾害损失调查评估专家库。全省初步形成自上而下、由下至上，相互畅通的地震应急救援运行体系。加之"三网一员"体系的日臻完善，为全省应急救援运行体系提供了更加有效的保障。

2. 地震应急救援准备

开通 12322 防震减灾公益服务热线，使青海省成为全国首批开通 12322 服务热线的 10 个省份之一。在西宁市，海东市，海北藏族自治州和海西藏族蒙古族自治州的格尔木市、德令哈市完成每县至少一处避难场所的建设任务。

3. 应急救援队伍建设

加强地震应急救援队伍建设和地震志愿者队伍建设。继在西宁市、海西藏族蒙古族自治州、海南藏族自治州、海北藏族自治州等地建立社区防震减灾应急志愿者队伍后，青海省 2009 年成立 460 人的大学生防震减灾应急救援志愿者队伍，逐步增强校园防灾减灾意识，提高校园防灾减灾能力。承办西北区地震应急救援协作联动工作研讨会，对全国其他片区的地震应急救援协作联动工作起到示范作用。

4. 应急救援条件保障建设

为确保地震应急工作顺利开展，定期对应急工作人员在岗情况、应急物资的保管和储备情况进行检查，共进行应急检查 7 次，确保应急准备工作的各项制度落到实处。青海省地震局被评为 2009 年度全国地震应急救援工作先进单位。

5. 地震应急救援行动

大柴旦 6.4 级地震发生后，青海省地震局第一时间启动地震应急预案，及时将有关情况上报省委、省政府和中国地震局，并先后派出 2 批现场工作队赶赴震区，分别由哈辉副局长和任铁生副局长带队，安排部署地震流动观测、趋势判断、灾害调查、科普宣传和后勤保障等地震现场工作。同时，会同当地政府及有关部门深入地震现场，分别对铁路、公路、桥梁、通信、社区、工矿企业、学校、医院等进行震灾调查，为政府应急、决策提供科学依据，为灾害评估、工程地震危险性评价及震后趋势判定提供第一手资料。

（青海省地震局）

宁夏回族自治区

1. 应急指挥技术系统建设

推进地震应急指挥技术系统建设，吴忠市完成应急指挥中心环境改造和设备采购工作，石嘴山市、中卫市完成地震应急指挥技术系统项目立项工作，固原市开工建设地震应急指挥中心大楼。

2. 地震应急救援准备

结合汶川特大地震应急工作实践，组织对现行各级各部门地震应急预案进行前期调研、评估，配合自治区人民政府应急办，制发《宁夏破坏性地震应对工作方案》；举办市县地震应急预案管理信息系统软件培训班，完成地震应急预案管理信息系统测试和相关数据的入库工作，积极推广试用国家、省、市（县）三级地震应急预案信息管理平台，实现地震应急预案的动态管理。推进地震应急避难场所建设。银川市启动应急避难场所建设（2008—2020年）规划工作，提出建设3个中心应急避难场所、18个固定应急避难场所和103个紧急疏散避难场所；石嘴山市为16个应急避难场所设立标识牌；吴忠市设立9个应急避难场所；固原市制定《地震应急避难场所建设实施方案》，设立3个永久性应急避难场所；中卫市设立4个永久性应急避难场所。

3. 应急救援队伍建设

配合宁夏消防总队完成宁夏灾害事故应急救援总队扩编工作，救援队从成立时的78人扩编为240多人。银川市政府成立银川市地震灾害紧急救援分队，石嘴山市政府组建100人的城市应急救援志愿者大队。广泛开展地震应急演练。5月12日，由宁夏地震局牵头，组织开展"5·12"宁夏地震应急实战演习，同日，宁夏回族自治区各地组织开展大规模地震应急演练活动，参演人数达到176万人，占全区总人口的28.5%。

4. 应急救援条件保障建设

加强地震现场工作和应急指挥技术系统建设。承办中国地震局现场软件培训班。对宁夏地震现场工作队进行调整、培训。与全国同步开通宁夏12322防震减灾公益服务热线。

（宁夏回族自治区地震局）

新疆维吾尔自治区

1. 应急救援技术系统建设

（1）下发《关于收集地震应急指挥技术系统数据库资料的通知》，收集到全疆各地市、区县上报的更新数据，完成指挥系统数据库更新工作。累计日常触发模拟地震720余次，破坏性地震应急启动工作5次。

（2）在地州市、台站建设二级视频会议系统。完成在石河子市地震局、巴州地震局、阿克苏中心地震台、克拉玛依市地震局、喀什地震台、和田地震台的第一期6个视频分会场的建设工作并通过验收。

（3）拓展12322防震减灾公益服务平台建设。5月8日，新疆12322防震减灾公益服务平台正式开通，热线人工服务已纳入日常管理，新疆地震局制订《12322话务员管理制度》，完成热线防震减灾知识本地化数据库的编制。

2. 应急救援队伍建设

（1）大力推进地震灾害救援分队建设。在地方政府和有关部门的支持下，自治区新成立伊犁州地震灾害紧急救援队、巴州地震灾害紧急救援队和塔城地震灾害紧急救援队。

（2）新疆地震局自筹经费56.6万元，对自治区地震现场工作队进行个人野外装备更新。向全疆各地、州市地震局配备基本应急设备，为局应急指挥车配备车载无线电台、逆变电源等，印制1万册《地震救护指南》，下发全疆各地、州市地震局和救援队。

3. 地震应急救援准备

（1）新疆维吾尔自治区人民政府于2009年3月3日组织召开自治区防震减灾工作领导小组会议，在应急救援方面要求进一步完善应急预案，加强地震灾害救援分队的建设，积极开展应急演练，加强应急物资和救援装备的储备，各部门要配合地震部门做好防震减灾知识宣传，尤其要加强学校的应急演练。

（2）新疆地震局认真研究2009年新疆地震重点危险区的震情趋势，制订有针对性的《2009年度新疆维吾尔自治区地震重点危险区应急准备工作方案》，并要求相关各地、州、市部署危险区和值得注意地区各项应急准备工作。印发《关于开展2010年度地震风险评估与对策研究工作的通知》。伊犁州地震局、巴州地震局、乌鲁木齐市地震局、石河子市地震局、喀什地震局、阿克苏地震局、塔城地震局、阿勒泰地震局及和田地震局结合近年来破坏性地震应急情况，细化本地区的应急准备方案，修订本部门地震应急工作流程，积极做好震前应急准备工作。

（3）为应对破坏性地震事件，为居民提供应急避险空间，自治区各地、州市人民政府积极实施应急避难场所的勘选、规划、设计和建设。和田市人民政府建立5处应急避难场所，和田地区其余各县人民政府分别在各县城区设立1处避难场所，并积极完善场所内水、电等基本设施建设。昌吉市人民政府将设施齐全的亚心广场作为周边居民的应急避难场所和市抗震救灾指挥部搭建场地。

4. 地震应急救援行动

2009年完成1月25日察布查尔5.1级地震、2月20日柯坪5.2级地震、4月19日阿合奇 5.5 级地震、4 月 22 日阿图什 5.0 级地震、5 月 21 日叶城—皮山 5.2 级地震和 12 月 14 日哈密 5.1 级地震的应急工作。地震发生后，新疆地震局按照以人为本、减轻灾害、统一领导、快速反应、协同应对、依靠科技的原则和要求，第一时间启动地震应急预案，及时向自治区党委、政府和中国地震局报告有关情况，共派出地震现场工作队 5 批次、64 人次，累计行程 14000 多千米。在震区各级党委、政府的协同配合下，顺利完成地震现场灾害损失评估、科学考察、房屋安全鉴定、防震减灾宣传等项工作，并协助震区政府做好抗震救灾工作。

5. 修订完善地震应急预案

按照《中华人民共和国突发事件应对法》和新修订的《中华人民共和国防震减灾法》的总体要求和精神，重新修订《新疆维吾尔自治区地震局应急预案》，补充大震巨灾方面的地震应急处置工作内容，修编后的预案进一步明确各单位在地震应急工作中的职责和任务，细化地震应急工作程序。伊犁州、巴州、阿克苏地区、和田地区及哈密等地区，结合实际情况，修订完善各地的地震应急预案。

（新疆维吾尔自治区地震局）

重要会议

2009年国务院防震减灾工作联席会议

1月12日，国务院防震减灾工作联席会议在北京召开。中共中央政治局委员、国务院副总理回良玉出席会议并讲话。

会议听取了中国地震局等部门和有关专家关于我国2008年防震减灾工作情况的汇报，研究部署了2009年防震减灾工作。

回良玉副总理在讲话中指出，2008年，在党中央、国务院和中央军委的坚强领导下，在国务院抗震救灾总指挥部的直接指挥下，全党全军全国各族人民众志成城、迎难而上，奋勇夺取了汶川特大地震抗震救灾的伟大胜利，并及时应对处置了新疆、西藏、云南等地破坏性地震灾害，最大限度地减轻了灾害损失。同时，全国防震减灾工作也取得显著成效，地震监测能力建设扎实推进，防震减灾基础不断强化，应急保障能力得到了进一步提高。

回良玉副总理强调，做好防震减灾工作必须坚持以人为本，始终把人民群众生命安全放在首位，坚持不懈开展地震预测预报研究，不断提高预测预报准确率；必须坚持统一指挥，进一步强化军地、部门、区域之间的联动，充分发挥各方面作用，形成抗震救灾合力；必须坚持以防为主，全面强化防震减灾基础，切实加强城乡抗震设防管理和监督；必须坚持统筹兼顾，坚持有重点地全面防御，促进监测预报、震灾预防、紧急救援三大体系统筹推进，协调发展。

回良玉副总理要求，各地区、各部门要进一步加大工作力度，细化工作措施，扎实做好2009年防震减灾工作。一要扎实推动地震灾区恢复重建工作，全面落实恢复重建规划提出的各项目标任务，在资金、技术、政策等方面给予大力支持。二要坚持不懈地做好地震监测预报工作，加快地震台网现代化建设，发挥群测群防作用，强化重点地区、重大活动和重要时段的地震安全保障工作。三要全面提高地震灾害防御能力，强化重大工程和公共建筑工程的地震安全性评价，严格设防标准管理，大力推进农村民居地震安全工程实施，大力推进城市安全社区示范工作。四要继续健全完善地震应急救援体系，从完善预案体系、强化基础能力、加强队伍建设和做好应急物资储备等方面做好防震减灾各项准备工作。五要大力推进《中华人民共和国防震减灾法》和防震减灾规划的实施，抓好修订后的《中华人民共和国防震减灾法》宣传贯彻和配套法规规章的研究制定，做好国家防震减灾规划指标和任务分解工作，确保规划落到实处。六要广泛开展防震减灾宣传教育，努力构建专业教育、培训与科普教育相结合的城乡建设抗震防灾科普宣传教育体系。

（中国地震局办公室）

2009年全国地震局长会暨党风廉政建设工作会议

2009年全国地震局长会暨党风廉政建设工作会议于3月25—27日在北京召开。会前，中共中央政治局委员、国务院副总理回良玉审阅会议主报告并作出重要批示，充分肯定了2008年防震减灾各项工作取得的成绩，对做好2009年和今后一个时期防震减灾各项工作提出了更高要求和殷切希望。会上，中国地震局党组书记、局长陈建民代表局党组作大会主报告，传达回良玉副总理重要批示，回顾总结了2008年主要工作，全面阐述了开展汶川地震科学总结与反思的目的、意义及取得的阶段性重要成果，深入分析了防震减灾工作面临的新形势，对2009年防震减灾和党风廉政建设主要任务作出了部署。中国地震局党组成员、副局长刘玉辰作会议总结，对学习贯彻会议精神提出了明确要求。

会议由中国地震局党组成员、副局长刘玉辰主持。局党组成员、副局长赵和平，局党组成员、纪检组长张友民，局党组成员、副局长阴朝民出席会议。出席这次会议的还有：各省（自治区、直辖市）地震局、局直属单位党政主要负责人和纪检组长（纪委书记），计划单列市、副省级省会城市和新疆生产建设兵团地震局主要负责人，局机关各司室主要负责人，机关纪委书记，信访办负责人。中国地震局机关处级以上干部列席了会议开幕会。

（中国地震局办公室）

2010年度全国地震趋势会商会

2010年度全国地震趋势会商会于2009年12月26—29日在北京召开。中国地震局党组书记、局长陈建民，党组成员、副局长刘玉辰、阴朝民出席会议，中国地震局机关各部门领导，全国各省、自治区、直辖市地震局，计划单列市地震局，新疆生产建设兵团地震局，各直属单位地震预报业务人员和有关单位领导以及中国地震预报评审委员会部分成员等150余人参加了会议。

会议听取了江在森研究员的《地震大形势跟踪与趋势研究》报告，刘杰研究员的《2010年地震趋势和重点危险区汇总研究》报告，张永仙研究员的《华北地区强化监视跟踪工作方案阶段进展》报告。会议还对安徽省地震局等2009年度全国地震监测预报先进单位、北京市地震局监测预报中心等优秀集体、朱航等先进个人进行了表彰。

阴朝民副局长在开幕会上对开好本次会议提出了要从更深层次、更广视野来分析研究震情形势的具体要求，要求充分认识我国当前震情形势的复杂性和严峻性，高度关注当前地震活动趋势；要切实加强突出震情的深入研究，科学把握震情趋势的发展，努力作出更加科学可信的预测判定；要创新科学思路，完善工作机制，全面提高地震预报科学水平。

陈建民局长代表局党组在闭幕会上作重要讲话，深刻分析了严峻复杂的震情形势，系统阐述了对加强地震监测和预测预报研究实践的思考，特别是对预测预报重点工作和发展提出了重要的指导性意见和要求，对地震系统做好2010年度震情监视跟踪、震灾预防和应急准备工作，最大限度地减轻地震灾害损失作了全面部署。要求深入研究震情形势的复杂变化，高度重视可能面临的严峻危险；加强地震预报研究和实践，不断提高地震预报水平；全面做好2010年的震情跟踪、震灾预防和应急准备工作。

（中国地震局办公室）

天津市防震减灾工作联席会议

3月24日，天津市人民政府召开2009年防震减灾工作联席会议，传达贯彻国务院防震减灾工作联席会议精神，安排部署2009年防震减灾工作。市政府副市长王治平出席会议。市防震减灾工作领导小组成员、各区县人民政府和市滨海委负责同志参加会议，各区县地震工作部门负责同志列席会议。会上，市地震局局长赵国敏作了题为"全面落实科学发展观，着力提高综合防御能力，推动全市防震减灾事业又好又快发展"的工作报告，对2008年防震减灾工作进行总结回顾，并对2009年防震减灾工作进行安排部署。

会议充分肯定过去一年天津市防震减灾工作取得的成绩，要求清醒认识防震减灾工作面临的形势，扎扎实实做好防震减灾工作，做到"宁可备而无震，不可震而无备"。

会议强调，2009年防震减灾工作要突出重点，着力抓好三个能力建设。一是抓好综合防御能力建设。地震专业部门要加强业务能力建设，做好日常监测工作，提高地震预测预报水平；各有关部门要做好应对地震灾害的各种应急准备工作，特别是地震应急预案的落实，抓好队伍组建、装备配置、日常训练等基础性工作。二是抓好协调联动能力建设。一方面，各有关部门要按照预案要求，结合自身承担的职责，深入细致做好各项应急准备工作，做到有备无患；另一方面，要强化协调联动，提高快速反应能力和协同作战能力。三是抓好群众自救能力建设。要把地震知识教育放在全民科学教育的重要位置，建立健全长效机制，依托社区、学校、机关、企业等阵地，创新教育手段，丰富教育内容，完善教育设施，加强防震减灾宣传教育，逐步提高群众防震减灾意识和自救互救能力。

（天津市地震局）

山西省防震减灾工作会议

4月10日，山西省人民政府召开2009年防震减灾工作会议。山西省防震减灾领导组成员单位、防震减灾联络员，11个市人民政府分管市长、地震局局长及山西省地震局处级以上干部近200人参加了会议。

会上，山西省地震局预报中心主任赵文星通报了山西地震环境及近期地震形势，会议回顾总结了近两年来的山西省防震减灾工作，部署了2009年、2010年的防震减灾重点工作。

会议强调，一要提高认识，增强做好防震减灾工作的责任感和紧迫感。二要防患于未然，不断提高山西省应对地震灾害的能力。要加强监测预报基础工作，提高地震监测能力。强化抗震设防监督管理，提高建筑物抗震设防能力。加强地震应急管理，提高地震应急处置和救援能力。深入开展防震减灾宣传教育，提高民众自救互救能力。三要落实责任，确保各项保障措施落实到位。要建立考核机制，切实把防震减灾目标管理落到实处。建立责任追究制度，对防震减灾工作体制不健全，措施不落实，不认真履行职能的部门和单位，严格追究有关领导和责任人的责任。

（山西省地震局）

辽宁省防震减灾工作领导小组会议暨全省地震系统防震减灾工作会议

3月4—5日，辽宁省人民政府召开2009年防震减灾工作领导小组会议暨全省地震系统防震减灾工作会议。会议的主要内容是贯彻落实2009年国务院防震减灾工作联席会议精神和国务院办公厅《关于2009年地震趋势和进一步做好防震减灾工作的意见》，总结2008年度全省防震减灾工作，安排部署2009年防震减灾工作任务。

会上，辽宁省防震减灾工作领导小组副组长、省地震局局长高常波同志结合辽宁实际，就辽宁省2008年防震减灾工作的总体情况、主要进展和2009年防震减灾工作安排意见作了全面的汇报；会议通报了2009年度全国地震趋势会商会意见和全省震情形势，表彰了2008年度全省地震系统防震减灾工作先进单位、先进集体和先进个人。

会议对汶川地震后辽宁省支援四川地震灾区开展抗震救灾工作和对口支援四川安县地震灾区恢复重建工作给予高度评价；对2008年全省防震减灾工作所取得的成绩给予充分肯定；对以科学发展观统领全省防震减灾工作，全面做好2009年及今后的防震减灾各项工作任务提出了明确要求。

（辽宁省地震局）

江苏省防震减灾工作联席会议

4月15日，江苏省人民政府召开防震减灾工作联席会议。会议强调，防震减灾是公共安全的重要组成部分，做好防震减灾工作是政府的重要职责。一是加强监视跟踪，优化地震台网布局，发挥群测群防作用，着力提升地震监测预报水平和震情分析处理能力。二是加强质量监管，将抗震设防措施落实到工程建设与管理的全过程，确保建设工程达到抗震设防要求。三是加强应急管理，进一步健全地震应急处置和救援体系，全面做好地震应急的各项准备。四是加强基础工作，建立城市震灾综合预防基础地理信息，加快组织实施江苏省地震安全工程项目，切实提高地震灾害防御能力。五是加强宣传教育，进一步增强社会公众防震减灾意识。六是加强组织领导，努力为防震减灾工作提供保障。

（江苏省地震局）

安徽省防震减灾领导小组扩大会议

3月2日，安徽省人民政府召开2009年防震减灾领导小组扩大会议。省防震减灾领导小组28个成员单位领导参加会议，合肥等5个市政府分管领导及地震部门负责人应邀参加会议。

会议传达了中共中央政治局委员、国务院副总理回良玉在国务院防震减灾联席会议上的讲话精神，通报了中国地震局关于2009年全国地震趋势会商意见和安徽省震情形势，并研究部署了安徽省2009年防震减灾工作。

会议指出，近年来，在省委省政府的正确领导下，在中国地震局的精心指导下，安徽省防震减灾工作取得了较好成绩，但与经济社会快速发展的需要和人民群众的实际需求相比，还存在较大差距。防震减灾工作关系人民群众生命财产安全，关系经济社会可持续发展，关系社会和谐稳定。各地各部门一定要汲取汶川地震的经验教训，充分认识到防震减灾工作的重要性，切实增强做好防震减灾工作的责任感、使命感，加强协作，齐心协力，扎实推进地震监测预报、震害防御、应急救援三大工作体系建设，加大防震减灾知识宣传力度，努力提高公众的防震减灾意识，为安徽经济社会协调持续发展作出贡献。

（安徽省地震局）

山东省防震减灾40周年总结大会

7月21日，山东省人民政府召开2009年防震减灾40周年总结大会。中国地震局党组书记、局长陈建民出席会议。会议表彰全省防震减灾工作先进集体和先进个人。山东省地震局党组书记、局长晁洪太作题为《继往开来　与时俱进　谱写山东省防震减灾事业更加辉煌的新篇章》的报告，全面回顾总结山东省防震减灾40年发展历程与巨大成就。

会议指出，1969年的渤海地震不仅是山东防震减灾工作的起点，也是中国防震减灾事业的一个重要里程碑。40年来，山东省防震减灾工作谱写了光辉篇章，各方面工作都在全国名列前茅，走出了一条独具特色的防震减灾工作之路，为全国其他地区防震减灾工作提供了很多宝贵的经验和做法，具有典型的借鉴和示范意义。他要求山东省地震系统以这次总结大会为契机，深入开展宣传先进、学习先进、赶超先进的活动，努力开创防震减灾工作的新局面。

会议充分肯定40年来全省防震减灾工作的成绩，总结指出山东省防震减灾工作的基本经验，深刻阐述了做好防震减灾工作的重要意义。会议要求认真抓好防震减灾规划编制和实施，大力提升地震监测预警水平，不断提高地震灾害防御能力，切实做好地震应急各项准备，深入开展防震减灾宣传教育，切实加强组织领导，严格落实工作责任，大力加强队伍建设，把全省防震减灾工作提高到一个新水平。

为贯彻落实山东省防震减灾40周年总结大会精神，7月21日下午，山东省地震局召开全省地震局长会议，表彰2008年度全国市县防震减灾工作综合评比获奖单位，组织开展市县防震减灾工作典型经验交流，对全省地震系统工作进行深入动员和全面部署。

（山东省地震局）

河南省防震抗震指挥部扩大会议

2月27日，河南省人民政府召开2009年防震抗震指挥部扩大会议，贯彻落实国务院防震减灾联席会议精神和国办发〔2009〕6号文件精神，回顾总结2008年防震减灾工作，通报河南省震情形势，安排部署2009年防震减灾任务。

会议指出，2008年5月12日，汶川发生特大地震，严重波及河南省。河南省委省政府领导对此高度重视，先后对地震工作作出40多次重要批示，各级政府、各有关部门按照省委省政府领导的批示精神，做了大量卓有成效的工作，全省防震减灾工作取得显著成绩。当前和今后一个时期，做好防震减灾工作，必须以科学发展观为指导，坚持以人为本，把人民群众的生命安全放在首位，坚持预防为主、防御与救助相结合，依靠科技、法制和全社会力量，加强震情监测预报，强化震灾综合防范，提高应急救援能力，努力把灾害损失降到最低程度，为经济社会发展提供有力保障。坚持统一指挥，形成合力，共同做好防震减灾工作；坚持以人为本，科学防震，最大限度减少人员伤亡；坚持以防为主，常备不懈，全面提升防震减灾能力；坚持统筹兼顾，重点推进，促进全省防震减灾工作协调发展。全面贯彻党的十七大和十七届三中全会精神，深入学习科学发展观，充分汲取汶川特大地震的经验启示，认真贯彻实施《中华人民共和国防震减灾法》，着力加强防震减灾综合能力。

28个省防震抗震指挥部成员单位的领导、全省18个省辖市政府分管领导出席会议，各省辖市地震局局长、省地震局各部门（单位）主要负责同志列席会议。

（河南省地震局）

广东省防震减灾工作会

4月15日，广东省人民政府召开全省防震减灾工作会议。会议表彰全省防震减灾工作先进单位和个人，部署全省防震减灾工作。

会议强调要做到"六个必须"：一是必须大力加强地震监测和震情跟踪工作；二是必须大力加强地震灾害防御能力建设；三是必须大力提高地震应急和处置能力；四是必须大力

推进省防震减灾"十一五"重点项目实施进程；五是必须大力提高公众防震减灾意识和应急避震能力，开展防震避震应急演练；六是必须大力加强防震减灾工作组织领导。

（广东省地震局）

广西壮族自治区防震减灾工作领导小组全体成员会议

1月15日，广西壮族自治区人民政府召开2009年防震减灾工作领导小组全体成员会议。

会议总结2008年全区防震减灾工作取得的成绩，分析广西防震减灾工作面临的困难和问题，部署2009年防震减灾工作任务。会议通报2008年全国和广西震情、灾情及2009年全国和广西地震趋势预测意见，听取并审议《2008年自治区防震减灾工作总结和2009年工作要点建议》及《2009年广西防震减灾工作实施方案（征求意见稿）》。自治区教育厅、民政厅、公安厅及卫生厅代表作专题发言。

（广西壮族自治区地震局）

海南省防震减灾工作联席（扩大）会议

3月13日，海南省人民政府召开2009年全省防震减灾工作联席（扩大）会议。省抗震救灾指挥部37个成员单位和18个市县人民政府分管防震减灾工作负责人及地震局局长共80余人参加了会议。

会议总结2008年全省防震减灾工作，部署2009年全省防震减灾任务；听取各市县人民政府分管防震减灾工作负责人关于2008年度防震减灾工作和2009年工作计划及落实《海南省人民政府办公厅关于加强全省防震减灾工作的意见》情况的汇报，省地震局李志雄研究员介绍海南岛及邻区地震趋势情况；省抗震救灾指挥部表彰了海口、三亚、琼海、万宁、澄迈等2008年度防震减灾工作先进市县。

会议充分肯定了2008年全省防震减灾工作取得的显著成绩，特别对支援四川抗震救灾和恢复重建、平息"9·13"地震海啸谣言、农村民居地震安全工程试点建设等工作给予高度赞扬。会议要求各部门、各市县要认真贯彻落实新修订的《中华人民共和国防震减灾法》，全面落实好《海南省人民政府办公厅关于加强全省防震减灾工作的意见》，进一步健全市县防震减灾工作体系，完善市县地震机构设置，落实人员编制和工作经费等；各市县政府、各部门要牢固树立"全省一盘棋"思想，坚持局部利益服从全局利益，要进一步强化军地、部门、区域之间的联动，充分调动和发挥各有关方面的积极性，特别是解放军、武警部队的主力军和突击队作用，军民携手、团结合作、密切配合，形成抗灾救灾合力；要加强农村民居地震安全工程的建设与管理；加强地震救援体系建设，完善应急救援机制，不断地提高防震减灾综合能力。

海南省地震局党组书记、局长牟光迅在会上作工作报告，总结了2008年全省防震减灾主要工作，指出工作中存在的问题和不足，并部署2009年全省防震减灾重点工作。

（海南省地震局）

重庆市防震减灾联席会议第四次会议

11月26日上午，重庆市人民政府召开2009年防震减灾联席会议第四次会议。

会议对近年来全市防震减灾工作取得的成绩给予充分肯定，对今后一段时期全市防震减灾工作全面部署，要求各级各部门站在全面建设小康社会和"平安重庆建设"的战略高度，充分认识防震减灾工作面临的新形势新任务，进一步增强紧迫感和责任感，时刻保持高度警惕，全力以赴抓好各项工作落实，为全面提升重庆市防震减灾的能力和水平、促进经济社会又好又快发展作出贡献。

（重庆市地震局）

四川省2009年防震减灾领导小组工作扩大会议

2月20日，四川省人民政府召开2009年防震减灾领导小组工作扩大会议。省防震减灾领导小组31个成员单位、重点监视防御区的13个市州政府分管防震减灾工作的领导和防震减灾工作部门负责人共80余人参加了会议。

会议传达了国办发6号文件精神，并指出：省政府对于贯彻落实好国办发6号文件精神高度重视，省政府常务会进行专题研究，并作出了明确的安排部署，会议的任务就是落实省政府常务会的决议。省地震局程万正研究员通报了全省2009年度地震趋势会商结论意见。省民政厅、省交通厅、省地震局、省政府新闻办、省公安消防总队5个单位交流了汶川地震抗震救灾工作经验。省防震减灾领导小组副组长、省地震局局长吴耀强回顾总结了2008年度全省抗震减灾工作，并安排部署了2009年度防震减灾主要工作。省政府副省长、省防震减灾领导小组组长张作哈就做好2009年度全省防震减灾工作做了重要讲话。

（四川省地震局）

陕西省防震减灾工作领导小组会议

4月15日，陕西省人民政府召开2009年防震减灾工作领导小组会议。省防震减灾工作领导小组成员参加了会议，会议还邀请了省法制办、省扶贫办、省测绘局、中国地震局第二监测中心等单位的相关负责同志参加了会议。

会议听取了省地震局分析预报中心主任冯希杰关于2008年度地震活动特征及2009年度地震活动趋势预测的介绍。

陕西省地震局党组成员、副局长姬丁义代表省防震减灾工作领导小组从"5·12"汶川特大地震抗震救灾工作和全省防震减灾综合能力建设等方面对2008年全省防震减灾工作进行总结，并从震情监视、重点项目建设、灾害防御、应急救援、科技创新、贯彻《中华人民共和国防震减灾法》和防震减灾知识宣传等方面对2009年工作提出安排意见。

会议要求各部门要按照省防震减灾工作领导小组提出的2009年工作安排意见，全力做好2009年各项工作。

会议强调，防震减灾工作非常重要，各部门要尽职尽责，做好预防，做好应急保障，绝不可马虎大意。他要求：一是做好预防，进一步加密地震监测站点，提高地震监测能力和震情趋势研判预测能力；二是加强建筑物抗震设防管理，做好建筑物地震安全性评价，尤其是要加强对灾后恢复重建工程抗震性能评价、检查；三是加强应急救援队伍建设，为省地震灾害紧急救援队第二分队配备装备，各市级也要建立专业救援队，并经常性地开展演练；四是做好应急救灾、医疗、防疫等应急物资储备，保证一旦发生地震灾害，受灾群众的基本生活能够得到妥善安排；五是新修订的《中华人民共和国防震减灾法》5月1日起正式实施，各部门要制定宣传方案，作好宣传贯彻，各部门要按照《中华人民共和国防震减灾法》赋予的法定职责，作好防震减灾各项工作，防震减灾工作领导小组办公室要结合陕西实际，细化各成员单位职责，明确责任，齐心协力，共同推进防震减灾工作；六是作好防震减灾知识的普及，大力推进防震减灾知识进机关、进学校、进社区、进农村、进企业，2009年要开展一次全省防震减灾知识竞赛活动，通过这项活动带动防震减灾知识在基层、在学校的普及，采取群众喜闻乐见的话剧巡演等方式，深入农村开展防震减灾知识宣传，普及防震减灾知识，不断增长广大民众应急避险知识和自救互救能力。

（陕西省地震局）

甘肃省防震减灾工作领导小组扩大会议

2月26日，甘肃省人民政府召开2009年防震减灾工作领导小组扩大会议。甘肃省人民政府分管防震减灾工作的副省长泽巴足出席会议并作了重要讲话。省防震减灾工作领导小组成员单位负责人及联络员，有关市州政府分管领导及地震、民政、建设等部门负责人共80人参加了会议。

甘肃省地震局预报中心主任刘小凤介绍了2009年全国地震趋势会商结论和甘肃省地震形势。甘肃省防震减灾工作领导小组副组长、省地震局局长王兰民代表省防震减灾工作领导小组全面总结了省防震减灾工作领导小组各成员单位在汶川特大地震甘肃灾区抗震救灾和恢复重建工作中取得的突出成绩及2008年全省防震减灾工作取得的主要进展，提出2009

年要努力做好地震监视跟踪和预测工作，着力提升地震灾害综合防御能力，切实加强地震应急救援能力建设，大力推进地震科技创新，深入开展防震减灾宣传教育，组织好重大项目实施等六项重点工作内容。与会代表对王兰民局长的讲话进行了讨论，并对2009年的重点工作内容在加强地震应急物资储备、救援队伍建设与培训、市州指挥中心建设、工程抗震设防、信息平台建设、灾后恢复重建、农居地震安全工程实施、社区减灾、应急避难场所建设等方面提出了意见和建议。

（甘肃省地震局）

新疆维吾尔自治区防震减灾工作领导小组会议

3月3日，新疆维吾尔自治区人民政府召开2009年防震减灾工作领导小组会议，贯彻落实国办发〔2009〕6号文件精神，总结和部署自治区防震减灾工作。自治区防震减灾工作领导小组29个成员单位的负责人和地震年度重点危险区内3个地（州、市）的分管领导、地震局局长参加了会议。

（新疆维吾尔自治区地震局）

科技进展与成果推广

本部分主要刊载获国家级、省部级、中国地震局局级科技成果奖项及通过中国地震局、省部级鉴定的项目；中国地震局授权发明专利及实用新型专利；重大科技项目及科技成果的推广及应用情况。

2009 年地震科技工作综述

2009 年，在中国地震局党组的正确领导下，地震科技工作紧紧围绕年初制定的工作目标，围绕防震减灾"3+1"体系建设的需要，精心组织，扎实推进，开展了大量卓有成效的工作。

一、系统总结，全面部署地震科技工作

12 月 3—4 日，中国地震局科技工作会议在北京召开。这次会议，是中国地震局进一步贯彻"3+1"体系建设的发展思路，全面规划"十二五"工作的关键时期召开的一次重要会议，中国地震局党组高度重视，党组书记、局长陈建民，党组成员、副局长刘玉辰、修济刚、阴朝民出席了会议。各省（自治区、直辖市）地震局、各直属单位分管科技工作领导和科技管理部门负责人，部分特邀院士和专家，各研究所主要负责人，局机关各司室主要负责人和市县地震机构代表共 140 余人参加会议。中国地震局党组书记、局长陈建民在大会上作了重要讲话。党组成员、副局长刘玉辰作了总结讲话。

党组书记、局长陈建民在讲话中系统地总结了地震科技工作进展和成就，深刻分析了地震科技工作面临的新形势和新要求、地震科技的发展态势和发展机遇、地震科技在防震减灾工作中的重要作用。结合汶川地震总结与反思，深入地剖析了地震科技总体布局、科技支撑和人才队伍等方面的突出问题和不足。从优化地震科技布局、完善科技管理机制、建立科技评价体系、健全科技投入机制和加强科技队伍建设等 5 个方面，全面部署了今后一个时期的地震科技工作。

为了筹备好地震科技工作会，多次组织召开座谈会，研究科技工作会内容。在学习实践科学发展观活动中，进行了"科技创新与人才培养工作"调研；在汶川地震科学总结与反思中，完成了"汶川地震科学技术组的总结与反思"报告；通过实施中国地震局重点政策研究课题"地震科技创新现状调研分析"，对中国地震局科技工作现状、科技投入、组织管理、成果转化、科研队伍等状况进行全面调研。在此基础上，制定了《中国地震局关于进一步加强地震科技工作的意见》，这是开展科技工作的重要政策依据。

二、加大投入，提高科技支撑能力

积极开展地震科技项目的立项组织工作。组织完成 2009 年地震行业科研专项的申报、评审及立项工作；973 项目"活动地块边界带动力过程与强震预测"在保证全面完成预定内容基础上，增加了汶川地震相关研究内容；"汶川地震发生机理及其大区动力环境研究"成功立项，并于 2009 年 2 月启动；973 项目"城市工程的地震破坏与控制"完成了中期评估，根据项目需要调整了项目首席科学家，确定了后 3 年工作计划；"十一五"期间第 5 个科技支撑项目"地震烈度速报与预警系统的实验和应用研究"已经通过科技部的立项评审；

大力推进地震卫星项目立项工作,并取得显著进展。

加强科技项目组织实施和管理工作。完成了汶川地震科学考察项目的资料验收与项目验收工作;开展中国地震局首批立项的"十一五"国家科技支撑计划"强震监测预报技术研究"及"地震防御与应急救援技术研究"项目内部验收工作;对"基于空间对地观测的地震监测技术、预测方法与应用示范""水库地震监测与预测技术研究"项目开展中期检查;对科技部基础性工作及公益性研究项目进行了清理,并配合科技部逐项予以验收;与国土资源部共同组织实施了汶川8.0级地震科学钻探工程。

完成年度地震科技成果奖励工作。完成了中国地震局科技成果登记工作并报送国家科技奖励办公室;完成2007、2008年度我局防震减灾优秀成果奖存档工作,编撰2001—2004年防震减灾优秀成果奖获奖成果汇编;完成2009年度防震减灾优秀成果奖和2009年度中国地震局优秀工程勘察奖的评审工作。在科技部主办的全国野外科技工作会上,地球物理研究所北京国家地球观象台获"野外科技先进集体"称号。丁国瑜院士获"野外科技工作突出贡献奖",闻学泽等13人获"野外科技工作先进个人"称号。

组织建立了地震科技项目管理系统。为了加强中国地震局各类科技项目的申报、立项、实施、结题验收和成果应用等方面全过程的跟踪管理,科学评价科技项目的实施效果,建立科技项目追踪问效制度,建立科研人员信誉档案,组织建立了地震科技项目管理系统,经过试运行,于科技工作会议上正式推出启用。地震科技信息管理系统是未来我局科技项目立项、科技奖励评定、职称晋升评审的重要查询系统,是各单位年度科技信息统计的重要数据渠道,是各专业技术人员年度科研绩效评价的重要依据来源,也是科技项目追踪问效、质量评价的重要检索工具。

(中国地震局科技与国际合作司)

科技成果

面波的散射理论及其在近地表地球物理中的应用研究

项目研究了散射地震面波的理论及其在近地表地球物理和岩土工程中的应用,主要包括以下三个方面的内容。由于较成熟的面波方法基于均匀分层介质的理论假设,因此本项目首先研究了均匀分层介质中面波的传播与激发,以及利用遗传算法反演面波的频散曲线,分析了不同分层模型中面波的频散曲线特点,指出了实际"之"字形频散曲线的形成机理和反演方法,并通过超声实验进行了验证。其次,对于横向非均匀介质,非均匀体的存在引起实际独立传播的面波模式相互耦合在一起,本项目通过分析模式之间的耦合或采用积分方程法,研究了散射面波的特点。模式耦合方法可用于模拟面波的多次散射,积分方程法可以模拟面波的全散射。最后,研究了垂向介质参数连续变化的黏弹性介质中面波的传播,及相应的反问题,在实验室内,利用非接触式的激光测振设备,对垂向连续变化的混凝土试块进行了实验研究,并将反演结果和伽马密度仪的测量结果进行了比较。通过理论模拟和实验分析,本项目建立了均匀分层介质,三维非均匀体和垂向连续变化的黏弹性介质等不同模型中,面波的正演和部分反演理论框架,为面波在复杂介质结构中的应用提供了理论基础和实验分析。

1. 均匀分层介质中面波的传播与激发,及面波频散曲线反演

众所周知,均匀分层弹性介质中存在多个面波模式,这些模式具有正交特征,即它们的传播是相互独立的,通过在介质表面得到的面波记录,经过一定的数据处理,可以得到面波模式(一个或多个)的频散曲线,利用这些频散曲线,可以反演介质参数,这是目前面波方法的主要步骤。但在实际应用中,对于不同的层状介质模型,提取的频散曲线具有不同的形态,这通常是由面波模式在介质表面不同的能量分布引起的,本研究分析了不同分层介质模型,频散曲线和各个模式激发强度特征,指出了在实际应用中,获取的频散曲线具有"之"字形的原因,主要因为各个模式在介质表面的激发强度,在不同频段,不同的模式居于主导地位,尤其在有低速层存在时,激发强度的不同,造成了提取的频散曲线在不同的模式之间跳跃,形成"之"字形的回折。因此,在反演时,和速度递增的模型处理方法不同,如果仍然按照相速度的大小来区分模式,将会出现模式的误判,尤其在反演过程中,要多次修正不同的模型,这样模式的跳跃出现的频率也是不同的,这降低了反演算法的收敛速度,甚至因为模式的误判带来错误的反演结果。根据理论和实验分析的结果,此时的反演需要考虑模式在表面的激发强度,以此来判断频散曲线的跳跃位置,这样就不会因模式的误判带来错误的反演结果。该理论和反演方法均通过数值模拟和室内超声实验进行了验证,建立了一整套完善的瑞利波反演的理论体系。

2. 横向非均匀介质面波的散射

该研究主要采用两种方法来研究面波的这种散射现象,一是通过研究模式之间的耦合

情况，通过迭代求解积分方程，研究各个面波模式之间的转换和面波的多次散射；二是通过矩方法，直接求解积分方程，计算面波的全散射。①在均匀分层介质中，面波模式的传播是相互独立的，但是如果考虑介质的横向非均匀性，这些独立传播的模式，将因为非均匀体的存在而相互耦合在一起，不能独立传播。所谓耦合，是指这些模式因为横向非均匀体的散射，互相转换，通过求解模式之间的耦合系数，可以对面波的散射进行模拟。为了描述散射场，该研究将介质参数写成参考介质和扰动介质两部分。介质的扰动可以看作二次源激发的散射波。因此该研究将弹性张量写成参考介质和扰动介质之和，对于密度也做如此处理。通过一阶扰动理论，通过迭代求解 Lippman – Schwinger 方程。②积分方程法是直接利用数值方法求解 Lippman – Schwinger 方程得到面波的全散射场，不做任何远场和弱散射的假设。在方法求解中，对于三维非均匀体的处理需要注意格林函数中的 Hankel 函数在 $R=0$ 时的奇异积分，本研究解决了格林函数的奇异积分问题，给出了 $R=0$ 和 $R\neq 0$ 时，积分的解析表达式。

3. 利用面波反演黏弹性功能梯度材料参数

在面波正反演研究的基础上，开展了横波速度和 Q 值随深度连续变化的弱黏弹性介质中面波的反演研究。对于不同的连续变化的黏弹性介质模型，针对不同的参数选取，比如初始模型、相关长度、迭代次数等，进行了大量的数值模拟，用以验证算法的有效性。除了数值模拟之外，本项目也进行了实验研究。实验研究部分和法国国家路桥中心（LCPC）合作进行，实验样品是一系列的混凝土试块，这些实验室制作的混凝土样品，经历了和室外同样的模拟条件，因此其参数被认为具有连续变化的特征，这主要在于，比如，混凝土表面暴露于空气中，沿深度腐蚀和被碾压的程度不同，温度和含水量随深度的变化也不同，这就造成了一些力学参数，比如 Q 值和纵横波速度随深度呈现连续变化，这也是本研究的目的所在，即对此类材料的参数进行反演。本研究给出的方法可用于对功能梯度材料参数进行反演。功能梯度材料是指介质的属性变化随深度的变化连续变化，或者按照设计好的标准呈现梯度变化，由于这种材料避免了分层介质情形中材料参数的突变特征，具有一些分层介质材料所没有的特征，因此在航空航天等新材料领域获得了广泛的应用，本项目的研究提供了利用面波信号反演黏弹性功能梯度材料的理论、方法和软件。

（中国地震局地球物理研究所）

中国大陆中央造山带东段地壳上地幔电性结构及动力学研究

首次用大地电磁等全频段电磁探测技术，系统研究中央造山带东段地壳上地幔电性结构，研发相位张量和二、三维模型新技术。在研究区布设了 14 条测深剖面，全长达 4400 千米，厘定了区内 14 条较大的断裂的深部结构。探明了中央造山带的边界断裂及其结构，中央造山带东段被大悟—罗山断裂和郯庐断裂带分为结构和动力学演化特点互异的秦岭、大别和苏鲁 3 个造山带。造山带电阻率总体大于扬子和华北地块。华北地块中下地壳一般存在低阻层，扬子地块地壳内低阻层不发育。大别、桐柏、红安和苏鲁高压/超高压变质带等为高阻，其侧翼或底部发育低阻带，推测与变质岩折返过程有关，地壳流变弱化层与低阻层的对应关系较好。岩石圈厚度在秦岭造山带约 150 千米，在大别和苏鲁造山带约 120 千米。在邻近造山带地区，地幔过渡带的电导率随深度增加得比其他地区快，显示温度升高较快。发表论文 31 篇，其中 SCI 收录 14 篇，EI 收录 2 篇，并成功组织了 3 次大型国际学术会议（包括主办 2008 年第 19 届国际电磁感应学术讨论会）。

（中国地震局地质研究所）

城市工程的地震破坏与控制

973 计划项目"城市工程的地震破坏与控制"由中国地震局工程力学研究所牵头，哈尔滨工业大学、同济大学、北京工业大学、大连理工大学、浙江大学、东南大学、中国地震局地球物理研究所等单位共同参与，于 2007 年 10 月立项。目前项目研究已进行了两年多，各课题均严格按照申请计划开展研究工作，并已取得一定进展。

课题一：近场强地震动的破坏作用及其空间分布规律

课题一承担单位中国地震局工程力学研究所，参加单位中国地震局地球物理研究所。根据课题研究计划，目前已完成近场强震动观测资料整理，地震动场数值模拟方法研究，土体非线性本构模型研究，场地液化和破裂数值模拟方法研究，强震动地震破坏作用研究，震源模型参数确定，场地和盆地效应分析方法研究，应用强震动观测数据，统计分析近场强震动的破坏作用，近场基岩强震动场的数值模拟分析，场地和盆地对地震动影响的数值模拟分析，场地液化和破裂对地震动影响的数值模拟分析等研究内容。课题共发表论文 30 篇，其中 EI 收录 6 篇，SCI 收录 6 篇；获省部级科技进步奖 2 项。

课题二：城市多龄期建筑的地震破坏过程与倒塌机制

课题二承担单位同济大学，参加单位大连理工大学。根据课题研究计划，目前已完成总结、归纳已有城市建筑典型结构构件和关键节点试验数据，城市典型现役建筑结构地震损伤和破坏失效的模型试验和现场原型试验，总结土－结构相互作用体系破坏失效模式，城市多龄期建筑结构材料、构件、子结构和整体结构非线性模型跨尺度建模方法及其结构抗震试验，城市多龄期建筑结构整体精细化建模方法和高效数值模拟方法，城市建筑地震破坏过程模拟软件的程序框架、界面设计、主要功能模块的编制与调试。课题共发表论文 31 篇，其中 EI 收录 14 篇，SCI 收录 6 篇；申请专利 2 项。

课题三：城市地下基础设施的地震破坏与抗震理论

课题三承担单位北京工业大学，参加单位浙江大学。根据课题研究计划，目前已完成典型地基土基本物理力学特性试验研究，近场强地震作用下典型地基土动力特性的试验研究，提出以土颗粒为基本元素，考虑孔隙水压力作用的离散元分析模型和分析方法，对砂土室内试验过程进行数值模拟，研究复杂地震动条件下砂土的动力响应，典型地基土动应力－应变模型和孔隙水压力增长规律的理论研究，土与地下结构接触面动力特性的试验研究，土与结构接触面分析模型和分析方法研究，地下结构单体地震响应分析模型和分析方法研究，大型振动台与土工离心机振动台模型试验准备，近场强地震作用下地下基础设施地震响应的精确模拟理论和方法研究。课题共发表论文64篇，其中EI收录31篇，SCI收录14篇；获批专利2项；获国家科技进步奖2项，省部级科技进步奖1项。

课题四：城市建筑地震破坏的控制原理与方法

课题四承担单位哈尔滨工业大学，参加单位东南大学、大连理工大学。根据课题研究计划，目前已完成结构地震能量分析方法；结构地震失效模式分析方法；新型阻尼复合材料研制；高性能阻尼减振技术原理及阻尼减振器研制，研究基于失效模式的结构整体抗震能力评价方法；结构自适应被动控制、主动控制与智能控制的技术原理及控制装备；结构地震损伤与破坏控制理论，结构地震失效模式优化与控制方法；基于目标地震失效模式的现役结构抗震加固方法；结构近场强地震动损伤与破坏控制方法与控制算法；研究城市建筑地震损伤与破坏控制的智能算法。课题共发表论文100篇，其中EI收录26篇，SCI收录19篇；申请专利9项，获批专利8项。

课题五：典型城市地震破坏模拟与预测

课题五承担单位中国地震局工程力学研究所，参加单位哈尔滨工业大学、大连理工大学。根据课题研究计划，目前已完成对国内外城市工程的地震破坏代表性震害模式、城市防灾研究的代表性研究成果、城市防灾信息管理系统的调研，以及对唐山地震的历史震害的调研，对现代唐山的建筑物、生命线工程等进行现场调查；初步建立唐山市工程震害基础数据库，城市地震破坏模拟系统总体设计与实现方法，多龄期建筑结构的地震破坏预测方法研究，城市建筑群的震害预测方法研究，城市工程整体的震害预测方法研究，城市地震破坏模拟系统软件开发平台、总体框架、标准协议和建筑结构群子系统建设。课题共发表论文25篇，其中EI收录5篇，SCI收录4篇。

973项目"城市工程的地震破坏与控制"共发表论文250篇，EI收录82篇，SCI收录49篇；申请及获批专利共21项；共获国家级科技进步奖2项、省部级科技进步奖3项；项目运行期间共有2人被评为长江学者，1人入选中共中央组织部千人计划，1人入选教育部新世纪优秀人才计划。

（中国地震局工程力学研究所）

专利及技术转让

2009 年中国地震局专利情况

序号	专利类别	专利名称	专利号	完成单位	完成人员
1	实用新型专利	电磁感应式索力检测装置	ZL2008 20090700.4	中国地震局工程力学研究所	孙志远、杨学山
2	实用新型专利	低频水平大行程电动振动台	ZL 2008 20090701.9	中国地震局工程力学研究所	杨巧玉、杨学山、舒毓龙
3	实用新型专利	竖向地震煤气自动关闭阀门	ZL2009 20099112.1	中国地震局工程力学研究所	杨学山、刘华泰、孙志远、杨巧玉
4	发明	深井宽频地震仪	ZL2009 20003721.2	中国地震局地震预测研究所、北京港震机电技术有限公司	朱小毅、薛兵、庄灿涛、娄文宇、叶鹏、林湛、崔瑞兰、李建飞、于伟、杨桂存
5	发明	通用地震数据采集记录装置	ZL2009 2000 3722.7	中国地震局地震预测研究所、北京港震机电技术有限公司	朱小毅、薛兵、庄灿涛、陈阳、彭朝勇、张妍、李江、娄文宇、林湛、于伟、朱杰
6	发明	震动信号接收装置	ZL2009 2000 3723.1	中国地震局地震预测研究所、北京港震机电技术有限公司	朱小毅、薛兵、庄灿涛、陈阳、娄文宇、张妍、彭朝勇、林湛、于伟、朱杰
7	发明	差分式短基线伸缩仪	ZL2006 100182503	中国地震局地震研究所	吕宠吾
8	发明	卫星激光测距多脉冲模糊度实时解算方法	ZL2006 100186260	中国地震局地震研究所	郭唐永
9	发明	超短基线伸缩仪	ZL2007 100530690	中国地震局地震研究所	李家明
10	发明	数字化地下流体综合观测系统	ZL2007 100530690	中国地震局地震研究所	李家明

科技进展

"5·12"汶川地震生命线系统调查图集编制

2008年5月12日，汶川8.0级特大地震对灾区生命线工程造成了巨大破坏，灾区交通、电信、通信、供水等系统大面积瘫痪。地震发生后，在中国地震局统一领导下，地球物理研究所第一时间组织人员力量赶赴汶川地震灾区。地震现场工作队温增平、刘爱文、吕红山、吴健等人作为中国地震局汶川地震现场应急工作队成员，参与了历时3个月的地震应急救援、震害评估和科学考察等现场工作，其中包括对灾区生命线系统的震害现场调查和资料收集。根据现场地震地质考察，汶川地震是迄今为止地表破裂结构最复杂、破裂长度最长的一次板块内部逆断层型特大地震事件。汶川地震所获得的强震记录最大加速度峰值达到 $0.96g$，强震还造成龙门山地区大面积的山体滑坡、岩体崩塌以及泥石流等次生地质灾害。大规模的断层运动、大面积的山体滑坡以及强烈的地面震动是造成此次汶川地震灾区生命线系统瘫痪的主要原因。

在汶川8.0级特大地震发生一周年前夕，研究所汶川地震现场工作队队员在总结地震灾区现场调查和科学考察成果的基础上，以照片的方式从地震地质灾害、公路交通系统、公路桥梁、铁路交通系统、航空交通系统、供水系统、输油管道与城市供气系统、供电系统和通信系统等九个方面介绍了地震生命线系统的部分典型震害，保存了第一手震害资料。将现场拍摄的照片编辑整理成册，形成《"5·12"汶川地震生命线系统震害调查图集》。

该图集的顾问包括胡聿贤院士、高孟潭研究员、杨建思研究员、张东宁研究员、俞言祥研究员等地震专家，主编刘爱文博士一直从事生命线地震工程研究，在图集中初步分析了震害的成因，总结了生命线工程在汶川地震中的破坏规律。此图集的出版将为有关部门吸取汶川地震的震害经验和教训，相关学者进行深入的科学研究提供参考资料。

（中国地震局地球物理研究所）

数字地震前兆地电方法标准编制与应用

本项目在实施过程中，按照基础性研究和标准编写并行运作、交替促进的方式，首先安排了三个方面的基础性研究内容，包括国内外地电观测调查研究、数值模拟研究和专项试验等；在此基础上经过多方面讨论，开展地电观测方法标准的编写工作，完成标准的初稿、征求意见稿、送审稿、报批稿等，并由中国地震局正式颁布执行，在"中国地震背景场探测工程""地震电磁探测试验卫星"等重大工程建设项目和重要科研项目中得到推广和应用。

1. 主要研究成果

国内外调研：本项目开展了大量的国内外调查研究工作，调研了国外开展地震地电观测的苏联、日本、希腊、美国和法国等主要国家以及国内绝大多数地震专业、非专业地电观测台站（点）的观测情况。调研内容涉及国外地电学主要研究进展，地震地电观测的物理机制，地电观测技术的引进、研究和发展，地电数据的孕震变化特性等。在调研过程中先后查阅科技文献418篇、专著17部，其中地电阻率文献281篇、专著11部，地电场文献87篇、专著5部，电磁扰动文献50篇、专著1部。调查涉及地电观测台站（点）329个，其中地电阻率观测台70个，地电场观测台108个，电磁扰动观测台151个。通过对调研结果的梳理、分析研究和总结，完成地电观测方法调研报告36份，为标准编制提供基础数据。

数值模拟：针对场址条件、观测反演数值、不同场源对地表观测的贡献、孕震体电磁源传播等开展了数值模拟计算。本项目开展的数值模拟研究工作主要包括如下内容：

（1）地电阻率变化在方位上的差异性模拟分析；
（2）复杂介质条件下的地电阻率变化模拟分析；
（3）地电阻率多极距观测正反演数值模拟研究；
（4）电磁源在地表产生的地电场特性模拟分析；
（5）异常电性介质结构条件下的地电场变化特性模拟分析；
（6）孕震体电磁源传播的理论研究和数值模拟；
（7）平面电磁波在导电介质中的衰减特性数值模拟等。

这些数值模拟研究工作及成果为标准编制中若干重要环节提供了理论解释和依据。

专项试验：本项目分别在江苏省南京市、甘肃省天祝地区、京津冀地区和天津市静海区建立了地电阻率多极距观测、地电场台阵观测和电磁扰动观测的现场试验系统，开展了近一年的连续观测，共提交了10份试验报告。这些试验获得了大量观测数据，验证了一些理论计算的结果，检验了一些技术措施和方法，为标准编制提供了试验依据。

标准编制：在调研、数值模拟和试验的基础上，开展了地震地电方法系列标准编制工作，规定了地震地电的观测对象、观测要求、观测原理、观测系统、组网观测、观测环境以及观测数据等方面的技术要求，相继完成了地电阻率、地电场和电磁扰动等5个地电观测方法标准的征求意见稿、送审稿和报批稿，撰写了相应的编制说明。编制完成的5项地震行业标准，已于2008年通过地震标准化委员会评审，其中3项标准获国际先进（标准评价体系为国际一般）水平，2项标准获国内领先（标准评价体系为国内先进）水平，并于2009年由中国地震局颁布执行。

论文与报告：本项目在研究过程中，在国内核心期刊发表相关科技论文22篇，涉及地电观测技术、数据处理、数值模拟研究和专项试验研究等方面的有关内容。项目参加人员达72名，其中有34名是中青年，这些中青年在项目实施过程中，参加了调研、专项试验以及数值模拟的主要工作，掌握了标准研究和编写过程，已经成为从事科技基础研究工作的骨干力量。本项目完成了各类研究报告58份，其中调研报告36份、数值模拟计算报告8

份、专项试验报告 10 份、课题总结报告 3 份和项目研究报告 1 份。

2. 主要发现、发明及创新点

系统总结了地电阻率观测在强震震例和非震变化、岩石加载实验、微观和宏观机理、观测技术等方面 40 多年的重要研究成果。通过理论计算和试验研究，解决了电阻率多极距观测和大地电磁重复测量中一些关键问题。推进介质内部不同分区中真电阻率及其随时间变化的观测研究工作，促进了地电阻率观测的"深浅结合"，以及"固定"与"流动"相结合的综合发展。

对全国范围内 100 多个台站的地电场观测数据进行分析研究，总结了地电场背景变化的主要形态、频谱特性以及与观测环境的相关性等；通过理论分析、数值模拟计算和试验研究工作，认识到了地下不同条件介质电性结构对地表地电场分布的影响等，总结和验证了大地电场和自然电场在产生机理、变化特性、观测原理和观测方法等方面的差异性。

建立国内首个关于地震电磁扰动观测行业标准，确定现有观测条件下地震电磁扰动观测的对象主要是局部地区的电磁场，选定 0.1~10Hz 为地震电磁扰动观测频率公共范围，提出建立地震电磁扰动观测系设备的检查系统的措施和方法，提出关于电磁扰动观测结果物理意义明确的表述方法等，为规范中国地震电磁扰动观测有序发展提供了方法保障。

（中国地震局地震预测研究所）

专业设备性能指标测试检测方法标准研究

以宽频带地震计和高分辨地震数据采集器为核心设备构成的数字地震观测系统，具有大动态、宽频带和低失真的技术特征，极大地提高了地震波观测数据质量。本项目以宽频带地震计性能指标检测为研究对象，系统性地研究宽频带地震计的定量检测技术，为真实了解地震计性能参数、进一步建立地震计质检体系、保障观测数据质量打下基础。本项目的主要研究内容为：①应用振动台测试法和校准线圈测试法，测试频率特性、灵敏度、测量范围、失真度、寄生共振等技术指标，并作误差分析和评价；②噪声测试及数据处理；③测试环境对测试结果的影响；④测试结果的规范表达。在试验研究的基础上，总结出地震计振动台测试的技术规范和测试流程；总结出地震计噪声测试技术规范，研制并提交噪声测试标准数据处理软件；提出地震计技术指标及测试结果表述规范；提出规范的测试工作流程，给出地震计标准测试实例报告。

振动台是进行地震计校准测试的重要测试设备。用于地震计测试的振动台具有工作频率低，行程较长的特点。当今的低频振动台装备了激光测振仪，采用了气浮导轨和位移反馈技术，具有测试精度高、失真度小的特点。

振动台测试技术研究的主要研究进展如下。①明确了地震计灵敏度振动台测试的一般技术要求，包括对振动台本身的技术要求、台面噪声评价、测量次数或数据记录时间等，这些要求保证了测试结果的可靠性和重复性。②通过长周期振动台测试实验研究，明确了 0.1Hz 作为常规测试的频率下限的合理性，0.1Hz 也是中国低频振动测试标准的低频下限值。测试实验表明，低于 0.1Hz 的长周期频段的振动台测试，测试结果明显偏大。偏大的原因是台面倾斜对振动位移的调制效应，该调制效应形成了一个加速度幅度恒定（重力加速度分量）、与台面振动周期相同的寄生输入量，叠加在原正弦振动信号中，使地震计的输出幅度变大，该效应可以通过对振动台台面运动进行测试建模而扣除。通过仔细分析 VCS 振动台记录数据，得到了 VCS 振动台长周期振动测试补偿模型和补偿参数，能够在 VCS 振动台上实现周期长至千秒的甚低频测试。③应用水平振动台实现了三分向地震计正交性测试。

关于传递函数测试技术研究，主要开展了地震计幅频特性测试实验，结合地震计传递函数理论模型，拟合地震计的传递函数。通过试验、对比分析振动台测试法、标定线圈激励法的技术特点，分析评价常用的标定线圈激励信号（阶跃信号、正弦信号、伪随机二进制信号）的测试特点，以确定不同方法测试幅频特性的误差特性。①通过阶跃信号和正弦信号测试实验，明确了保证测试结果准确可靠的测试要求。②针对伪随机二进制信号测试，提出了更为合理的改进型伪随机二进制测试信号，其频谱分布与频率成正比，使用该信号激励标定线圈，可得到信噪比分布均衡的测试信号。③根据地震计传递函数为最小相位系统（传递函数的所有零点、极点不出现在 s 平面的右半平面）的特点，确定了依据幅频特性测试结果拟合传递函数的方法。

地震计的自噪声水平是评价地震计性能的重要参数。其测试的困难主要体现在两个方面：一是地震计的噪声是频率的函数，不同频带的噪声水平存在较大的差异；二是不可能找到非常安静的测试场址，其振动噪声小于通常被测地震计的自噪声。地震计的自噪声只能通过同步对比观测的方法进行评估。当两台或三台地震计同址并行观测时，若不考虑数据采集记录环节的差异，所记录的数据应反映该地点的背景振动噪声，记录数据的差异反映了地震计性能或参数的差异。分析它们之间的差异可以估算仪器噪声、灵敏度的差异及方位角的差异。在自噪声测试方面，重点试验研究了测试场地背景噪声对测试结果的影响，考察温度变化、稳定时间、地磁变化对测试结果的影响，最终确定噪声测试的环境要求和观测要求。测试试验过程中，发现环境温度变化对测试结果的影响很大。本项研究还发展了对比法测试地震计灵敏度的技术，以及分析两台地震计方位角偏差的方法，并编写了对比法测试地震计灵敏度的数据处理软件。

在项目实施过程中，还尝试性地开展了地震计温度特性的测试试验，验证了地震计灵敏度温度特性测试方法，对地震计的温度特性及其测试方法取得了一定的认识。

测试数据处理技术是测试方法的重要组成部分。由于地震计的频率特性表现为带通滤波器，基于正弦信号的测试是地震计测试的主要内容，涉及振动台测试、幅频特性测试、失真度测试，因此，正弦测试信号分析是数据处理技术的主要内容之一。本项目对比分析了时域和频域计算正弦信号幅度的方法，以及它们处理不同信噪比测试数据的能力，尝试了正弦函数拟合在失真度测试、地震计方位角测试中的应用。功率谱估计是地震计噪声测试数据分析所必需的，本项目采用古老而经典的 Welch 方法，自噪声测试数据分析方法 Holcomb 方法和 Sleeman 方法均采用了 Welch 方法计算功率谱密度。数据相关性分析是对比法测试的基础，本项目研究实现了基于对比法的灵敏度测试、测试信噪比的估算、自噪声测试、方位角测试。

在试验验证的过程中，提高了地震计测试技术的认知水平，总结了地震计的核心指标体系，这些指标直接描述了观测数据质量，它们是：灵敏度、线性度和失真度、测量范围或动态范围、噪声、传递函数、三轴正交性、标定常数。通过测试信噪比检验、引入误差评价方法，提高了测试结果的可靠性；系统地总结了频率特性及传递函数的测试方法，发展了伪随机信号测试方法，在可靠测试地震计幅频特性的前提下，拟合的传递函数准确可靠，可取代厂家标称值；研究了振动台甚低频测试时测试误差产生的机理，并提出了校正方法。编写了地震计测试方法和技术要求文本，可作为规范地震计测试的技术参考。

（中国地震局地震预测研究所）

科研管理信息系统建设

随着科学技术的进步，国家对科研院所的支持力度不断加大，科研成果大量涌现，科研信息日新月异，对服务于科研活动的科研管理方法以及管理手段也提出了严峻的挑战，因而科研管理信息化建设在科学研究中的地位和作用愈来愈重要。

近年来中国地震局工程力学研究所（以下简称"工力所"）各类科研项目数量大增，对项目的执行情况、经费支出、成果产出等管理的要求亦更加严格和规范。如何使研究所在科研管理方面与时俱进，采用先进的管理模式，实现管理科学化，是管理部门工作的当务之急。

2009年度工力所将科研管理信息系统的研发列为重点工作。科研管理信息系统针对工力所的管理特点和模式，以"项目管理"和"成果管理"为核心，围绕人员管理、机构管理、学术交流、岗位考评、年度统计以及网站管理和在线办公等科研管理流程进行研发。经过一年来的努力，科研管理信息系统的构建已初步完成并进行了试用。总体上，科研管理信息系统具备以下特点。

1. 全方位的科研管理

为科研人员提供一个管理个人科研活动的网络空间，实现个人科研项目申报、成果登记、查询网络化，免除了填写各种统计报表的麻烦，节省工作时间，提高工作效率。

2. 全面、及时、准确提供科研信息

通过科研人员个人填报、科发部审核后，全所科研项目、科研论著、学术活动和科研考核结果等数据信息即可显现于平台。通过不同的权限设置，对其中的数据进行修订和审核，保证数据的准确性与真实性，全体科研人员均可登录查询，从而使大家能够通过平台随时随地地掌握研究所最新的科研情况。

3. 辅助科发部及所级领导管理本单位科研工作

借助科研管理信息系统，管理部门可对各种数据进行汇总分析，形成直观的分析图表，进行横向和纵向的综合比较，可以方便地完成有关的科研管理任务。所级领导可以及时掌握、了解本单位的科研人员诸如项目申报、经费分配、成果发表情况等，从而为领导的科学决策提供支持。

4. 综合考核平台

工力所以科研业绩考核为驱动力，通过制定科学合理的考核体系及分类评价指标，调动全体科研人员的工作积极性，使科研工作有序高效开展。科研管理信息系统将考核部分纳入其中，使考核平台成为科研人员日常工作中的一部分，科研人员只需将自己的科研信息及时录入，就可以实时掌握自己的科研业绩。

工力所科研管理信息系统的建设和完善，形成了一个实时更新的科研数据中心和科研管理平台，能够全面、及时、准确提供工力所的有关科研信息；使管理部门和广大科研人员建立起直接高效的沟通方式，为研究所的科研活动提供方便快捷的服务，为领导的科研决策提供辅助支持，为管理人员开展工作提供极大的便利，实现了科研工作的网络化管理，使研究所的科研管理工作迈上一个新台阶。

（中国地震局工程力学研究所）

中国大陆构造环境监测网络项目

（1）工程设计。严格依据国家发改委批复的陆态网络初步设计和《中国地壳运动观测技术规程》，完成了陆态网络基准网、区域网和数据系统的技术设计。

施工图设计。委托北京中电电子工程咨询公司对基准站施工图逐一审核。

GNSS基准站技术设计。根据供电方式、通信和功能，分为市电专线类、市电卫通类、太阳能卫通类和核心站类进行了技术设计。

连续重力站的技术设计。地壳工程中心组织六共建部委技术人员对美国Micro-G公司生产的g-Phone相对重力仪（台站型）的技术参数和性能进行了测试。根据测试结果制定了连续重力站的技术设计方案。

（2）建筑工程。含基准网、区域网、数据系统。

基准网。GNSS基准站。233个新建GNSS基准站已完成229个站的土建，北京古北口、广东湛江、内蒙古伊金霍洛、海南永暑礁四个点正在施工或协调中。27个改造GNSS基准站已完成全部改造工作。建成后的基准站包括基岩型的206个，土层型的54个。

连续重力站。30个连续重力站已完成28个站的土建，广东湛江、西藏林芝站正在建设中。30个重力站中山洞型的22个，地下室型的8个。

区域网。1000个新建GNSS区域站已全部建成。其中，基岩型547个。2009年完成了1000个新建区域站和1037个原有区域站的全网坐标联测工作，联测资料已完成监理并提供用户使用。青藏高原东北缘70个InSAR人工角反射站的坐标测定和资料定购已全部完成。

数据系统。国家数据中心装修改造工作接近尾声，5个共享子系统土建工作基本完成。

（3）主要设备采购。包括重力仪采购、GNSS接收机采购、气象设备采购、直流不间断电源采购、原子钟采购。

重力仪采购。5月，组织完成了重力仪招标采购工作。截至目前各类重力仪已到货42

套，并完成了部分检测工作。

GNSS 接收机采购。3 月，组织完成了 GNSS 接收机招标采购工作，并于 7 月在唐山完成检测。截至目前，设备已及时发货至各基准站和各使用单位。

气象设备采购。7 月，组织完成了三要素气象设备招标采购工作，并已于 10 月在国家气象计量站完成了抽检，运至各台站。

直流不间断电源采购。8 月，组织完成了直流不间断电源的招标工作，并已于 10 月完成了抽检，运至各台站。

原子钟采购。12 月，组织完成了铷原子钟的招标。目前正在供货检测中。

（4）设备集成实验。6 月，地壳工程中心组织共建六部门专家，根据陆态网络通信子系统标准设计，在全国范围内选取具有代表性的地震台站或基准站节点，搭建地面网络通信测试环境，对系统中关键的网络通信设备、组网技术、安全策略、运管模式等进行测试，并在平台基础上集成接入 GPS 接收机、气象仪、NAS 等应用设备，实现通信平台对应用系统的支撑以及数据由基准站到数据中心的传输和存储。测试工作为 GNSS 接收机、三要素气象设备、NAS、路由器、机柜和直流供电等设备的选型提供了参考依据，也为数据传输工作奠定了试验基础。

（5）软件研发。从 2008 年 2 月确定研发单位至 2009 年底，陆态网络项目 8 个软件包的研制工作已基本完成。为了保证软件开发过程中技术文档的标准化与规范化，地壳工程中心邀请北京赛迪信息工程监理公司对各专业软件的承建单位技术人员进行了软件文档编写培训和软件测试方案编写培训，从技术角度保证了专业软件研制标准化和规范化。

完成了国家数据中心数据系统和软件集成研发的招标，确定了研发单位。

（6）通信工程。按照项目的初步设计，260 个基准站中近 90 个站采用卫星通信，由于近两年有线通信发展迅速，根据情况进行了调整，采用卫通的基准站仅为 20 个。为了降低成本，尽快完成通信开通工作，工程中心会议研究决定，基准站的通信依托中国地震局"十五"数字地震网络工程的通信设施建设，由中国地震局地震台网中心负责实施。

（7）项目宣传。陆态网络项目自实施以来，高度重视项目的形象设计和对外宣传。

项目 VI 设计。陆态网络项目借鉴国际上视觉识别设计理念，开展项目标志，已在野外装备、地方台站标牌、《项目工作动态》、项目电子幻灯（PPT）汇报材料、项目会议宣传材料、项目网站等方面开始应用。

项目进展动态填报。根据国家发改委项目管理的要求，地壳工程中心组织共建部门信息工作人员按期填报项目动态，及时上报规定的各类信息，现已成为该项目管理中的日常工作。

项目电子协同平台的应用。根据陆态网络项目的特点，设计了项目网站，包括项目介绍、项目公告、文件下载、信息报送和数据分析五个专栏，基本实现了项目资源和信息的沟通共享。

（中国地震局发展研究中心）

华北克拉通岩石圈构造及深部过程的研究：主动源和被动源综合地震学方法

（1）研究了利用小波变换去噪的新方法、新技术，并编制了多个相应的程序。利用这些程序对诸城—宜川人工地震剖面地震记录截面进行了处理，提高了记录信噪比。

这些新方法基于小波变换的原理，包括小波变换多分量最佳组合、自适应阈值去噪、极小极大准则选阈值去噪等。实际应用效果表明，这些方法优于常规的基于富氏变换的滤波方法。运用这些方法对诸城—宜川人工地震剖面的每个地震记录截面进行了反复实验、处理，力求最大限度地提高信噪比。实验结果表明，震相类型不同、记录截面不同，最佳的去噪方法也不同。

（2）对诸城—宜川人工地震剖面的资料进行了处理和反演计算，得到了沿该剖面的岩石圈二维 P 波速度结构（初步）。

诸城—宜川人工地震剖面岩石圈速度结构的获取对本项目最关键的研究环节，对预期研究目标的实现起到了决定性作用。

在对人工地震记录截面滤波研究的基础上，对比识别出地壳和岩石圈地幔内的各种震相，读取了相应的到时。重要的震相包括回折波 Pg（地壳内）、Pn（岩石圈地幔内）、反射波 Pm（Moho 面）、PL（岩石圈底界面 LAB）等。回折波走时对相应回折层内的速度非常敏感，反射波走时则对相应界面的深度控制较好。

综合利用所有炮点的走时资料，通过地震 CT 成像技术，同时得到沿剖面岩石圈的速度结构和界面位置。反演过程中，除利用观测走时和理论走时的拟合外，还考虑了记录波形和理论地震图波形的拟合。

（3）初步认识：发现了太行山东西两侧岩石圈结构的巨大差异。

剖面主要穿越华北平原和太行造山带这两个块体，太行山东西两侧岩石圈结构存在着巨大的差异，此外，考虑前面所述的太行山两侧 Pm 波的波形资料的差异，推测东部地区的莫霍面不再是一个尖锐的间断面，可能是一个复杂的过渡带。

这些差异表明，太行山以东地区的克拉通岩石圈结构受到了较严重的破坏和改造。

（中国地震局地球物理勘探中心）

用超长观测距地震宽角反射/折射剖面研究华北克拉通北部岩石圈结构和性质

2009 年 1—2 月，编写完成了野外探测技术设计，制定了探测技术方案，得到了承担单位中国地震局地球物理勘探中心的验收和认同。

3 月，完成了 512 台野外接收仪器 DAS – 1（2）和 PDS – 1（2）型三分量短周期数字地震仪的标定、检修及使用人员培训工作；完成了野外勘探各个炮点炸药的运输、使用的相关手续。

4—6月全面完成了跨越山东、河北、山西、陕西、宁夏、内蒙古六省（自治区）全长1550千米的地震探测剖面的野外数据采集工作。

7—10月资料验收与入库，实际激发11炮，比项目原计划多完成4~6个激发点，探测剖面长度比项目原计划长200km。物探中心科技处组织有关科研人员按《人工地震测深工作规范》对野外资料进行验收，共获得总计5500余张的主动源地震宽角反射/折射探测野外记录，其中优秀记录为20.8%，合格记录为61.8%，总有效率为82.6%。达到第二类资料水平。

10—12月对野外资料进行初步整理，所有记录均能清晰对比出壳内上地壳回折波P_g、莫霍面反射波P_m以及上地幔顶部回折波P_n，在昌邑、沾化、武强、行唐及阿拉善盟的记录截面上识别出上地幔内波组P_1、P_2。

沿测线不同地质构造单元得到的记录截面差异显著；地壳深度及平均速度变化较大；上地幔波组P_1、P_2均反映了较强的震相特征，其波组性质还有待进一步认识。

（中国地震局地球物理勘探中心）

山西省地震局科技进展

山西省地震局继续推进与中国地震局、京津地区直属院所、省科技厅、省气象局等单位交流合作。在科研项目管理上，充分调动科技人员及地市台站一线人员的科研工作积极性，共资助山西省地震局科研项目31项。获准中国地震局"三结合"项目2项、山西省科技项目4项，参与中国地震局直属研究所地震行业基金专项2项。组织申报2010年中国地震局"三结合"项目4项，申报2010年山西省科技项目9项。

继续推进学术月报告会制度，共举办学术报告会16次，其中邀请国内外地震学专家讲学10次，参加学术活动约360人次。

组织完成年度科技成果奖励工作。评选出山西省地震局防震减灾优秀成果奖项目12项。其中一等奖3项，二等奖6项，三等奖3项。荣获中国地震局防震减灾优秀成果奖2项，其中二等奖1项、三等奖1项。推荐山西省科技进步奖项目2项。

（山西省地震局）

黑龙江省地震局科技进展

"五大连池火山喷发危险、火山灾害及对策综合研究"项目具有科学思路和科学实践上的创新性，从过去单一的火山地质学研究转移到综合性的物理火山学研究；从过去侧重于岩浆化学研究，转为现在开始涉及岩浆物理和火山喷发物理作用的研究；从过去注重地表火山地质调查工作，转移到运用地球物理手段进行深部地质结构和岩浆运移研究；从过去单纯的火山考察研究转移到火山灾害预警研究和综合减灾对策研究。

2009年项目组通过对历史火山喷发物的研究，通过地震活动、地下流体、地球化学等手段进行动态监测研究，通过史料发掘推测火山喷发的周期性特征等，综合研究提出休眠火山向活动火山过渡的预测指标。

（黑龙江省地震局）

江苏省地震局科技进展

江苏省地震局相关科研成果《江苏省区域地表背景噪声特性的分析》和《江苏及邻区中小地震能量场的时空变化分析》刊发在《地震研究》上，高邮地震台牵头完成的《高邮台地电阻率观测成果和地震前兆研究及应用》获得"江苏省防震减灾优秀成果奖"一等奖。

（江苏省地震局）

浙江省地震局科技进展

浙江省地震局组织完成"温州地区软弱土层地震效应及其危害性评价和对策""浙江省水库诱发地震趋势判断方法研究"等2项省级社会发展项目的验收；完成地震联合基金项目"珊溪水库地区区域应力场的时空变化特征"的验收。根据工作需要，完成了"浙江省地震构造图"的编制，完成了浙江省显著震例总结。同时，还制定或修订了《浙江省地震局科技项目管理办法》等多个制度，进一步规范了项目的申报、立项、实施等各个环节。

（浙江省地震局）

安徽省地震局科技进展

规划建设大别山地震监测预报实验场、郯庐断裂带中南段重点研究室、蒙城国家地球物理野外科学观测研究站。调动和引导社会各方开展地震预测研究的积极性，在战略研讨、基础科研、社会服务、资源共享等方面广泛合作。先后与文物考古、气象等部门实现了资料的互用共享和合作研究。与中科大共建地球物理国家野外观测站。与中国地震局地球物理研究所合作，在大别山实验场开展可移动式磁通门台阵观测及研究。争取到科技部、中国地震局公益性行业基金等近250万元。完成了天津空客、青藏高原、西沙群岛等磁测点的勘选及观测任务，其资料成果被应用于民用航空和国防领域。苏鲁皖重点监视区（安徽）学校及农村民居震害预测成果被应用于安徽省中小学校舍安全排查。数字化资料谱分析等8项新技术、新方法在地震预报方面得到应用。《安徽减灾白皮书》为党委、政府提供了防灾减灾决策参考等等。

（安徽省地震局）

福建省地震局科技进展

加强科技项目管理工作，积极协助科技人员申报国家和省级各类科技项目。2009年度福建省地震局科技人员在各类学术刊物上发表论文50余篇。安排省局科研基金8万元，开展结合地震监测预报实用型课题研究，在课题评审中注重对青年科技人员的倾斜支持，鼓励年轻人勇挑重担，对16个申请项目予以资助，充分调动了广大科技人员的积极性，形成了良好的科技创新氛围。

在国内率先开展利用福建省数字地震监测台网的脉动记录反演福建地区面波群速度并应用于地震预报的研究。面波成像科研项目已投入实际应用，在地震预报中发挥了重要作用，成为地震预报的一种新手段。

由福建省地震局局长、博士生导师金星博士负责的国家科技支撑计划项目"地震预警与烈度速报系统的研究与示范应用"已通过科技部评审和财政部有关经费评审，该项目的实施将极大促进我局地震科技事业的发展。

（福建省地震局）

江西省地震局科技进展

修订《江西省地震局科研课题管理办法》，加强地震科研课题管理。评审下达在研课题和"新世纪人才"研究课题任务，开展课题跟踪管理。组织申报三结合课题和自筹经费课题，做好2008年度三结合课题验收工作。完成江西省地震局2009年度防震减灾优秀成果奖评审，共评出一等奖2项，二等奖4项，三等奖3项。完成全省科技成果评审专家库的推荐工作。组织开展"送科技下台站"活动，组织局监测预报各学科技术管理人员，赴专业台站进行现场培训指导。开展岗位练兵活动，组织全省地震速报竞赛。选拔选手参加广东赛区复赛，取得了团体总分第二名，个人第一名的成绩。个人第一名曾文敬同志获中国地震局地震速报竞赛三等奖。组织8期"科技论坛"活动，营造浓厚科研氛围。

（江西省地震局）

广东省地震局科技进展

1. 主要进展

完成"地震自动速报技术"项目,取得预期成果。这个项目针对较大事件(10个以上台站有较清晰记录),研制大台网(1024个台站)自动实时处理系统,是多种成熟技术的实用化攻关。采用 Allen、Murdock 法和 STA/LTA 法计算出触发初始位置,采用偏振分析法计算出精确到时,以 beam 查找法计算地震初始位置,以 LocSAT 法多次定位,剔除误触发差触发,逐步计算出可靠准确的地震三要素。达到网内和网缘1分钟产出可靠的初步结果,3分钟内产出可靠准确的位置,5分钟内产出可靠准确的三要素,网外给出可靠的三要素估算结果。系统能准确区分远近震,能可靠处理异地并发地震。本系统适用于国家台网、区域台网和地方台网,与"十五"测震台网常规处理软件有很好的衔接。通过项目的开展,地震行业的自动速报关键技术取得突破性进展,已成功将该系统部署在国家地震速报备份系统中,对全球7级、国内5级、周边6级的地震进行自动处理,取得明显的速报效果。

地震自动速报技术全面提高了中国地震台网的自动处理速度和精度,对大地震发生时迅速启动地震应急救援工作,对预警系统的研发,推动中国数字地震台网技术进一步发展,提高防震减灾工作能力具有重要的意义。

2. 主要学科领域创新成果

快速数据处理和信息传递技术。广东省监测中心率先在国内同行中研出基于 Linux 操作平台的"GDSeis 数字地震台网数据处理软件系统",基于 Internet 网络的"GDSeisIP 准实时地震数据传输系统""地震台网交互处理及数据管理系统""地震观测系统智能监控平台"及"地震信息反馈系统"等,实现广东省地震观测系统的数字化、网络化、集成化和人工智能化,台网的建设经验和技术研发成果在全国广泛推广。在此基础上,承担完成中国地震局"十五"期间测震核心专业软件 JOPENS 的研制任务,为"十五"中国数字地震观测网络项目的顺利实施提供有力的支持。目前该专业软件在国内30多个省级台网及对外援建地震台网中部署和应用,在汶川特大地震抗震救灾震情监测方面也发挥了重要作用,并作为地震部门高新技术产品亮相第十届深圳高交会。

"国家地震速报功能备份中心"系统的成功研制和正式运行。目前该系统能同时处理国内外1000多个台站的实时数据,具备国内大部分地区 $M \geq 3.5$、周边 $M \geq 5.0$、全球 $M \geq 6.0$ 地震的自动速报能力(1~2分钟),该系统的建成标志着中国自动地震速报技术经过多年的科技攻关后进入实用化阶段,将大大地提高地震速报的时效性和可靠性,为政府和社会开展大地震应急救灾赢取至为宝贵的时间,对减轻地震灾害和稳定社会具有重大意义。

(广东省地震局)

广西壮族自治区地震局科技进展

龙滩水库地震监测技术系统由10个子台、2个中继站和1个台网中心组成，采用了国内先进的大动态反馈地震计和24位IP数据采集器的数字化地震观测技术，并首次在中国水库地震台网建设中采用了先进的Canopy高速无线宽带传输系统，实现了台网中心到远端台站远程视频监视以及数据采集和传输系统的远程管理，台网在监测水库地震，保障库区和下游人民生命财产安全方面发挥了重要作用。该成果获2009年度广西科学技术进步奖三等奖。

广西壮族自治区地震构造背景场的三维数值模拟研究项目运用Marc软件，分析广西三维地震构造背景场的三维构造应力的空间展布状态以及演变、演化规律和活动趋势及成因。成果被广泛应用于广西重大工程的地震安全性评价中，取得明显的社会和经济效益。该成果获2009年度广西科学技术进步奖三等奖。

(广西壮族自治区地震局)

海南省地震局科技进展

海南省地震局支持技术人员申报和承担中国地震局和海南省科研课题。2009年度申请了海南省重点科技项目1项，完成中国地震局"三结合"课题2项，震情跟踪定向任务1项，科技支撑计划中的子专题2项，完成科学数据共享项目海南节点的任务。同时，海南省地震局还自筹资金4万元资助了9项科研课题。全年共公开发表学术论文8篇。

(海南省地震局)

云南省地震局科技进展

2009年云南省地震局共发表科技论文55篇，出版专著1部，出版《云南省地震局汶川8.0级地震应急大行动》画册1部。获2009年云南省地震局防震减灾优秀成果奖一等奖2项，二等奖3项，三等奖9项；《腾冲火山活动性研究》《云南主干通信网全国评比连续五年获前二名（2003—2007年）》获2009年度中国地震局防震减灾优秀成果奖三等奖；《云南地震应急指挥技术系统建设、应用与研究》《2007年云南宁洱6.4级地震成功预报与地震应急响应》获2009年度云南省科学技术奖三等奖；《地震研究》获云南优秀期刊奖；《云南减灾年鉴（2006—2007卷）》获云南省第八届年鉴评比综合一等奖。

(云南省地震局)

陕西省地震局科技进展

陕西分区地震动衰减关系研究项目通过验收。测震、前兆数据的整理录入工作基本完成，数据共享项目建设不断推进。

验收中国地震局地震科学青年基金项目1项，获批中国地震局监测预报科研三结合课题2项，验收往年课题3项。补充安排2008年地震局青年基金课题8项，评审2009年申报青年基金课题13项，验收2007年课题6项。签订中国地震局震情跟踪定项工作任务1项，协作课题8项。完成2009年度防震减灾优秀成果奖评审，评出一等奖5项、二等奖1项、三等奖2项。"陕西省数字地震监测系统建设"项目获得中国地震局防震减灾优秀成果奖二等奖，"宝鸡台地电阻率观测资料全国评比连续七年内六年第二名"成果获得三等奖。

（陕西省地震局）

甘肃省地震局科技进展

甘肃省地震局地震科研紧密结合防震减灾工作需求，加速重大课题、专项课题的科研成果转化，以扩大成果效益为前提，多渠道争取科研项目，2009年度申报各类科研项目79项，22项获得资助，项目获得资助继续保持较高水平；组织实施各类在研项目65项，共有21个项目结题，部分项目取得了一定创新科研成果，并在地震预测、震害防御、应急救援中得到应用；发表论文70多篇，其中SCI 7篇、EI 4篇，出版专著1部。

（甘肃省地震局）

青海省地震局科技进展

2009年，由马玉虎等人承担的"青海地区强震综合预报应用研究"获省地震局防震减灾地震预测预报类优秀成果一等奖，由王海功等人承担的"花土沟地震遥测台网数字化改造工程"获省地震局防震减灾技术开发成果类二等奖，由宋权等人承担的"青海云天化国际化肥有限公司甘河工业园区厂址及场外磷石膏渣场工程场地地震安全性评价报告"获省地震局防震减灾科技成果转化推广工作成果类三等奖，由王培玲等人承担的"地震活动特征参数WQ值在青海省东北部地区强震预报中的应用研究报告"获省地震局防震减灾地震预测预报类三等奖。

（青海省地震局）

宁夏回族自治区地震局科技进展

强化横向协作，成功申报中国地震局"三结合"课题3项；承担完成中国地震局、自治区科研课题13项。增加投入，设置局级科研项目2项，鼓励监测预测人员积极参与课题研究。银川市活动断层探测与地震危险性评价项目荣获中国地震局防震减灾优秀成果二等奖。评审2009年度宁夏防震减灾优秀成果奖3项，年度内科研人员发表论文18篇。

(宁夏回族自治区地震局)

新疆维吾尔自治区地震局科技进展

2009年新疆地震局获批国家自然科学基金项目1项，新疆维吾尔自治区自然科学基金1项，完成国家自然科学基金、行业内外协作项目立项28项，资助新疆地震局基金项目10项。《2003—2007年新04井水温连续5年获全国地震监测预报质量单项评比前贰名》获得中国地震局防震减灾优秀成果奖三等奖，《乌鲁木齐现代构造运动和地形变的GPS监测研究》获中国测绘学会科学技术三等奖。

(新疆维吾尔自治区地震局)

中国地震局第一监测中心科技进展

中国地震局第一监测中心科研课题结题4项，继续在研课题5项；落实立项科研课题16项，其中6项为青年基金课题；发表论文17篇。

薄万举研究员负责并完成的"地壳形变与地震预测研究"项目，给出信息流合成法、畸形参数附带卓越周期法、斜率差信息法、多核函数法、区域无旋转基准和线弹性块体应变模型等多种数据处理新方法和模型。通过编程计算和实际应用，提出5点发现：①全国垂直形变场弧形波状分布和标准梯度信息与地震分布相关；②强震多发生在压性区和GPS边长明显缩短区附近；③中国北西向伸长，北东向缩短；④华北地震与断层形变活动周期对应；⑤水系分布与地壳形变及强震分布相关。应用研究成果预测的13个地震危险区和14个注意区均通过检验，有多个危险区得到了比较好的验证。该项目获2009年天津市自然科学三等奖。

(中国地震局第一监测中心)

成果推广

广东省地震局成果推广

1. 科技开发

从2000年起，广东省地震局在"中国数字地震网络项目"建设过程中，先后开发十几种产品和软件。承担"十五"测震台网软件任务，开发的台网处理软件、地震速报共享系统、统一编目系统目前已在全国各区域台网运行。在"十五"JOPENS系统的开发中，广东省实现区域台网、台站、国家台网间的数据共享及数据规范和统一。广东省地震局参加印度尼西亚台网建设、阿尔及利亚台网等国家援外项目建设，参加国内多次应急任务和核查项目。

省重点科研项目"地震预警与自动速报技术研发""富湾银矿开采对广东纺织职业技术学院高明新校区地震环境影响研究""四川汶川特大地震发震与成灾机理探索及广东省的减灾对策研究"和省国际合作项目"粤港粤地区地壳三维结果成像及地震精定位研究"获得批准；获得省信息产业厅资助项目一项，金额250万元，申报省自然科学基金等多个科研项目，并获得一项博士启动项目资助。全年获得省级科研项目资助375万元。

2009年完成工程场地地震安全性评价项目300项，积极推进全省特大型桥梁强震观测工作，签订黄埔大桥桥梁强震观测的合同，完成佛开九江大桥和东莞虎门大桥强震动监测和警报系统的实施工作。

2. 技术出口

完成粤港澳地震台网联网。积极参与中国地震局援建阿尔及利亚和印度尼西亚地震台网工作。参与澳门特别行政区抗震规范的编制工作。开展香港元朗—屯门地震小区划工作。开展香港地区地震与滑坡的研究工作。支援和协助广西、湖北等兄弟省份测震台网建设工作，开展与海南、广西三省联网及南北地震带区域地震台网的联网工程。密切与中山大学、广州大学等高校的合作，推广应用减震、隔震等新技术。编写《广东省抗震设计规范》。

加强项目科研合作。承担国家863计划项目"全向性地磁日变数据测控技术研究"，研制海洋地磁观测仪器；与广东省气象局卫星地面站合作建立EOS系列卫星热红外图像日常地震预报分析处理系统，合作开展"GPS – TEC"（GPS电离层电子浓度）地震预报的初期研究等。

（广东省地震局）

中国地震局地质研究所成果推广

"中国地震重点监视防御区活动断层地震危险性评价"为财政部资助的经常性科研项目，中国地震局地质研究所牵头，项目负责人徐锡伟和冉勇康，实施年限2009—2020年。项目从2009年起分阶段逐步实施，主要针对中国24个地震重点监视防御区和重庆、上海、石家庄、吴忠、石嘴山等地震重点防御城市，在收集、整理已有基础地理地形数据以及地震地质、活动断层探测资料的基础上，综合编制地震重点监视防御区1∶25万活动断层分布图，开展活动断层定量化鉴定工作，确定活动断层准确的空间位置、规模、活动性和地震危险性，甄别出具有发生$M \geq 6.5$地震能力的地震活动断层，确定未来百年内可能发震断层、发生地点和震级上限，建立活动断层基础数据库和信息数据共享服务系统，开展地震灾害综合防御示范与推广工作，为国家土地利用规划、重大工程建设和抗震设防等提供科学依据。同时，依据地震重点监视防御区及城市地震危险性和危害性评价结果，结合人口集中程度和经济发展规模等特点，开展震害防御示范，并在同类城市或地区推广，全面推动以积极、主动且有效地减轻地震灾害为目标的震害防御措施的落实。在地震预测预报尚未过关的今天，该项目的实施可有效地减轻可能遭遇的地震灾害，为中国地震灾害预防工作体系奠定扎实基础。

（中国地震局地质研究所）

中国地震灾害防御中心成果推广

中国地震灾害防御中心承担了浙江成品油、曹妃甸原油储备基地地震安评工作，为国家原油能源储备和能源战略提供地震安全保障服务。

中国地震灾害防御中心承担了南水北调东线地震安评项目，为南水北调服务，配合保障广大北方地区用水安全。完成了北京地铁八号线、湛江地下水封洞库地震安评工作，2009年中国地震灾害防御中心科技开发工作包含南水北调、管道、大桥、城市地铁等为国家相关领域提供地震安全服务。

南水北调中线一期工程是中国水资源优化配置，支撑京津和华北地区发展，改善区域生态环境，惠及子孙后代的重大基础性战略工程。中线工程总干渠由长江支流汉江上的丹江口水库引水至北京团城湖，来水通过总干渠进入北京后，计划平均每年将为北京带来约10亿~14亿立方米的外调水源。为了及时消纳外调水，同时借助外调水源实现北京市较为合理的水资源配置，使得北京市地下水的开采逐步得以置换，达到涵养地下水源的目的，提高北京市供水安全和自来水的供水保证率，北京市有关部门专门编制了《北京市南水北调配套工程总体规划》。受北京市水利规划设计研究院、北京市自来水集团有限责任公司等单位委托，中国地震灾害防御中心先后承担了"北京市南水北调配套工程"一系列关键项目的地震安全性评价工作，包括大宁调蓄水库、东干渠、郭公庄水厂、团结湖调节池、亦庄调节池、南水北调来水调入密云水库调蓄工程等，通过扎实工作解决了工程抗震设防参数、沿线活动断层避让或库区断层渗漏等关键问题，为这些重大生命线基础设施提供了可靠的地震安全保障。

（1）北京市南水北调配套工程大宁调蓄水库是南水北调中线工程北端的调蓄水库，位于丰台区长辛店镇以东。根据以往有关资料推测，水库附近是黄庄—高丽营断裂等北东向断裂与北西向永定河断裂的交汇地段，其地震地质环境比较复杂，因此库区断层渗漏可能性是水库工程设计中需重点解决的问题。

（2）东干渠工程是实现外调水（南水北调来水）、本市地表水（密云水库）、地下水联合调度的必要条件，是保证北京市中心城和新城主要水厂具备双水源供水的重要条件。工程总长44千米，起点为团城湖至第九水厂输水工程末端（关西庄泵站北）预留分水口，沿北五环、东五环外侧布置，终点为亦庄调节池。作为地下隧洞工程，东干渠沿线设计地震动参数分区和断裂活动影响评价是必须解决的问题。

（3）将南水北调水调入密云水库作为大型调蓄工程，可解决南水北调来水与北京市用水过程不匹配问题，提高供水的可靠性；可解决密云水库近年来水量及供水量逐年减少，供水功能逐年下降问题；工程建成后，可扩大南水北调供水范围，向昌平、怀柔新城供南水北调水。本工程由团城湖取水，通过京密引水渠反向输水，将水送入密云水库。线路总长约103千米，9级加压。由于工程沿线可能穿越多条活动断裂，如南口—孙河断裂、黄庄—高丽营断裂北段等，需要评价地震活动断裂对工程的影响以及提供工程抗震设计所需的地震动参数。

中国地震局宣传教育中心和中国地震学会联合制作了《农村民房抗震知识挂图》。该挂图根据唐山地震、汶川地震灾情实际，结合农村民居的现状，紧扣农村建房科技知识与技能，通俗易懂，可操作性强，经专家审定，有一定的权威性。主要内容为：综述，选址及地基、基础，框架结构，砖混结构，砖木结构，土（石）结构，现有家居抗震加固。

（中国地震灾害防御中心）

科学考察

汶川8.0级地震科学考察

2009年5月7日,中国地震局在北京组织召开了"汶川8.0级地震科学考察"项目验收会,中国地震局党组成员、副局长修济刚到会并作了重要讲话,来自中国地震局系统内外的8位院士以及7位各领域的科技、财务、档案专家参加了验收会议。验收专家组经认真审议和咨询,一致同意该项目通过验收。

汶川8.0级地震科学考察项目是在中国地震局党组的直接领导下,在局机关各司室通力配合、全体科考队员共同努力,各依托单位大力支持下完成的。整个科学考察工作从5月12日开始,分2个阶段实施,先后投入1200多人次,历时6个月,取得了超过1000GB的珍贵数据,获得了大量的第一手考察资料。并在此基础上进行初步研究,取得了阶段性的科技成果,得到了对汶川地震的一些全新认识。

项目取得的重要成果简述如下。

(1)通过地震地质调查,填绘了5万分之一的地表破裂带分布图,查明了汶川地震地表破裂带展布与同震位错的分布;调查研究了龙门山断裂带及邻近地区的全新世断裂展布、川甘陕地区活动断裂的展布和分段性;探查了成都平原的隐伏活动断裂,编制了25万分之一的成都地区地震构造图;对龙门山断裂带的古地震开展了研究。

(2)通过GPS流动观测和连续观测、水准复测、应力观测、重力观测以及INSAR资料分析,获得了龙门山断裂带及其周边区域的形变场、汶川地震的同震垂直位移场、龙门山断裂带及邻区1998年以来重力场变化过程和汶川地震的同震重力变化、龙门山断裂在地震前后的应力变化数据以及汶川地震发震断层周围约450千米×500千米区域的同震干涉形变场。

(3)利用宽频带流动地震台阵和固定台网资料、主动探测方法及大地电磁测深方法,获得了壳幔速度结构成像结果、地壳电性结构图像、上地壳和上地幔介质的各向异性、地下介质物性随时间的变化等结果;重新确定了主震发震时刻、震源深度等参数,对汶川地震序列进行了精定位,获得了主震震源参数和破裂过程及断裂带宽度等结果。

(4)通过现场调查,确定了地震烈度分布图;对5000余栋建(构)筑物震害进行了调查分析,给出了各类建筑物的破坏原因;调查了场地因素对震害的影响;开展了电力系统、交通系统、通信系统、供(排)水系统和燃气系统以及水利系统的震害考察,初步分析得到了汶川地震生命线工程震害特征和机理;核定了130余个强震台站的仪器信息,整理并提供了420个台站(组)的1253条加速度记录。

(5)通过调查汶川地震灾区各级政府、地震部门的地震应急预案在此次地震中的实施情况,提出修订和完善各级各类地震应急预案的建议;对社会公众自救互救与应急避难及救灾需求进行了调查和分析；建立了汶川地震建筑物废墟摄影测量管理系统；给出了救援队救援效果方面的分析与建议；对各类宏观异常现象开展了调查、核实、描述、分类整理和总结。

2009年3月7日，中国地震局人事教育和科技司会同中国地震局办公室在哈尔滨市组织专家对由中国地震局工程力学研究所孙柏涛副所长负责的"汶川8.0级地震工程震害科学考察"课题进行了资料汇交预验收。专家组检查了课题所属专题"地震烈度核定调查及遥感震害与地面震害对比调查"（地震烈度核定部分）、"场地条件科考"、"建（构）筑物震害调查"、"生命线系统震害调查"、"汶川地震灾害损失关键因素的核定考察"五个科考组提交的科考数据资料，听取了科考组的工作报告，一致认为所提交的科考资料完整，档案目录齐全，数据格式规范，通过预验收。

通过现场调查，取得了如下成果：确定了地震烈度分布图；对5000余栋建（构）筑物震害进行了调查分析，给出了各类建筑物的破坏原因；调查了场地因素对震害的影响；开展了电力系统、交通系统、通信系统、供（排）水系统和燃气系统以及水利系统的震害考察，初步分析得到了汶川地震生命线工程震害特征和机理；核定了130余个强震台站的仪器信息，整理并提供了420个台站（组）的1253条加速度记录。

（中国地震局工程力学研究所）

机构·人事·教育

本部分主要收载机构设置及领导名单,人事教育工作,地震系统院士、有突出贡献中青年专家、享受政府特殊津贴人员简介,入选跨世纪人才名单和新通过评审的研究员名单,以及表彰情况等。

机构设置

中国地震局领导班子成员名单

（2009 年 12 月 31 日）

党组书记、局　　长：陈建民
党组成员、副 局 长：刘玉辰
党组成员、副 局 长：赵和平
党组成员、副 局 长：修济刚
党组成员、纪检组长：张友民
党组成员、副 局 长：阴朝民

中国地震局机关司、处级领导干部名单

（2009 年 12 月 31 日）

部门	职位	姓名	职能处室	职位	姓名
办公室	主　任 副主任 副主任	张宏卫 王　蕊 张志波	秘书处（值班室）	处　长	王春华
			调研处（新闻处）	处　长	杨　威
			文电与信息化处（保密办）	处长、局长秘书、党组机要秘书	吴仕仲
			事务管理处（档案处、综合办、保卫处）	处　长	董艺斌
			机关财务处	处　长	申屠娟
				副处长	刘秀莲
			综合处（信访处、督察处）	处　长	闫京波
				副处长	康　建

续表

部门	职位	姓名	职能处室	职位	姓名
发展财务司	司　长 副司长 副司长	牛之俊 方韶东 徐铁鞠	发展规划处	处　长	顾　劲
			项目处（基建处）	处　长	空　缺
			预算处	处　长	周伟新
			财务与资产处（统计处）	处　长	韩志强
监测预报司	司　长 副司长 副司长 副司长	李　克 吴书贵 宋彦云 车　时	监测处	处　长	余书明
			预报处	处　长	刘桂萍
			综合处	处　长	陈　锋
				副处长	王　飞
			信息网络处	处　长	唐　毅
震害防御司（法规司）	司　长 副司长	卢寿德 杜　玮	抗震设防处（法制监督检查办公室）	处　长	韦开波
			社会防御处（市县防震减灾工作指导委员会办公室）	处　长	李永林
				副处长	张黎明
			法规处	处　长	唐景见
			技术监督处	处　长	黎益仕
震灾应急救援司	司　长 副司长 副司长	黄建发 陈　虹 苗崇刚	应急协调处	处　长	侯建盛
			预案管理处	处　长	高玉峰
			紧急救援处	处　长	王志秋
				副处长	李成日
			条件保障处	处　长	周　敏
人事教育和科技司（国际合作司）	司　长 副司长 副司长	何振德 赵　明 李　明	综合处（机关人事处）	处　长	康小林
			干部处	处　长	刘铁胜
				副处长	付跃武
			科技人才和成果处（教育培训处、科技保密办）	处　长	杨心平
				副处长	王　峰
			基础研究处（地震科学联合基金办公室、科技委）	处　长	田　柳
			机构和工资处	处　长	陈　光
			双边合作处	处　长	王满达
			国际组织与国际会议处（港澳台办）	处　长	徐志忠
直属机关党委	常务副书记 副书记	刘连柱 杨小瑛	办公室（宣传部）	局党校副校长	乔福生
			组织部	副巡视员兼部长	卢　桢
			团委	书　记	王继斌
			审计室	主　任	王　蔚

续表

部门	职位	姓名	职能处室	职位	姓名
监察司（纪检组）	司长	潘怀文	综合室（案件审理室）	主任	孙晓竟
			纪检监察室	主任	傅宏
离退办	主任	王霞	综合处	处长	空缺
			老年教育活动处	处长	李春明
			机关离退休处	处长	刘成海

（中国地震局人事教育司）

中国地震局所属各单位领导班子成员名单

（2009年12月31日）

序号	工作单位	姓名	党政领导职务
1	北京市地震局	吴卫民	党组书记、局长
		徐平	副局长
		胡平	党组成员、副局长
		陶裕禄	党组成员、纪检组长
		谷永新	党组成员、副局长
2	天津市地震局	赵国敏	党组书记、局长
		冯俊生	党组成员、副局长
		李振海	党组成员、副局长
		聂永安	党组成员、副局长
		武丁辰	党组成员、纪检组长
3	河北省地震局	周清良	党组书记、局长
		王钟山	副局长
		孙佩卿	党组成员、纪检组长
		赵军	党组成员、副局长
4	山西省地震局	赵新平	党组书记、局长
		樊琦	党组成员、副局长
		郭跃宏	党组成员、纪检组长
		郭君杰	党组成员、副局长
5	内蒙古自治区地震局	包东健	党组书记、局长
		曹刚	党组成员、副局长
		刘美	党组成员、纪检组长
		张建业	党组成员、副局长

续表

序号	工作单位	姓名	党政领导职务
6	辽宁省地震局	高常波	党组书记、局长
		李国安	党组成员、副局长
		佟晓辉	党组成员、副局长
		卢 群	党组成员、纪检组长
		臧 伟	党组成员、副局长
7	吉林省地震局	任利生	党组书记、局长
		包晓军	党组成员、纪检组长
		陈凤学	党组成员、副局长
8	黑龙江省地震局	孙建中	党组书记、局长
		张 莹	党组成员、副局长
		赵 直	党组成员、副局长
		蒋贵宏	党组成员、纪检组长
9	上海市地震局	张 骏	党组书记、局长
		王建军	党组成员、副局长
		李红芳	党组成员、纪检组长
		王绍博	党组成员、副局长
10	江苏省地震局	丁仁杰	党组书记、局长
		张振亚	党组成员、副局长
		仲建民	党组成员、纪检组长
		倪岳伟	党组成员、副局长
11	浙江省地震局 （中国地震局干部培训中心）	苏晓梅	党组书记、局长（主任）
		宋新初	党组成员、副局长（副主任）
		傅建武	党组成员、副局长（副主任）
		陈经华	党组成员、纪检组长（副主任）
12	安徽省地震局	张 鹏	党组书记、局长
		姚大全	党组成员、副局长
		王 跃	党组成员、副局长
		刘 欣	党组成员、纪检组长
13	福建省地震局	金 星	党组书记、局长
		朱金芳	党组成员、副局长
		黄向荣	党组成员、副局长
		史粦华	党组成员、副局长
		申 平	党组成员、纪检组长

续表

序号	工作单位	姓名	党政领导职务
14	江西省地震局	王建荣	党组书记、局长
		张福平	党组成员、纪检组长、副局长
		宁为民	党组成员、副局长
		郑 栋	党组成员、副局长
15	山东省地震局	晁洪太	党组书记、局长
		孙亚强	党组成员、副局长
		林金狮	党组成员、副局长
		姜金卫	党组成员、副局长
		刘 峰	党组成员、纪检组长
16	河南省地震局	梁宪章	党组书记、局长
		卢国合	党组成员、副局长
		王合领	党组成员、副局长
		刘尧兴	党组成员、纪检组长
17	湖北省地震局 (中国地震局地震研究所)	姚运生	党组书记、局(所)长
		吴 云	党组成员、纪检组长
		邢灿飞	党组成员、副局(所)长
		龚 平	党组成员、副局(所)长
18	湖南省地震局	全德辉	党组书记、局长
		胡奉湘	党组成员、副局长
		周剑峰	党组成员、纪检组长
		燕为民	党组成员、副局长
19	广东省地震局	黄剑涛	党组书记、局长
		梁 干	党组成员、副局长
		吕金水	党组成员、副局长
		钱顺琴	党组成员、副局长
		武守春	党组成员、纪检组长
20	广西壮族自治区地震局	高荣胜	党组书记、局长
		劳王枢	党组成员、副局长
		龙安明	党组成员、副局长
		杨传贤	党组成员、纪检组长
		李伟琦	党组成员、副局长
21	海南省地震局	牟光迅	党组书记、局长
		郭坚峰	党组成员、副局长
		周 昕	党组成员、副局长
		李战勇	党组成员、副局长
		赵庆辉	党组成员、纪检组长

续表

序号	工作单位	姓名	党政领导职务
22	重庆市地震局	陈铁流	党组书记、局长
		王 强	党组成员、纪检组长
		吴晓莉	党组成员、副局长
23	四川省地震局	吴耀强	党组书记、局长
		邓昌文	党组成员、纪检组长
		王 力	党组成员、副局长
		吕弋培	党组成员、副局长
		李广俊	党组成员、副局长
24	云南省地震局	皇甫岗	党组书记、局长
		胡永龙	党组成员、纪检组长
		陈 勤	党组成员、副局长
		王 彬	党组成员、副局长
25	西藏自治区地震局	朱 荃	党组书记、局长
		曹忠权	党组成员、副局长
		索 仁	党组成员、副局长
		郭星全	党组成员、纪检组长
26	陕西省地震局	胡 斌	党组书记、局长
		姬丁义	党组成员、纪检组长
		李炳乾	党组成员、副局长
		刘 晨	党组成员、副局长
27	甘肃省地震局（中国地震局兰州地震研究所）	王兰民	党组书记、局（所）长
		汤 毅	党组副书记、副局（所）长
		张新基	党组成员、纪检组长
		周志宇	党组成员、副局（所）长
		杨立明	党组成员、副局（所）长
28	青海省地震局	孙 雄	党组书记、局长
		任铁生	党组成员、副局长
		哈 辉	党组成员、副局长
		樊兰宝	党组成员、纪检组长
29	宁夏回族自治区地震局	张思源	党组书记、局长
		马贵仁	党组成员、纪检组长
		金延龙	党组成员、副局长
30	新疆维吾尔自治区地震局	张云峰	党组书记、局长
		寇大兵	党组成员、纪检组长
		吐尼亚孜·沙吾提	党组成员、副局长
		宋和平	党组成员、副局长
		王海涛	党组成员、副局长

续表

序号	工作单位	姓名	党政领导职务
31	中国地震局地球物理研究所	吴忠良	所长、党委副书记
		乔 森	党委书记、副所长
		高孟潭	副所长
		欧阳飚	副所长
		杨建思	副所长
32	中国地震局地质研究所	张培震	党委书记、所长
		江 钊	党委副书记、纪委书记、副所长
		杨小峰	副所长
		马胜利	副所长
		徐锡伟	副所长
33	中国地震局地壳应力研究所	唐荣余	党委书记、所长
		谢富仁	副所长
		阮晓龙	副所长
		吴荣辉	副所长
		陆 鸣	副所长
		何 玉	纪委书记
34	中国地震局地震预测研究所	任金卫	所长、党委副书记
		王善恩	党委书记、副所长
		蔡晋安	副所长
		李志雄	副所长
		张雪洁	纪委书记
35	中国地震局工程力学研究所	孙柏涛	党委副书记、纪委书记、副所长
		李小军	副所长
36	中国地震台网中心	潘怀文	主任
		李强华	党委书记、副主任
		张晓东	副主任
		贺 钦	副主任
		刘瑞丰	总工程师
37	中国地震应急搜救中心	吴建春	党委书记、主任、基地指挥长
		谭先锋	副主任
		黄宝森	副主任
		曲国胜	总工程师
		刘鹏飞	纪委书记
		张 辉	灾协秘书长
		高 伟	救援基地副指挥长

续表

序号	工作单位	姓名	党政领导职务
38	中国地震灾害防御中心	孙福梁	党委书记、主任
		王 英	党委副书记、副主任
		武冀新	纪委书记
		张周术	副主任
		陈国星	副主任
39	地壳运动监测工程研究中心	李 强	主任、党委副书记
		张 金	党委书记、副主任
		于惠芳	总会计师
40	中国地震局地球物理勘探中心	李松岭	党委书记、主任
		方盛明	副主任
		王夫运	副主任
		王秋润	副主任
		刘保金	副主任
		李 齐	纪委书记
41	中国地震局第一监测中心	章思亚	主任
		刘宗坚	党委书记、副主任
		刘广余	副主任
		薄万举	副主任
		高荣建	纪委书记
42	中国地震局第二监测中心	张尊和	党委副书记、主任
		李顺平	副主任
		王庆良	副主任
		白伟东	纪委书记
		熊善宝	副主任
		陈宗时	副主任
43	防灾科技学院	齐福荣	党委书记
		薄景山	院长
		宿景贵	党委副书记、副院长
		钟南才	纪委书记
		刘春平	副院长
		迟宝明	副院长
		谭金意	副院长
44	地震出版社	张 宏	党委书记、社长、总编辑
		王 银	党委副书记、纪委书记
		王天星	副社长

续表

序号	工作单位	姓名	党政领导职务
45	中国地震局机关服务中心	巩曰沐	主任、党委副书记
		韩晓东	党委书记、副主任
		马铁民	纪委书记、副主任
		徐京华	副主任
		宋振锁	副主任
		李 伟	副主任
46	中国地震局深圳防震减灾科技交流培训中心	续新民	党组书记、主任
		刘升礼	党组成员、副主任
		宗 耀	党组成员、纪检组长、副主任

（中国地震局人事教育司）

人事教育

2009年中国地震局系统在职培训工作

2009年中国地震局系统在职培训工作情况统计表

培训班类型	培训班期数	培训总人数	投入经费/万元
重点培训班	12	448	294.3
一般培训班	23	1741	271.49
台站全员培训班	11	609	247.13
基层重点培训班	11	738	66.53
职工继续教育培训班	94	5092	264.483
总计	151	8628	1143.933

（中国地震局人事教育司）

中国地震局干部培训中心教育培训工作

2009年，中国地震局干部培训中心共举办系统内培训班6期，培训人员379人；编制完成中国地震局2009年培训计划。完成软科学杂志编辑出版2期；编制完成《信息分项2009年培训计划》；编制完成"2009年（春季）中国地震局局管干部研修班""中国地震局中青年干部培训班""2009年（秋季）中国地震局局管干部研修班"教学方案，该方案对领导干部学习要求、学习内容、教师安排、考核办法等做了详细安排。

2009年8月，"中国地震继续教育网"（http://jy.zjdz.gov.cn）通过验收，投入使用。

中国地震局、各省级培训机构 2009 年培训执行情况汇总表

序号	培训班名称	人次	举办日期
1	2009 年一二级地震安全性评价工程师培训班	123	3.23—3.28
2	2009 年（春季）中国地震局局管干部研修班（第十六期）	31	3.31—4.28
3	全国地震信息网络安全培训班	59	8.19—8.26
4	2009 年中国地震局中青年干部培训班（第五期）	45	8.29—9.29
5	2009 年（秋季）中国地震局局管干部研修班（第十七期）	34	10.20—11.20
6	2009 年中国地震局地震现场应急工作培训班	87	11.30—12.5

（浙江省地震局）

局属单位教育培训工作

河北省地震局

根据中国地震局关于台站人员全员培训计划安排，于 2009 年第四季度分两期、历时两个月组织地震台站全员培训工作，完成培训任务。

此次培训工作是河北省地震局 2009 年重点工作之一，由局党组书记、局长任组长，并成立台站全员培训工作领导小组，确定培训工作实施方案，明确各参与单位和人员职能职责，保障培训工作取得实效。

河北省地震局党组书记、局长周清良同志出席台站全员培训的开班仪式并作讲话。第一期培训班结业时，中国地震局人事教育和科技司处长杨心平到会指导，考察河北省地震局台站全员培训网络视频系统，介绍中国地震局实施台站全员培训项目的实施背景和实施情况等。在先后两期培训班上，河北省地震局共选派各领域专家 21 人担任授课老师，培训采取集中面授和网络远程教学相结合的形式，兼顾理论学习、现场考察、交流研讨等。为更好完成培训班教学任务，河北省地震局还组织学科专家按照"全面、实用、通俗"的原则，编写适合河北省地震局地震台站工作实际的培训教材，分上、下两册，合计 10 章 52 节。

第一期培训采取集中面授的形式，各台主管业务工作的副台长和业务骨干共计 30 人参加集中面授学习；第二期培训采取远程网络教学形式进行，共有 120 名台站工作人员参加培训学习。学员通过近 20 天的学习培训，重点学习地震学基础、地震预报、地震观测、地震应急、计算机网络、地震法规、电子政务等方面知识，了解当前地震科技的新技术、新方法和新理论，全面提高台站人员整体素质和业务水平，经考试后全部获得结业证书。

组织第四批"拜师收徒"活动。2009 年，河北省地震局组织第四批"拜师收徒"活动。活动开展以来，有 2 名学生先后被评为高级工程师，19 名学生被评为工程师，10 名同志参加河北省地震局与吉林大学联办的硕士研究生班，并顺利结业。这项活动自 2004 年启动，共有 15 名专家和 32 名学员确立师徒关系，涉及地震监测预报、计算机网络、电子仪器等多个领域；学员涵盖直属事业单位、地震台站的青年科技人员，还扩大到各市地震局。

"拜师收徒"活动中，老师指导、帮助徒弟确定研究方向，理清科研思路，传授工作方法和经验。学生在老师的指导帮助下明确研究方向、科研思路及研究重点，努力提高独立进行科研和申请科研课题的能力和水平。

(河北省地震局)

广东省地震局

广东省地震局在职学历（学位）教育进一步加强，1人取得硕士学位，4人取得本科学历，4人取得大学专科学历。截止到2009年底，全局共有本科以上学历人员133人，占全局总人数的51%。根据中国地震局台站全员培训部署，广西、广东、海南三省（自治区）地震局联合举办两期台站人员全员培训班。广东省地震局派出杨马陵研究员等5名专家授课，派出13名地震监测一线人员参加培训。全年共计派出参加业务技能、理论学习等各类培训121人次，其中局级6人次，处级10人次，专业技术人员85人次。组织"广东省前兆台网管理培训班""新闻发布策略与公文写作"等5个自办培训班，举办"加卸载响应比的物理意义以及时空扫描的方法"等6场讲座，参加人员达300多人次。

（广东省地震局）

广西壮族自治区地震局

广西壮族自治区地震局制定《广西壮族自治区地震局干部职工教育培训暂行办法》，印发《广西壮族自治区地震局2009年"读书学习提高素质年"主题活动方案》，在全局范围内开展"读书学习提高素质年"活动。

全局参加广西壮族自治区、中国地震局举办的防震减灾法制和行政管理培训班17人次，其他各类业务知识培训班51人次。举办业务培训班7期，包括广东、海南、广西三省（自治区）地震台站全员培训班、市县地震局数字地震观测应急指挥中心设备和软件培训班、市县地震局公文写作能力和政务信息培训班、"地震安全性评价与建筑抗震设防""公务卡制度的重要意义"培训班及全区市县抗震设防要求管理及法制培训班等，参加人数总计394人次，其中广西壮族自治区地震局参加人数148人次。

（广西壮族自治区地震局）

云南省地震局

云南省地震局网络学习覆盖率99.6%。共承办、举办各类培训班12个，1015人次接受培训，包括历时19天的中德地震学与灾害评估培训班，被列入中国地震局基层重点培训计划的数字化前兆观测管理培训班，三期行政管理培训系列讲座，数字化测震技术培训班，网站与信息工作培训班，行政执法证到期审验培训班，离退休党建培训班以及建设社会主义核心价值体系的思考、坚持中国特色社会主义道路、深刻理解"六个为什么"、十七届四中全会精神等专题报告讲座。

共有 5 位同志获得博士学位、4 位同志获得硕士学位、9 人考取硕士研究生。选派 1 名同志赴中国地震应急搜救中心交流学习。

（云南省地震局）

陕西省地震局

陕西省地震局举办两期西部四省区台站观测技术培训班和四期专题培训班，共计 300 多人次参加。一名局领导被中国地震局党组选送中央党校学习一年，选送 7 名处级干部参加陕西省专题培训。

（陕西省地震局）

新疆维吾尔自治区地震局

制定下发《新疆地震局中青年到基层挂职锻炼实施办法》，在全局范围内开展优秀中青年干部民主推荐工作，确定优秀中青年干部人选。建立新录（聘）用人员到台站工作锻炼制度，新招录（聘）大学生全部安排到基层台站锻炼。制定《新疆地震局交流访问学者制度》。全年安排 5 名地震台站人员到预报中心学习。集中推荐艰苦地震台站、近几年毕业到局工作的大学生到中国科学技术大学攻读在职硕士研究生学历，培养在职研究生 3 人。

（新疆维吾尔自治区地震局）

人物

2009 年入选人社部"百千万人才工程"国家级人选名单

中国地震局地球物理研究所　俞言祥
中国地震局地质研究所　　　陈　杰

2009 年通过研究员（正研级高级工程师）专业技术职务任职资格人员名单

序号	工作单位	姓名	任职资格	研究方向（工作领域）
1	河北省地震局	张素欣	正研级高工	监测预报
2	山西省地震局	张淑亮	正研级高工	监测预报
3	湖北省地震局	陈志遥	正研级高工	监测预报
4	广东省地震局	康　英	正研级高工	监测预报
5	云南省地震局	张建国	正研级高工	震害防御
6	中国地震局地球物理研究所	魏富胜	正研级高工	监测预报
7	中国地震局地球物理研究所	郑秀芬	正研级高工	监测预报
8	中国地震局地质研究所	李　霓	研究员	地质
9	中国地震局地质研究所	周　庆	正研级高工	震害防御
10	中国地震局地壳应力研究所	田家勇	研究员	地球物理
11	中国地震局地震预测研究所	朱小毅	正研级高工	监测预报
12	中国地震局工程力学研究所	王海云	研究员	地震工程
13	中国地震局工程力学研究所	刘启方	研究员	地震工程
14	中国地震台网中心	李卫东	正研级高工	科技服务与技术支撑
15	中国地震局地球物理勘探中心	嘉世旭	研究员	地球物理
16	中国地震局地球物理勘探中心	刘明军	正研级高工	震害防御

2009年获得专业技术二级岗位聘任资格人员名单

序号	单位	姓名	学科方向	专业技术岗位
1	中国地震局地球物理研究所	吴忠良	地震学	科学研究
2	中国地震局地质研究所	张培震	构造地质学	科学研究
3	四川省地震局	闻学泽	地震地质	科学研究
4	中国地震局地球物理勘探中心	张先康	固体地球物理	科学研究
5	中国地震局地球物理研究所	高孟潭	固体地球物理	科学研究
6	湖北省地震局	蔡亚先	地震观测技术	科学研究
7	中国地震局地质研究所	马胜利	固体地球物理	科学研究
8	中国地震局地壳应力研究所	谢富仁	固体地球物理	科学研究
9	中国地震局工程力学研究所	李小军	防灾减灾工程	科学研究
10	中国地震局地质研究所	赵国泽	固体地球物理	科学研究
11	湖北省地震局	郭唐永	地球物理实验与仪器	科学研究
12	中国地震局地质研究所	徐锡伟	构造地质学	科学研究
13	中国地震局工程力学研究所	袁晓铭	土木工程岩土工程	科学研究
14	防灾科技学院	薄景山	防灾减灾工程与防护工程	科学研究
15	中国地震局地震预测研究所	江在森	大地测量	科学研究
16	中国地震局地球物理勘探中心	李松林	固体地球物理	科学研究
17	中国地震台网中心	张晓东	地震预报	科学研究
18	上海市地震局	沈建文	地震工程	科学研究

（中国地震局人事教育司）

表彰奖励

关于表彰全国地震系统先进集体和先进工作者的决定

人社部发〔2009〕30号

各省、自治区、直辖市人事厅（局）、劳动保障厅（局）、地震局，新疆生产建设兵团人事局、劳动保障局、地震局，中国地震局各直属单位：

近年来，全国地震系统广大干部职工在党中央、国务院的正确领导下，坚持以邓小平理论和"三个代表"重要思想为指导，深入贯彻落实科学发展观，与时俱进，开拓创新，为促进经济社会又好又快发展，作出了积极贡献，涌现出一大批先进集体和个人。

为表彰先进，弘扬正气，充分调动广大地震系统干部职工的积极性和创造性，更好地推进防震减灾事业科学发展，人力资源和社会保障部、中国地震局决定，授予北京市昌平区地震局等20个单位"全国地震系统先进集体"荣誉称号；授予赵劲等15名同志"全国地震系统先进工作者"荣誉称号，享受省部级劳动模范和先进工作者待遇。希望受表彰的先进集体和个人珍惜荣誉，戒骄戒躁，发扬成绩，再立新功。

全国地震系统广大干部职工要以受表彰的先进集体和个人为榜样，更加紧密地团结在以胡锦涛同志为总书记的党中央周围，高举中国特色社会主义伟大旗帜，以邓小平理论和"三个代表"重要思想为指导，深入贯彻落实科学发展观，求真务实，发奋进取，不断提高防震减灾能力，为实现新时期防震减灾工作目标，夺取全面建设小康社会新胜利，开创中国特色社会主义事业新局面作出新的更大的贡献。

附件：1. 全国地震系统先进集体名单
   2. 全国地震系统先进工作者名单

二〇〇九年二月十八日

附件1

全国地震系统先进集体名单

（共 20 个）

北京市昌平区地震局
山西省地震局夏县中心地震台
内蒙古自治区地震局乌加河中心地震台
吉林省长白山天池火山监测站
黑龙江省大庆地震台
山东省地震局聊城地震水化试验站
河南省安阳市地震局
广东省地震监测中心
海南省地震局预报中心
四川省成都市防震减灾局
云南省地震局洱源地震台
陕西省西安市地震局
甘肃省酒泉市地震局
新疆维吾尔自治区精河县地震局
中国地震局地球物理研究所地球内部物理学与深部孕震环境研究室
中国地震局地质研究所地震动力学国家重点实验室
中国地震局工程力学研究所岩土工程研究室
中国地震应急搜救中心保障部
地壳运动监测工程研究中心地壳观测工程部
中国地震局地球物理勘探中心第五研究室

附件 2

全国地震系统先进工作者名单

(共 15 名)

姓名	单位职务
赵 劲	山西省大同市地震局党组书记、局长
李振谆	山东省青岛市地震局党组书记、局长
陶瑞英（女）	河南省许昌市地震局党组书记、局长
郭唐永	湖北省地震局空间大地测量研究室主任、研究员
杨马陵	广东省地震预报研究中心主任、研究员
李青春（壮族）	广西壮族自治区地震局办公室主任
程万正	四川省地震局预报研究所所长、研究员
胡应顺	西藏自治区地震局那曲地震台副台长、助理工程师
范增节	陕西省地震局应急救援处处长
张东宁	中国地震局地球物理研究所科技发展部主任、研究员
袁晓铭	中国地震局工程力学研究所岩土工程研究室主任、研究员
刘 杰	中国地震台网中心地震预报部主任、研究员
贾群林	中国地震应急搜救中心培训部主任、高级工程师
游新兆	地壳运动监测工程研究中心研究发展部主管、研究员
孟晓春（女）	防灾科技学院继续教育中心主任、教授

（中国地震局人事教育司）

关于表彰全国地震系统优秀集体和优秀个人的决定

中震人发〔2009〕26号

各省、自治区、直辖市地震局，各直属单位：

为激发全国地震系统广大干部职工的积极性和创造性，进一步推动我国防震减灾事业的发展，不断提高防震减灾能力，经研究决定，对在防震减灾工作中作出贡献的天津市地震局监测预报中心等19个全国地震系统优秀集体和邢成起等24名全国地震系统优秀个人予以表彰。

希望受表彰的优秀集体和个人珍惜荣誉，发扬成绩，再立新功。全国地震系统广大干部职工要以受表彰的优秀集体和个人为榜样，更加紧密地团结在以胡锦涛同志为总书记的党中央周围，高举中国特色社会主义伟大旗帜，以邓小平理论和"三个代表"重要思想为指导，深入贯彻落实科学发展观，求真务实，发奋进取，为实现新时期防震减灾工作目标作出新的更大的贡献。

附件：1. 全国地震系统优秀集体名单
　　　2. 全国地震系统优秀个人名单

二〇〇九年二月十三日

附件1

全国地震系统优秀集体名单

(共19个)

天津市地震局监测预报中心
河北省秦皇岛市地震局
辽宁省地震研究所
上海市地震监测中心(上海海洋地震观测研究中心)
江苏省地震工程研究院
浙江省珊溪水库地震应急工作队
安徽省地震预报研究中心
江西省地震局监测中心
湖北省地震局武汉基准地震台
广西工程防震研究院
重庆市黔江区黔江地震监测站
青海省海西蒙古族藏族自治州地震局
宁夏回族自治区平罗县地震局
中国地震局地壳应力研究所综合减灾技术研究室工程地震课题组
中国地震局地震预测研究所数字地震学应用研究室
中国地震台网中心应急响应部
中国地震局第一监测中心计量检定站
中国地震局第二监测中心重力研究室
防灾科技学院教务处

附件 2

全国地震系统优秀个人名单

（共 24 名）

1	邢成起	北京市地震监测预报中心主任、研究员
2	陈宇坤	天津市工程地震研究中心副主任、副研究员
3	王西龙	河北省地震局红山基准台台长、高级工程师
4	韩明（女）	辽宁省大连地震台台长
5	谢文（满族）	吉林省松原市地震局局长
6	李成祥	黑龙江省齐齐哈尔地震台副台长、高级工程师
7	刘维克	上海市地震局计划财务处处长
8	杨伟红	江苏省常州市地震局局长、工程师
9	黄昭	福建省地震局地震灾害预防中心主任（福建省地震局地质工程勘察院院长）
10	许云廷	江西省地震局监测预报处副处长
11	林军（女）	海南省地震局预报中心办公室主任、副研究馆员
12	戴应洪	重庆市地震台台长、高级工程师
13	白宝荣（哈尼族）	云南省普洱市地震局局长、高级工程师
14	马玉虎	青海省地震局预报中心副主任、工程师
15	柴炽章	宁夏回族自治区地震局副总工程师、研究员
16	段天山	新疆维吾尔自治区地震局监测中心主任、高级工程师
17	郭啟良	中国地震局地壳应力研究所地壳应力研究室主任、研究员
18	江在森	中国地震局地震预测研究所地震构造与中长期预测研究室主任、研究员
19	李峰	中国地震灾害防御中心基础探测技术部副研究员
20	刘保金	中国地震局地球物理勘探中心第五研究室主任、高级工程师
21	胡新康（满族）	中国地震局第一监测中心预测研究室高级工程师
22	祝意青	中国地震局第二监测中心重力研究室主任、研究员
23	史保生	中国地震局机关服务中心北京鑫宇鑫物业公司总经理
24	郭贵安	中国地震局深圳防震减灾科技交流培训中心科技监测处处长、深圳地震台台长、高级工程师

（中国地震局人事教育司）

合作与交流

主要收载地震系统一年来双边、多边国际合作项目,以及重要学术活动概况,是了解国内外地震领域科研进展,学术交流的窗口。

2009年中国地震局交流与合作综述

2009年，与美、法、哈等国家签署合作协议，与美国签署《关于在地震和火山领域进行科学与技术合作的议定书》，承办联合国亚太地区国际搜索与救援咨询团年会，组织3期地震监测技术和地震灾害紧急救援培训，召开海峡两岸地震科技研讨会，全年出访团组191个、441人次，撤销、延迟、变更团组近50个、150多人次，较前3年出国（境）团组的人员平均数减少了24%，出国经费减少了31%。

一、双边交流日益密切，合作领域不断拓展

双边高层互访加强。中国地震局与15个国家的合作单位进行了双边会晤。局领导分别率团访问了美国、俄罗斯、阿尔及利亚、瑞士、新加坡、西班牙、荷兰和德国等国家和地区，哈萨克斯坦教育科学部、巴基斯坦气象厅、泰国气象厅等高访团相继来访。通过与传统合作伙伴的高层互访交流，进一步增进了彼此互信，保持和畅通了合作渠道。

双边合作领域有所拓展。中国地震局与美、法、哈等国家新签署了合作协议，续签了中泰合作协议，分别就援巴基斯坦地震台网项目等进行磋商；中日合作地震应急救援能力项目正式启动实施；与周边、南太地区等国相关机构的官方合作不断日益加深。双边合作已经涉及地震监测、地震科学基础研究、灾害评估、防灾对策、紧急救援和人才培养等诸多领域。

双边合作层次不断提高。5月，在中国地震局的大力配合下，中日政府签订了关于加强在地震领域合作的谅解备忘录，确定2010年在地震减灾领域开展专项合作。10月，中国地震局参加中美科技联委会会谈，签署了中美关于在地震和火山领域进行科学与技术合作的议定书。

境外台网建设成为中国地震局国际合作的"品牌"。援印度尼西亚地震台网项目已完成11个台站、1个数据中心的安装，进入验收准备阶段，该系统将成为"印尼海啸预警系统"的重要组成部分；援老挝、缅甸台站项目顺利完成，集宽频带地震观测、GPS观测、强震动、水准点、流动重力点五位一体；援巴基斯坦地震台网项目完成全部10个台站的布局规划，并完成5个台站的台址勘选任务；援萨摩亚地震台网项目正式签署对内、对外合同，进入台址勘选阶段。中国地震局继续以境外台网建设项目为依托，既围绕国内防震减灾工作，又很好地服务于国家总体外交，为我国对受援国外交工作的顺利开展作出了重要贡献。

二、多边合作逐步深入，国际影响显著扩大

随着我国防震减灾事业的不断发展，中国地震局近年来参与国际减灾活动的能力明显增强。

中国地震局加强了与联合国等国际组织的联系，进一步扩大了我国在减灾领域的国际影响。4月、7月，联合国副秘书长、减灾事务特别助理相继来访中国地震局，对中国防震

减灾工作作出了高度评价，表达了希望与中国地震局在应急救援和其他减灾领域加强合作的强烈意愿。中国地震局承办了联合国亚太地区国际搜索与救援咨询团年会。中国国际救援队顺利通过联合国重型救援队分级测评，成为全球第12支、亚洲第2支国际重型救援队。中国地震局还积极参加联合国2009年亚洲全球安全会议等一些重要国际会议和活动。

继续大力支持中国地震局在国际组织任职专家的工作。中国地震局专家在国际大地测量和地球物理联合会（IUGG）、国际地震工程联合会（IAEE）、国际地震学和地球内部物理学学会（IASPEI）等国际学术组织的影响力不断提高。

通过对发展中国家的人员培训工作，不断扩大中国地震局影响。在外交部、商务部等部门的支持下，成功举办了"中德地震学和灾害评估培训班""发展中国家地震监测技术基础培训班""第四届发展中国家地震灾害紧急救援研修班"等，共有20个国家的50多位学员参加了这些培训项目。

三、台港澳合作务实推进，智力引进成绩斐然

海峡两岸地震科技交流合作势头良好。召开了"第六届海峡两岸地震科技研讨会"，为两岸交流打开了新局面。中国地震局会同国家自然科学基金委与台湾地区李国鼎科技发展基金会联合开展的"汶川地震断层及发震机理"研究项目进展顺利，台湾大学共派出6批32人次与中国地震局研究机构联合在四川地震灾区开展工作。闽台地震科技交流合作十分活跃，地震联合观测项目即将进入实施阶段。

与香港地区、澳门地区的合作不断加强。中国地震局继续与香港大学、澳门科技大学开展合作交流与研究，并特邀香港救援队参加国际搜索与救援咨询团亚太区2009年年会，观摩中国国际救援队的分级测评活动。香港消防处人员也应邀访问中国地震局。

智力引进工作取得了显著成绩。经中国地震局推荐，中瑞合作项目瑞籍专家孔贝德荣获了2009年度中华人民共和国"友谊奖"。同时，积极配合人才培养工作，开展中青年科学家中长期出国工作培训和管理干部中期出国培训，在培养优秀科研和管理人才方面进行了有益的尝试。

四、专项治理初见成效，外事管理日趋规范

按照党中央、国务院关于坚决制止公款出国（境）旅游的要求，中国地震局陆续下发了《关于进一步做好因公出国（境）管理的通知》和《关于进一步加强因公出国（境）管理的通知》，完善了因公出国（境）计划报批制度，初步建立了量化管理机制，严格因公出国（境）任务审批，加强经费预算管理，并健全出国（境）团组监督机制。中国地震局国际合作司还赴部分单位开展调研，同时进行外事管理与外事纪律的培训。

（中国地震局科技与国际合作司）

合作与交流项目

2009 年出访项目

3月22日—4月10日

　　湖北省地震局蔡亚先、吕永清研究员赴美国地质调查局阿尔布开克地震实验室（ASL），开展"超宽频带地震计对比实验"第三阶段工作。

4月19—25日

　　应欧洲地学联盟当地组委会 Tuija Pulkkinen 教授邀请，湖北省地震局青年科技人员邹正波参加在奥地利维也纳召开的欧洲地学联盟2009联合大会。

5月8—21日

　　中国地震局工程力学研究所曹振中等2人赴北马其顿共和国圣济利禄圣美多狄大学进行合作研究。

7月3日—8月8日

　　湖北省地震局王培源、李欣赴韩国开展"SLR 合作观测"第二阶段工作。

7月19—24日

　　以金学申研究员为团长的河北省地震局历史地震考察团应日本地震学会邀请赴日本访问，收集在日本各图书馆、书库和资料馆收藏的日本侵华期间，从中国非法掠夺的中国各地县志、府志中有关地震的记载。

8月7—16日

　　中国地震局工程力学研究所齐霄斋研究员、于海英研究员、张令心研究员与赵真一行4人赴韩国、美国进行学术交流与访问，并参加亚太地震工程研究中心联合会（ANCER）2009年会。

8月30日—9月7日

　　湖北省地震局王琪研究员一行4人赴阿根廷首都布宜诺斯艾利斯参加由国际大地测量协会主办的 IAG2009 年会。

9月19—29日

　　湖北省地震局水库诱发地震研究室青年科技人员王墩、李井冈在科技部 JICA 项目支持下赴日本开展为期近一年的研修。

12月20—26日

　　中国地震局工程力学研究所李山有研究员与马强副研究员赴日本进行考察访问。

（中国地震局科技与国际合作司）

2009 年来访项目

2月28日—3月12日

北马其顿共和国圣济利禄圣美多狄大学（Sts. Cyril and Methodius）地质矿产学院瓦拉多·基塞夫（Vlado Gicev）博士等3人赴中国地震局工程力学研究所开展交流访问，同时参观北京燕郊园区。

3月9—10日

日本野村综合研究所川岛一郎（Kawashimalchiro）等五位外宾以及清华大学野村研究中国研究中心及野村综研（上海）咨询有限公司一行8人访问云南省地震局，就在云南参照日方经验构建灾害早期评估系统（DIS）的可行性进行探讨。

4月29日

美国联邦地质调查局（USGS）研究员、中美地震科技合作协调人沃尔特·穆尼博士（Dr. Walter Mooney）访问中国地震局工程力学研究所，作题为"The $M=6.3$ L'Aquila, Italy Earthquake"的报告，并与有关人员就下一步科技合作课题进行会谈。

5月5—12日

德国地球科学研究中心汪荣江博士和Claus Mikereit博士赴云南考察，就德国外交部资助中国举办"中德地震学灾害评估培训班"以及实地考察等相关事宜进行商洽并达成初步协议。

5月11—17日

俄罗斯科学院吉尔吉斯科学站站长罗宾博士一行4人赴新疆维吾尔自治区地震局进行为期7天的交流访问。双方就中亚地震构造图编制项目开展合作交流，并签订中亚地区地球动力学研究国际合作项目协议及地震、地球物理资料交换议定书。

7月10—16日

越南科学研究院地球物理研究所专家高庭朝一行4人应邀访问湖北省地震局，就中国地震局地震研究所安装在越南的地震仪器情况进行沟通与交流。

8月11日

美国得克萨斯州立大学空间中心金双根博士访问湖北省地震局，开展学术交流，并与姚运生局（所）长就开展水库地震方面的合作研究进行沟通。

8月15日—9月5日

德国地球科学研究中心教员一行9人为中德地震学灾害评估培训班授课并到云南考察。

9月7日

德国波茨坦地学中心王荣江博士和Claus Milkereit博士应邀访问湖北省地震局，开展学术交流活动。

10月1—18日

奥地利气象与地球动力中央研究所克瑞斯塔·哈默（Dr. Christa Hammerl）研究员访问河北省地震局作学术报告，并参观台网中心和应急中心。

11月10—12日

日本气象厅地磁观测研究所所长、日本地震学会副会长石川有三教授访问河北省地震局作学术报告,并参观台网中心和应急中心。

(中国地震局科技与国际合作司)

2009年港澳台合作交流项目

5月16—19日

台湾中央大学陈浩维教授应邀访问中国地震局地球物理勘探中心,作题为"从集集地震到阵列地震学的研究"的学术报告。双方就汶川地震、断层围陷波、人工地震剖面的资料处理、开展海峡两岸地壳结构合作研究以及人才培养和交流等事宜进行讨论、交流。

8月22日

香港天文台台长李本滢应邀访问广东省地震局,双方磋商修订《广东省地震局和香港天文台合作工作范畴》。

(中国地震局科技与国际合作司)

学术交流

纪念汶川地震一周年地震工程与减轻地震灾害研讨会

2009年5月8—11日,地震工程与减轻地震灾害研讨会——纪念汶川地震一周年,在四川省成都市召开。该研讨会是在中国地震局、住房和城乡建设部、国家自然科学基金会的支持下,由中国地震局工程力学研究所(以下简称工力所)、中国建筑设计研究院抗震所、四川省地震局联合承办,由中国地震工程联合会、中国建筑学会抗震防灾分会、中国地震学会地震工程专业委员会、黑龙江恢先地震工程学基金会联合主办。

中国地震局党组成员、副局长修济刚,中国地震工程联合会理事长谢礼立,黑龙江恢先地震工程学基金会理事长齐霄斋,中国地震局震害防御司副司长杜玮,国家自然科学基金会处长茹继平,四川省地震局局长吴耀强,工力所副所长孙柏涛,中国建筑科学研究院工程抗震研究所所长黄世敏以及林皋院士、周锡元院士、欧进萍院士、周福霖院士等260余名代表出席研讨会。谢礼立、林皋、周福霖、欧进萍、王亚勇、吕西林、黄润秋、孙柏涛、彭土标、庄卫林、袁一凡、冯远、李小军、黄世敏14位专家学者应邀作大会报告,李国强等88名专家学者分别在分会场作报告。研讨会上,还进行了"汶川地震标志性震害照片"评选。

会议征集到大量学术论文,经过整理、分类,已由地震出版社编辑出版《纪念汶川地震一周年:地震工程与减轻地震灾害研讨会论文集》。论文集汇编学术论文125篇,内容涉及汶川地震的经验与教训,地震地面运动特征与数值模拟,场地地震效应与地震地质灾害,建(构)筑物震害,生命线工程震害,地震应急救援,抗震设计与规范规程,抗震减震防灾新技术,建筑抗震鉴定和加固技术,灾区震后恢复、重建规划研究,提高城镇防震减灾能力的新理论和新方法等。

(中国地震局工程力学研究所)

中国地震学会地震电磁学专业委员会 2009年年会暨学术研讨会

2009年6月11—18日,中国地震学会地震电磁学专业委员会在云南省昆明市召开2009年年会暨学术研讨会。会议由中国地震学会地震电磁学专业委员会主办,云南省地震局协办,中国地震局地震预测研究所副所长蔡晋安、云南省地震局副局长王彬到会祝贺并发表讲话。地震预测研究所、地球物理研究所、地壳应力研究所、中国地震台网中心、中国科学院电子所以及各省（自治区、直辖市）地震局60多位专家和代表出席会议。

大会主要针对地震电磁观测方法、变化机理、观测技术、观测资料应用研究等内容，特别是针对汶川地震等大地震和中强地震前后的地电阻率、地电场、ELF、电离层电子浓度、红外亮温变化等非正常数据变化进行交流和讨论。

（中国地震局地震预测研究所）

广东省地震局学术交流活动

广东省地震局与香港Arup工程顾问公司（OveArup & Partners Hong Kong Ltd.）合作，共同承担由香港土力工程署发包的"香港元朗—屯门100km²地区滑坡与地震影响小区划项目"。该项目是广东省地震局在香港地区开展的第一个地震小区划项目，计划在3年内完成，研究范围包括区域地震活动性分析、地震构造评价、场地工程地质条件评价、地震危险性分析、场区地震地质灾害小区划等。

（广东省地震局）

甘肃省地震局学术交流活动

以"西部地球科学与减灾工程论坛"为平台，邀请国内外专家学者13人作11场学术报告，促进学术成果交流；先后派出7人次赴美国、日本、土耳其进行学术交流，王兰民研究员出席在土耳其伊斯坦布尔召开的"地震与海啸联合国际会议"并作题为"汶川地震经验教训"的大会主题报告；《西北地震学报》办刊质量进一步提高，影响因子达到0.779；组织年度学术会议，40多人作主题报告；举行汶川特大地震周年学术研讨会和科技开放日活动。

（甘肃省地震局）

陕西省地震局学术交流活动

陕西省地震局选送51人次参加地震系统举办的各类培训，安排6位台站同志回局交流，争取3人列入中国地震局交流访问学者，选派3人出国学习考察，接待9名国外专家学者访问交流。

（陕西省地震局）

计划·财务·纪检监察审计·党建

主要收载中国地震系统年度的事业发展计划与财务工作综述；地震系统有关情况统计；审计、纪检监察工作状况；党建工作概况。

发展与财务工作

2009年中国地震局发展与财务工作综述

2009年，发展与财务工作坚持防震减灾根本宗旨，秉承构建事业、和谐资源、规划未来、引领发展的使命，统筹推进防震减灾事业发展和改革。在总体财政收支偏紧和经济环境严峻复杂的环境下，无论是国家地方财政预算拨款收入，还是单位自行组织收入均实现稳定增长，全局当年决算收入达到35.4亿元，同比2008年增加21.83%，为防震减灾事业发展提供有力保障。

一、规划编制全面部署

按照《关于印发国家"十二五"防震减灾规划体系的通知》要求，2009年4月，中国地震局制定《国家"十二五"防震减灾规划体系规划编制大纲》，明确规划编制工作具体思路和要求，为规划编制工作提供技术指导。

根据国家"十二五"规划工作统一部署，中国地震局有关"十二五"规划基本思路已提交国家发展和改革委，并力争纳入国家"十二五"规划。中国地震局机关各司室和局属各单位按照《国家"十二五"防震减灾规划体系》和《国家"十二五"防震减灾规划体系规划编制大纲》，积极开展专项规划和单位规划编制工作，取得很好进展。

二、大项目稳步推进

以重大计划立项落实为重点，精心组织项目立项、实施管理、竣工验收等方面工作，全力推进项目建设。

以启动喜马拉雅计划为突破，开创重大计划替代重大项目的先例。喜马拉雅计划预计实施时间为12年，预算达30亿元。2009年分别从基建项目、修购项目、日常项目、行业科研专项、重大项目等多方面募集资金，到位1.4亿元。

进一步推进国家地震安全计划实施进度；评审通过中国地震背景场探测项目可行性研究报告；组织开展中国地震背景场探测项目336个台站的建设用地初审工作；国家地震社会服务工程获立项批复，并开展该项目可研报告编制工作；地震专业基础设施项目基本完成建议书的修改完善，即将进入申报立项程序；积极推进国家地震预报实验场项目建议书修改完善工作；中国地震紧急救援训练基地建设项目开展了验收前期准备，基本完成财务竣工决算工作；中国大陆构造环境监测网络项目按计划顺利实施，预计提前一年验收；地震灾后恢复重建项目转入常态管理，三峡库区重庆段地震监测系统建设项目进入竣工验收阶段；中国地震台网中心大楼基建项目待国管局联建办统一部署进行验收。

各省、自治区、直辖市地震局"十一五"重点项目相继获得立项批复，部分项目进入实施阶段。截至2009年底，各省局共申请地方项目73个，落实项目投资12.86亿元，49个项目进入实施阶段。辽宁、福建、广东等省地震局从项目设立、资金到位到执行进展均完成较好。

三、资源配置优化升级

坚持"促进增长、优化结构、注重民生"的原则，分析研究全系统工作重点及经费需求，全方位、多渠道筹措经费，保持全局收入总量稳健增长，保证防震减灾工作的资金需求。截至2009年底，全局系统收入决算数为48.22亿元，其中年度预算收入35.35亿元，自2007年年均增长2.6亿元。

一是中央财政项目预算快速增长。2009年，中央财政项目预算快速增长，在各类预算资金中增幅最大；"973"项目、国家科技支撑计划、基础条件平台建设经费也有快速增长。2009年，局科技预算投入4.30亿元（不含基建），研究所研究经费大幅增长，科研基础条件明显改善。

二是固定资产规模逐步扩大。截至2009年，全局系统固定资产总量达到29.94亿元，自2007年年均增长3.56亿元。

三是资源配置更加科学。根据事业发展需求和预算执行能力完善预算管理新机制，资源配置更加注重引导科学发展，着手建立标准。

四是专项治理全面展开。

2009年，按照中央要求和中国地震局部署，在全地震系统深入开展"小金库"专项治理、预算执行审计、工程建设领域突出问题治理，并结合地震系统实际，认真做好财务稽查工作。

强化预算执行管理，实行预算执行月报制度，推动预算执行率提高。加强投资项目管理，进一步完善基本建设项目管理制度，印发实施《立项审批管理细则》《施工管理细则》，同时加强重大计划的管理规制建设。深化国库集中支付改革，及时编报用款计划，推进国库动态监控试点工作，推进公务卡改革、会议及公务出差接待定点改革。实行财务决算书公开，编写完成《国家地震2008年财务决算书》，并在系统内印发。加强国有资产管理，印发实施《中国地震局国有资产管理办法》，进一步健全国有资产规制。

（中国地震局规划财务司）

财务、决算及分析

一、年度收入情况

2009年总收入48.22亿元，其中，2009年收入35.35亿元，占总收入的73.3%。2009

年收入中，中央财政拨款 21.97 亿元，地方财政拨款 5.85 亿元，事业收入 2.81 亿元，经营收入 1.84 亿元，附属单位上缴收入 0.16 亿元，其他收入 2.72 亿元。

二、年度支出情况

2009 年总支出 33.69 亿元，其中：基本支出 15.52 亿元，占总支出的 46.1%；项目支出 16.55 亿元，占总支出的 46.1%；经营支出 1.62 亿元。基本支出中，人员经费支出 11.78 亿元，日常公用经费支出 3.74 亿元。项目支出中，行政事业类项目支出 12.12 亿元，基本建设类项目支出 4.43 亿元。

三、年末资产情况

2009 年年末资产合计 54.52 亿元，主要包括：固定资产 29.94 亿元，占年末资产合计的 54.9%；流动资产 20.13 亿元，占年末资产合计的 36.9%；其他资产 4.45 亿元，占年末资产合计的 8.1%。

（中国地震局规划财务司）

国有资产

2009 年，中国地震局印发实施《中国地震局国有资产管理办法》，转发财政部《中央级事业单位国有资产管理暂行办法》《中央级事业单位国有资产处置暂行办法》《中央级地震单位国有资产使用管理暂行办法》等重要规章制度，进一步健全国有资产规制。结合地震系统实际，对《固定资产分类与代码》国家标准提出修订意见和建议，被国家标准委和财政部等部门采用，为规范地震系统资产管理工作打下基础。开展国有资产管理信息系统部署和培训工作，完成中国地震局服务器及部门版管理信息系统部署，局属各单位数据转换工作有序开展。完成 2008 年度资产决算报告、2010 年车辆配置需求表、2010 年新增资产配置预算编制和上报等工作。

（中国地震局规划财务司）

机构、人员、台站、观测项目、固定资产统计

地震系统机构

独立机构分类	机构数/个
合计	47
省（自治区、直辖市）地震局	30
中国地震局直属事业单位（研究所、中心、学校）	15
中国地震局机关	1
中国地震局直属国有企业（地震出版社）	1

地震系统在职人员

人员构成	人数/人	占总人数的百分比/%
合　计	13141	—
其中：固定职工	11589	88.19
合同制职工	665	5.06
临时工	887	6.75
生产经营人员	1861	—

地震台站

观测台站种类	观测台站数/个	投入观测手段	投入观测仪器/台套	备注
合计	1965	合计	2995	1. 强震台观测点：1972个
国家级地震台	196	测震	975	主要观测仪器：2162台套
省级地震台	240	地磁	398	2. 投入经费：12637.1万元
省中心直属观测站	392	地电	233	
		重力	64	
市、县级地震台	1010	地壳形变	501	
企业办地震台	127	地下流体	596	
		其他	228	

流动观测（常规）

项目名称	计量单位	计划指标量	实际完成量	完成计划比例/%
区域水准	千米	4276	4317	100
定点水准	处/次	1158/3883	1158/3877	100
跨断层水准	处/次	1500/764	1511/772	101
流动地磁	点	2747	2629	99
流动重力	千米/点	261432/3381	261172/3590	106
流动GPS	点	1904	1904	100
基线测距	边	719	730	100

固定资产

固定资产分类	计量单位	数量	原值总计/千元	其中：当年新增/千元
合　计		—	2958528	434859
房屋和建筑物	平方米	1639630	1259273	181134
其中：业务用房	平方米	—	600583	127621
仪器设备	台套	137606	1315420	208318
交通工具	辆	941	262834	19467
图书资料	册	1493131	38901	6321
其他	—		82100	19619
土地	平方米	6862739	—	—
其中：台站用地	平方米	4421214	—	—

（中国地震局规划财务司）

政府采购

2009年，完成政府采购实施计划编报、2010年政府采购预算编报以及局属单位追加采购预算审批工作。全年下达政府采购预算59205.34万元；与国采中心合作，完成一期政府采购基础业务培训和一期京区单位家具采购业务培训；加强进口设备审批管理，主动为基层服务，共完成9批次，492台（套）设备，总价值近1.4亿元人民币的进口产品财政审批事项；为震科监理公司申请在地震系统从事限额以下工程监理业务资格；全年转发国采中心协议供货、定点采购等规范性文件12个。完成2008年政府采购统计报表编报工作，并获得财政部通报表扬。

（中国地震局规划财务司）

纪检监察审计工作

2009年地震系统纪检监察审计工作综述

2009年，地震系统各单位各部门认真贯彻落实党中央、国务院及中央纪委反腐倡廉的决策部署，紧密结合防震减灾工作实际，坚持党风廉政建设与防震减灾中心任务两手抓，较好完成各项任务。

一、抓检查，推动重大决策和重要部署贯彻落实

检查中央和中国地震局重大决策部署的贯彻落实。多次听取机关有关部门和局属单位专题汇报，并分赴部分局属单位检查，促进中央和中国地震局重大决策部署、政策措施落实到位。地震系统各单位党组（党委）以落实惩防体系五年工作规划为主线，按照2009年确定的4个方面、29项任务分工，各负其责、密切配合，较好地实现了年初确定的工作目标。

检查中央关于厉行节约八项要求落实情况。地震系统各单位通过压缩和调减财政拨款支出预算，实现因公出国（境）费用支出同比压缩36%，车辆购置与运行费压缩35%，公务接待费压缩21%，耗电耗水耗油费压缩10%，达到中央要求的各项指标，收到良好效果。对个别单位违反规定、超标准配备公务用车问题严肃查处，对主要负责人提醒谈话，对超标车辆进行处理。

检查学习实践科学发展观活动整改措施落实情况。中国地震局10个方面101项整改任务中，除27项任务列入下一步整改计划外，74项任务完成或基本完成。地震系统各单位分别制定了整改措施落实情况督查办法，按要求积极推进整改任务落实。初步解决了防震减灾工作中的突出问题，促进防震减灾事业科学发展。

二、抓监督，确保权力正确行使

认真落实谈话制度，中国地震局党组、职能部门、局属单位根据不同情况，进行领导干部任职谈话、提醒谈话、诫勉谈话，发挥关口前移、防微杜渐作用，促进领导干部廉政勤政。加强对领导干部履职情况的监督检查，党组成员带队赴6个局属单位进行党风廉政建设责任制考核，指导6个局属单位领导班子民主生活会，7个单位主要负责人或纪检组长向局党组、部分单位纪检部门负责人向监察司述职述廉。发挥巡视工作监督作用，对8个单位进行巡视，督促制定解决突出问题的整改措施。对2008年巡视的单位进行回访，监督检查整改方案的落实情况。推进纪检组长（纪委书记）易地选拔交流，加大监督力度。积

极开展经济责任审计，对35位处级以上领导干部进行经济责任审计。

在干部人事工作监督方面，地震系统各级纪检监察部门对干部选拔任用、招录人员、职称评聘、评比表彰等工作开展监督600多次，保证公平公正，维护干部职工知情权、参与权、选择权和监督权。

在财务运行监督方面，对2009年度财务决算、政府采购、工程项目建设等重要环节进行跟踪检查。加强财务收支、预算执行、开发性实体等方面的审计监督，全局共完成审计项目144项，审计金额达18.2亿元，被采纳审计意见320多条。加强对汶川地震灾后恢复重建基金监管。配合有关职能部门对9个单位财务运行、开发性实体进行财务专项稽查，对存在的问题及时纠正。

在突出问题治理监督方面，按照中国地震局党组的部署，各单位开展了开发性实体的自查和"小金库"专项治理工作。局党组对此高度重视，多次召开会议，分析研究问题，及时派出工作组赴有关单位进行核查，责成有关职能部门深入调查研究，提出指导性意见。积极落实二级管理京外单位规范津贴补贴检查整改要求，已基本整改到位。

加大信访举报查办力度，针对群众反映比较集中的问题，先后派出6个工作组进行调查核实，对信访举报做到件件有着落，事事有回音。

三、抓规章，完善反腐倡廉制度体系

围绕落实惩防体系五年工作规划，完善反腐倡廉制度体系建设。印发《中国地震局党组考核局属单位党风廉政建设责任制执行情况实施意见》《中国地震局党组指导局属单位领导班子民主生活会的实施意见》《中国地震局局属单位领导班子成员述职述廉工作实施意见》。有关职能部门制定《巡视工作实施细则》《提拔任用局管干部沟通情况实施办法》《推进惩防体系建设检查考核实施办法》《领导干部任职试用期暂行规定》《基本建设项目立项审批管理细则》《国有资产管理暂行办法》等15项制度。地震系统各单位制定、修订党风廉政建设制度256项，清理废止393项。同时注意加强对制度执行情况的监督检查，督促制度落到实处。完善权力运行制约和监督机制，规范工作程序，进一步确立反腐倡廉制度体系基本框架。

四、抓教育，不断深化廉政文化建设

开展地震系统廉政教育活动。围绕"六个着力、六个切实"，召开专题民主生活会。组织专题培训班、系列报告会、参观展览、庆祝新中国成立60周年等活动。对廉政文化建设活动中涌现出来的典型和先进进行表彰，编辑出版先进事迹，树立一批勤政廉政典型。举办廉政文化建设成果展览，制作专题网页，展播"扬正气，促和谐"廉政作品，创建廉政博客，搭建廉政教育和信息交流的平台。在总结廉政文化建设系列活动经验的基础上，积极探索建立长效机制。

（中国地震局直属机关党委）

2009年地震系统巡视工作综述

2009年，中国地震局组织完成对福建省地震局、中国地震局地震预测研究所、湖南省地震局、中国地震局地球物理研究所、河北省地震局、云南省地震局、广东省地震局、中国地震局深圳防震减灾科技交流培训中心8个局属单位的巡视工作。

一、健全机构，强化组织领导

（一）健全领导机构

中国地震局党组高度重视局属单位巡视工作，成立由局人事教育司、科技司和监察司主管领导及主要负责人组成的巡视工作领导小组，领导小组设办公室（以下称巡视办），日常工作由监察司负责。领导小组多次召开专题会议研究部署巡视工作，听取各巡视组工作汇报，审阅巡视报告，研究解决巡视发现的问题。巡视办作为领导小组的日常办事机构，认真抓好各项工作任务的落实，与派出巡视组保持经常联系，及时了解巡视工作进展、被巡视单位情况和遇到的问题，切实发挥参谋助手、综合协调和服务保障作用。

（二）精心选派巡视组成员

巡视工作领导小组充分考虑公务回避、任职回避有关规定，选派党性原则强、经验丰富、政策水平高、组织领导能力强的司局级干部作为巡视组长和副组长。选派有较强事业心和责任感的干部作为巡视组成员，并结合2009年"小金库"检查和开发性实体检查等实际工作需要，注意选调具有审计财务专业知识的同志参加巡视工作。

（三）认真组织巡视培训

巡视办认真编写培训手册，组织各巡视组赴京集训。监察司主要领导进行动员，强调巡视工作的意义和纪律，提具体工作要求；人教司介绍被巡视单位基本情况；巡视组交流巡视工作经验，学习相关文件、制度，制定巡视工作方案并交巡视办审查备案。

二、健全制度，突出巡视重点

为提高巡视工作的规范化水平，根据《中国共产党巡视工作条例（试行）》，结合地震系统实际，研究制定《中国地震局巡视工作实施细则》，并先后出台《中国地震局巡视工作规定》《中国地震局巡视工作规程》和《巡视工作纪律与要求》等多个配套文件，基本覆盖巡视工作的各个环节，有力保障巡视工作顺利推进。

在巡视过程中，紧紧围绕局属单位贯彻执行党的方针政策，贯彻执行民主集中制，干部选拔任用，党风廉政建设等情况进行巡视，并结合中央和中国地震局重大部署，重点检查学习实践科学发展观活动整改方案落实情况、"小金库"专项治理、厉行节约八项要求执行情况、开发性实体经营管理情况等。巡视中突出领导班子建设，特别是党政一把手这个主线开展工作。

三、健全程序，用好巡视成果

巡视工作严格遵循程序和要求，切实做好准备、了解、反馈和整改每个环节的工作。各巡视组深入被巡视单位干部职工中，综合运用听、问、查、访等方法开展调查研究，从不同层面和角度，了解被巡视单位真实情况。2009年各巡视组工作人员与干部职工谈话1023人次，召开各种座谈会36次，发放民主测评表656份，走访基层台站及市县地震局37个，受理信访件18份，同时查阅大量会议记录、财务账簿和合同凭证等资料，掌握了大量第一手材料。巡视组采用集体讨论、分工负责的方式，对被巡视单位的基本情况和有关问题进行认真梳理，对一些重点问题做进一步的了解，对各类材料进行综合分析归纳，形成巡视情况报告。既充分肯定被巡视单位的成绩，又重点对存在的主要问题和隐患进行客观分析，并提出意见建议。

中国地震局党组分别召开专题会议听取各巡视组工作汇报，对被巡视单位情况进行认真研究，肯定成绩，指出存在的突出问题。巡视反馈意见经巡视工作领导小组审定后，对被巡视单位领导班子个人、班子集体和全体职工大会三个层次进行反馈。对领导班子存在问题较为突出，或有苗头性问题的单位，有的由中国地震局领导亲自带队上门反馈，有的由中国地震局人教司或监察司领导会同巡视组组长、副组长进行反馈，注重反馈意见准确性并督促整改。被巡视单位随即召开一次民主生活会，根据反馈意见进行对照检查，开展批评与自我批评，提出整改措施，并在60个工作日内向巡视办上报整改方案。2009年共向局党组提出建议11条，巡视单位提出反馈意见22条，被巡视单位制定了72条整改措施。

注重整改方案的督办工作，对2008年6个被巡视单位进行回访，对整改措施落实情况进行全面检查。特别着重对2008年由职能部门领导带队进行反馈的问题和整改落实情况进行检查。从回访情况看，被巡视单位的整改都较为到位，反馈取得实效。

（中国地震局直属机关党委）

党建工作

2009年中国地震局直属机关党建工作综述

一、不断加强理论学习

2009年，中国地震局党组中心组围绕科学发展观，党的十七届三中、四中全会重要精神及党中央、国务院关于党风廉政建设部署要求等内容，开展集中学习13次重点学习。局党组同志面向地方政府、中央党校、地震系统作学习报告10余场，外请专家作辅导报告10余次，形成学习调研报告12篇，其中2篇报告荣获中央国家机关深入学习实践科学发展观活动优秀学习调研成果。

二、推进学习实践科学发展观整改落实工作

认真做好学习实践科学发展观整改落实后续工作和"回头看"工作，采取专题汇报会、专题通报会和专题调研等一系列举措，从组织上为局党组和各部门抓落实、促发展提供服务和保障。中国地震局制定101项整改措施，除27项需要列入下一阶段工作日程外，55项已完全落实，19项即将落实。直属单位列入2009年整改计划208项，完成168项。其中地球所、地壳所、地壳工程中心三个单位计划完成率100%。

以庆祝新中国成立60周年为契机，深入开展系列主题教育活动。组织地震系统开展庆祝新中国成立60周年、颂扬伟大抗震救灾精神为主题的网络摄影展和征文活动，开展甘肃扶贫工程减灾林诗词歌赋征集活动。全力做好中央国家机关大合唱、庆典游行等一系列重大活动的组织保障和政治保障。地球物理研究所6名青年骨干出色完成庆典游行方阵表演任务，得到上级组织的充分肯定。组织干部职工参观新中国成立60周年成就展、"复兴之路"主题展览等。组织京区第二届职工运动会、京区大型文艺会演等一系列主题活动。在建党88周年前夕，对许绍燮等38名直属机关优秀共产党员、18名优秀党务工作者、14个先进党支部进行表彰，进一步激发广大党员干部干事创业的积极性。

三、夯实基层组织基础建设

2009年，京区11个单位、机关9个司室分别召开以"加强领导干部党性修养、树立和弘扬良好作风"为主题的民主生活会，做到会前提出要求、会中派员指导、会后跟踪

督察。重新修订《中国地震局机关司室领导干部党风廉政建设责任书》，局机关司室领导班子成员、负有领导责任的处级干部签订党风廉政建设责任书并严格履行职责。2009年京区直属单位党组织发展新党员27人，预备党员转正50人，防灾科技学院发展学生党员307人。

（中国地震局直属机关党委）

附 录

收载本系统一年的重大事件、本系统各单位离退休人员人数统计表,以及出版的重要地震科技图书简介。

2009年中国地震局大事记

1月15日

2时23分,四川省阿坝藏族羌族自治州汶川县发生5.1级余震,震源深度约22千米。震中距理县县城约20千米,距汶川县城约40千米,距成都市约110千米。阿坝州汶川县、理县、茂县、黑水县,雅安市雨城区、天全县、芦山县、宝兴县震感强烈,成都市区少数居民有感,地震未造成人员伤亡。

2月2日

中国地震局党组书记、局长陈建民主持召开局长专题会议,研究讨论2009年全国地震局长会暨党风廉政建设工作会议方案、全国防震减灾工作会议初步方案、《汶川特大地震抗震救灾志·地震灾害志》编纂工作。

2月5日

中国地震局与国家安全生产监督管理总局签署建立应急联动工作机制相关协议。

2月9日

批准发布了5项地震行业标准:《地震地电观测方法 地电阻率观测 第1部分:单极距观测》(DB/T 33.1—2009)、《地震地电观测方法 地电阻率观测 第2部分:多极距观测》(DB/T 33.2—2009)、《地震地电观测方法 地电阻率观测 第3部分:大地电磁重复测量》(DB/T 33.3—2009)、《地震地电观测方法 地电场观测》(DB/T 34—2009)和《地震地电观测方法 电磁扰动观测》(DB/T 35—2009),自2009年6月1日起正式实施。

2月13日

中国地震局召开《汶川特大地震抗震救灾志·地震灾害志》编纂委员会成立大会暨第一次全体会议,正式启动《汶川特大地震抗震救灾志·地震灾害志》编纂工作,中国地震局党组书记、局长陈建民对分卷编纂工作作出总体部署。

2月15—20日

海峡两岸地震交流科技中心名誉主任陈建民率团19人赴台湾出席第6届海峡两岸地震科技研讨会。

2月26日

国家发展改革委批复《国家陆地搜寻与救护基地建设项目的可行性研究报告》。

3月9日

中国地震局与国家留学基金管理委员会联合举行《合作开展"地震科技青年骨干人才培养项目"协议书(2009—2011年)》签字仪式,中国地震局党组成员、副局长刘玉辰出席签字仪式。

3月20日

14时48分,吉林省四平市伊通满族自治县、公主岭市交界发生4.3级地震。吉林省四平、长春、吉林、辽源等地震感明显,松原、通化等地有轻微震感。地震未造成人员伤亡。震后,中国地震局立即启动应急响应,中国地震局党组书记、局长陈建民迅速通过地震应急指挥系统，与吉林省委副书记王儒林、吉林省副省长竺延风沟通情况，对震区地震应急处置工作作出部署。

3月25—27日

2009年全国地震局长会暨党风廉政建设工作会议在北京召开。中国地震局党组书记、局长陈建民作了会议主报告，与会代表听取了《中华人民共和国防震减灾法》专题辅导报告和汶川地震科学总结与反思报告，观看了汶川地震抗震救灾纪录片。会议还套开了全国地震系统表彰大会，与人力资源和社会保障部联合表彰了地震系统抗震救灾英雄集体和抗震救灾英雄、全国地震系统先进集体和先进工作者；表彰了全国地震系统优秀集体和优秀个人，廉政文化建设先进单位、先进集体和优秀个人。

4月9日

中国地震局副局长刘玉辰会见哈萨克斯坦外宾。

4月17日

国家质量监督检验检疫总局、国家标准化管理委员会批准发布了1项地震国家标准：《社区志愿者地震应急与救援工作指南》（GB/T 23648—2009），自2009年9月1日起正式实施。

4月21日

中国地震局局长陈建民会见联合国副秘书长约翰·霍姆斯一行。

4月21—25日

中国国际救援队参加在尼泊尔举行的2009年联合国亚太地区地震救援演练。

4月22日

中国地震局和国务院法制办公室、国家发展和改革委员会、住房和城乡建设部、民政部、卫生部、公安部联合召开全国贯彻实施《中华人民共和国防震减灾法》电视电话会议。

4月27日

中国地震局局长陈建民会见新加坡民防部队总监陈赞诚先生一行。

4月29日

由全国人大宪法和法律委员会、教科文卫委员会、全国人大常委会法制工作委员会、国务院法制办公室和中国地震局在人民大会堂联合召开贯彻实施《中华人民共和国防震减灾法》座谈会，中国地震局党组书记、局长陈建民出席。

5月11日

中国地震局召开"5·12"汶川地震一周年纪念大会，中国地震局党组书记、局长陈建民出席会议并讲话。

5月12日

中国首个"防灾减灾日"和四川汶川特大地震一周年之际，经国务院批准，国家减灾委、民政部、地震局和北京市人民政府在京联合举办防灾减灾应急演练。

5月25日—6月3日

中国地震局党组成员、副局长修济刚出访德国、西班牙，商谈地震科技合作事宜。

6月18—24日

中国地震局党组书记、局长陈建民赴重庆市、湖北省调研防震减灾工作。

6月30日

2时3分四川省绵竹市发生5.6级余震，震源深度约20千米。

7月9日

19时19分云南省楚雄彝族自治州姚安县发生6.0级地震。

7月16日

国家质量监督检验检疫总局、国家标准化管理委员会批准发布了2项地震国家标准：《建（构）筑物地震破坏等级划分》（GB/T 24335—2009）和《生命线工程地震破坏等级划分》（GB/T 24336—2009），自2009年12月1日起正式实施。

7月22日

国家质量监督检验检疫总局、国家标准化管理委员会批准发布了1项地震国家标准：《地震公共信息图形 符号与标志》（GB/T 24362—2009），自2010年1月1日起实施。

8月24日

批准发布了1项地震行业标准：《活动断层探测》（DB/T 15—2009）[代替《活动断层探测方法》（DB/T 15—2005）]，自2010年1月1日起正式实施。

8月28日

9时52分，青海省海西蒙古族藏族自治州发生6.4级地震，震源深度约7千米。

10月17日

中国地震局局长陈建民会见新加坡民防部队总监。

11月2日

5时7分，云南省大理白族自治州宾川县发生5.0级地震，震源深度约10千米。

11月12—14日

中国国际救援队接受联合国国际救援组织国际重型救援队分级测评，获得联合国国际重型救援队资格认证。中国地震局党组书记、局长陈建民出席测评结果发布会并致辞。

11月18日

沈阳市沈北新区全国地震安全示范区举行揭牌仪式。

12月11日

国家发展改革委批复国家地震社会服务工程立项，总投资35514万元。

12月26—28日

中国地震局在北京召开2010年度全国地震趋势会商会，中国地震局党组书记、局长陈建民出席并讲话。

12月30日

中国地震局召开机关内设机构调整和司级干部任免宣布会，中国地震局党组书记、局长陈建民宣布局机关内设机构设置和有关干部调整。

12月30日

中国地震背景场探测项目通过环保部环境影响评估。

（中国地震局办公室）

2009年地震系统各单位离退休人员人数统计

（截止时间：2009年12月31日）

序号	项目	合计	离休干部				退休干部						工人
			小计	局级	处级	其他	小计	局级	处级	研究员	副研	其他	
	总计	9155	432	105	280	47	6864	285	1159	454	1922	3044	1859
1	北京市地震局	63					58	5	19	4	18	12	5
2	天津市地震局	166	7	3	4		141	4	30	11	49	47	18
3	河北省地震局	365	11	3	7	1	305	10	35	13	72	175	49
4	山西省地震局	175	10	4	6		138	4	28	4	28	74	27
5	内蒙古自治区地震局	132	9	1	8		110	1	15	1	18	75	13
6	辽宁省地震局	289	20	5	15		227	6	51	13	81	76	42
7	吉林省地震局	82	8	1	4	3	68	5	16		27	20	6
8	黑龙江省地震局	112	9	3	6		91	6	33		10	42	12
9	上海市地震局	122	8	2	6		99	10	24	6	23	36	15
10	江苏省地震局	235	6	3	3		213	10	32	7	84	80	16
11	浙江省地震局	64	3	2	1		52	5	15	2	13	17	9
12	安徽省地震局	114	8	3	4	1	92	4	18	4	23	43	14
13	福建省地震局	257	6	2	3	1	197	9	28	9	68	83	54
14	江西省地震局	30	2		2		27	3	7		5	12	1
15	山东省地震局	285	28	4	19	5	223	8	40	1	46	128	34
16	河南省地震局	123	8	2	4	2	105	4	16	5	28	52	10
17	湖北省地震局	457	17	5	12		323	9	42	42	98	132	117

· 306 ·

续表

序号	项目	合计	离休干部					退休干部							工人
			小计	局级	处级	其他		小计	局级	处级	研究员	副研	其他		
	总计	9155	432	105	280	47		6864	285	1159	454	1922	3044		1859
18	湖南省地震局	69	6	3	3			51	2	22		10	17		12
19	广东省地震局	436	12	2	7	3		298	10	43	15	72	158		126
20	广西壮族自治区地震局	67	4		4			59	3	15		8	33		4
21	海南省地震局	45	2	1	1			32	2	10		9	11		11
22	四川省地震局	596	21	6	15			414	10	79	6	85	234		161
23	云南省地震局	629	22	5	16	1		465	7	46	24	146	242		142
24	西藏自治区地震局	9	1			1		4	1	2		1			4
25	陕西省地震局	184	13	3	10			142	5	19	7	45	66		29
26	甘肃省地震局	511	20	9	8	3		404	4	47	36	97	220		87
27	宁夏回族自治区地震局	87	1		1			74	6	8	3	13	44		12
28	青海省地震局	77	2	1	1			54	3	10		6	35		21
29	新疆维吾尔自治区地震局	229	8	2	4	2		165	7	20	11	33	94		56
30	中国地震局地球物理勘探中心	187	11	1	7	3		118	8	20	4	34	52		58
31	中国地震局第一监测中心	206	6	1	5			126	3	36	4	34	49		74
32	中国地震局第二监测中心	192	9		8	1		108	3	18	1	26	60		75
33	中国地震局工程力学研究所	425	21	6	14	1		310	6	27	43	101	133		94
34	中国地震局地球物理研究所	392	22	7	13	2		336	5	38	60	143	90		34
35	中国地震局地质研究所	319	20	2	16	2		250	6	21	68	87	68		49
36	中国地震局地壳应力研究所	468	21	4	13	4		308	10	39	21	120	118		139
37	中国地震局地震预测研究所	208	14		9	5		190	10	64	9	67	40		4
38	中国地震应急搜救中心	51	2			2		40	1	8	3	16	12		9
39	中国地震台网中心	68	1		1			67	7	7	14	28	11		

续表

序号	项目	合计	离休干部				退休干部					
			小计	局级	处级	其他	小计	局级	处级	研究员	副研	其他	工人
	总计	9155	432	105	280	47	6864	285	1159	454	1922	3044	1859
40	中国地震局机关服务中心	56	3	3			46	9	16		1	21	10
41	地震出版社	53					44	4	18		1	21	6
42	中国地震局深圳防震减灾科技交流培训中心	5					4	1	1		1	1	1
43	防灾科技学院	95	2		1	1	84	3	24	2	28	27	9
44	震防中心	292	8		8		102		7	1	15	79	182
45	重庆市地震局	18					17		11		5	1	1
46	中国地震局局机关	110	20	6	11	3	83	46	34			3	7

（中国地震局离退休干部办公室）

地震科技图书简介

5·12汶川8.0级地震地表破裂图集

徐锡伟　主编

定价：80.00元

汶川特大地震发生后，中国地震局地质研究所组织力量深入震区开展了应急科学考察，图集以图片形式真实反映了地震地表变形特点和震害特征，这既是汶川特大地震的历史记载，也为今后的科学研究和工程抗震设防提供了基础资料。

汶川8.0级地震图集

中国地震局汶川地震现场指挥部　编

定价：90.00元

图集反映了国家地震现场应急工作队在汶川8.0级地震现场工作的主要活动和震害资料，并以图片的形式表现。通过真实地提供一些基础资料，如房屋建筑、基础设施等破坏现象来记录此次地震的情况。书中，按不同烈度将房屋破坏划分为五个部分。

汶川地震建筑震害启示录

黄卫　王亚勇　等　著

定价：180.00元

本书收集了2008年"5·12"汶川地震中典型建筑和其他工程震害资料照片，以《建筑抗震设计规范》及其他相关规范标准为依据，从建筑结构抗震设计的基本要求出发，对照建筑抗震设计规范的条文规定，对典型的建筑震害进行剖析，尽可能从破坏的表面现象想到产生破坏的原因，或是从建筑不坏、不倒的表面现象想到幸存的道理，冀以提供正、反两方面经验，既保存了珍贵的历史资料，又有一定深度的科学分析。

汶川8.0级地震地壳动力学研究专辑

中国地震局地壳应力研究所　编

定价：78.00元

"5·12"汶川特大地震后，中国地震局地壳应力研究所组织300多人次去地震现场进行救援与科学考察，本专辑就是在科学考察的基础上，结合现今地壳动力监测网、GPS监测网最新观测数据，得到的汶川地震震后断裂的活动特征以及它的发展规律，以期为未来的地震预报总结经验。

中国汶川"5·12"8.0级大地震地震地质灾害图集

付碧宏　等　编著

定价：158.00元

以"5·12"汶川四川特大地震大量野外现场科学考察为基础，对汶川8.0级特大地震的发震背景以及地震地质灾害情况进行综合分析和研究，主要通过野外现场的珍贵照片以及典型地区的遥感图像分析，记录与该大地震相关的地震灾害（房屋、公路、桥梁等破坏）、地震断层、次生地质灾害（崩塌、滑坡、泥石流、堰塞湖）以及龙门山的活动构造与水系等地貌特征等。

地震来了

江楚 编

定价：18.00 元

本书用通俗易懂的语言配以风趣幽默的漫画，让你以轻松愉悦的方式了解一些地震方面的常识。此外，本书加强了对地震应急救援和现场救护常识的阐述。这些知识不仅可用于地震救援，还可用于其他救援场合，让地震知识不再远离人们的生活。

中国矿业年鉴（2008）

《中国矿业年鉴》编辑部 编

定价：300.00 元

2008 年版《中国矿业年鉴》全面、系统地反映了 2007 年中国矿业综合资料信息以及当年中国矿业经济发展和运行情况，主要内容涉及中国矿产资源勘查、开发利用、行业生产与安全、地方矿业、政策法规等，同时也反映了当年中国矿业事业的新发展、新经验、新成果以及遇到的新问题。

第一届全国地震速报竞赛题集

中国地震局监测预报司 编

定价：15.00 元

2008 年，中国地震局发起并组织了第一届全国地震速报竞赛，本题集是此次竞赛复赛和总决赛试题的汇总，共 7 套试题，并附有参考答案，可供参赛选手参考，也可供有兴趣的读者学习相关地震知识。

中国灾害大事记（2006）

中国灾害防御协会 编

定价：60.00 元

本书详细、真实、完整、权威地记录了 2006 年我国灾害大事及减灾大事。全书共 13 篇，内容包括 12 个灾种和国家、地方其他防灾减灾方面的法律法规，等等。

山西地震等震线图集

安卫平 等 编

定价：120.00 元

本图集收录了发生于山西境内地震的等震线图和发生于山西省外，但震级大且对山西影响严重或影响范围广泛地震的等震线图。每个地震的等震线图都有简要的文字说明，从而使图集的内容丰富完整。

实用数字地震分析

中国地震局监测预报司 编

定价：30.00 元

本书由中国地震局监测预报司组织专家编写，介绍了数字地震分析的原理和方法。全书共四章，分别为地震波与震相分析、地震震级与震级测定、地震基本时空参数测定的常用方法、使用计算机测定和修订基本参数。

乌鲁木齐市活断层探测与地震危险性评价

宋和平 等 著

定价：100.00 元

本书是在"乌鲁木齐活动断层探测与地震危险性评价项目"18 份专题报告的基础上汇编完成的。书的内容包括该区域地震地质构造背景、地震活动性与震源机制、深部构造探测与小震精确定位、地球化学与地球物理探测、目标区地貌及第四纪地质、目标区断层勘察与活动性鉴定等，有助于读者全面了解乌鲁木齐活动断层的基本情况。

北京市奥运地震安全保障

吴卫民 主编

定价：25.00 元

2008 年 8 月 8 日，奥运会第一次在中国召开。为实现"平安奥运"目标，北京市地震局自 2006 年年初便开始认真落实中国地震局和北京市委市政府关于奥运期间地震安全保障工作的各项部署。本书详细阐述了北京市地震局自接受奥运地震安保任务开始，至最终圆满完成任务的全过程，对于我国其他大型活动的举办有指导意义。

地震知识漫画

河北省地震局宣教中心 编

定价：10.00 元

本书是河北省地震局为了让公众更好地了解地震，进而有效预防、应对地震而策划的。全书分五部分，分别是地震是怎么发生的、地震是怎样被观察到的、什么是地震灾害、地震来了怎么办、震后生活应注意什么。

国家地震应急指挥技术系统

帅向华 等 编著

定价：60.00 元

地震应急指挥技术系统是为国家和各级地方政府进行地震应急指挥服务的专业技术支持系统，是一个集工程技术、信息技术、空间技术、地震专业模型、决策支持于一体的综合系统。其主要包括应急指挥场所、基础平台、应急指挥专业系统、地震应急数据库、地震现场应急指挥系统五个方面。

农村民居建筑抗震施工指南

山东省地震局　山东省建设厅 编

定价：36.00 元

本书从农村民居抗震设防基本要求，到地基与基础抗震施工，再到砖砌体、砌块砌体、石结构、框架结构房屋的抗震施工，系统地介绍了农村民居建筑应该如何进行抗震施工。此外，本书在第一章介绍了一些必要的地震基本常识，加深了广大施工人员对抗震施工的理解。

三光荣的实践者（续篇）

宋瑞祥 等 编

定价：68.00 元

本书如实地记述了一批 20 世纪 50 年代的热血青年，在"三光荣"精神的鼓舞下，为我国地质事业的发展奋斗几十年的平凡事迹。内容丰富，事迹生动感人。

中国地震学会成立三十年学术研讨会论文摘要集

本书编委会　编

定价：30.00 元

2009 年是中国地震学会成立三十周年。围绕科技创新和学科前沿重点问题开展学术交流，是中国地震学会的主要工作之一。出版此文集，旨在展示广大地震科技工作者近期的工作成果，并在学会成立三十年之际，展示地震事业任重道远，在学术交流的平台上为广大地震科技工作者提供更大的发展空间，为防震减灾事业作出应有的贡献。

板块构造和地震活动性

傅征祥　编

定价：80.00 元

本书是一本回顾板块构造诞生历史过程及其与地震活动性关系的书籍，有助于地震工作者了解地震活动和预测的重要构造背景。

诺贝尔奖获得者的成就与地球系统科学的发展

金庆烈　著

定价：90.00 元

本书围绕地球系统科学的概念，通过阐述诺贝尔奖获得者的成就，介绍地质、地球化学、地球物理、海洋、生物、大气、天体物理等学科在地球科学相关研究中的进展，以及地球变暖和地球环境问题。本书内容涉及的知识面广，通俗易懂，不乏趣味性，是一般读者了解地球系统科学的高级科普读物，也可作为专业人员的参考书。

二维多尺度非线性地震速度成像及阿尼玛卿缝合带东段地壳结构研究

潘纪顺　编著

定价：30.00 元

作者通过将遗传算法和单纯形法相结合，得到了一种高效的多尺度地震层析成像方法，此法及相关成果有助于地质研究相关课题的开展，尤其是对川西北油气田的探测开发具有现实意义。

建筑抗震能力快速判定方法

国家建筑工程质量监督检验中心　编译

定价：80.00 元

建筑的抗震能力是通过对建筑的结构类型、地基土类型、所在地震区等因素分别评分得出的。这些分数事先进行了科学计算，具有科学性和准确性。鉴定人员只需针对各种因素评分，再将各因素的分数相加，就可得到建筑抗震能力的总分数。总分数低于给定的分数线时，既认为建筑是不安全的，需要进一步研究。因此，这种方法类似于健康体检，是非常合理的，值得我国借鉴。

志愿者与地震紧急救援

徐德诗　等著

定价：58.00 元

本书结合我国汶川特大地震，用翔实的

资料和理性的分析,阐述了在重大灾害中志愿者的工作和科学的紧急救援活动发挥的重要作用。本书还介绍了志愿者和紧急救援的由来、发展和现状,专业性很强。这对我国引导广大公众增强紧急救援理念,积极参与志愿者活动,提高救援水平具有积极作用。

纪念汶川地震一周年:地震工程与减轻地震灾害研讨会论文集

中国地震工程联合会 编

定价:300.00元

本书为纪念汶川大地震一周年,由中国地震工程联合会、中国建筑学会抗震防灾分会、中国地震学会地震工程专业委员会、黑龙江地震工程学基金会共同编著。其主要内容为地震工程与减轻地震灾害研讨会论文。

中国地震构造运动

李祥根 著

定价:60.00元

本书以地震构造理论为纽带,串述了地壳震源破裂、地表地震断层、古地震事件和活动构造地貌效应等,阐述了后造山作用及新构造裂陷机制下的中国地震构造类型和基本特征。

汶川8.0级地震余震固定台站观测未校正加速度记录

国家强震动台网中心 编

定价:90.00元

本书出版的汶川8.0级地震余震固定台站观测未校正加速度记录是2008年5月12日至2008年9月30日,国家强震台网在四川和甘肃两省获取的加速度事件,余震约611次,5.0级及以上余震56次,6.0级及以上余震8次,最大余震为6.4级。

汶川8.0级地震余震流动台站观测未校正加速度记录

国家强震动台网中心 编

定价:90.00元

与历次破坏性地震一样,汶川大地震发生后,中国地震局迅速组织开展了余震强震动流动观测任务。观测小组克服现场艰苦的生存条件及恶劣的自然条件,不断深入极震区,圆满完成了观测任务,获取了867次余震的3027组三分量加速度记录。本书对此次流动观测及其取得的强震动记录作简要的介绍。

欧洲地震烈度表(1998)

G. Grunthal 主编

定价:62.00元

欧洲地震烈度表(1998)为最新版本。该烈度表是世界上最权威的、得到全世界公认的地震烈度表,对于我国地震烈度评估"三作"具有指导意义。

川滇地区强震前兆异常动态过程与预测研究

沙海军 等 编著

定价:35.00元

以川滇地区为研究范围,对强震前地下流体跨断层测量、GPS测量和测震学前兆异常动态过程进行了系统总结，并利用数值模拟方法研究了区域构造应力场的演化特征。

地下流体动态信息提取与强震预测技术研究

刘耀炜　等　编著

定价：60.00元

本书内容为"十一五"我国地下流体方面的重大科研项目成果，建立井孔水位与水温在地震波动力作用下的物理模型和断层对地下水渗流影响的数学模型，研制了三维展交流体异常变化研究结果的软件包，这对地下流体监测有重要作用。

搜救犬训导员教材

中国地震应急搜救中心　编

定价：50.00元

搜救犬，即搜索求援犬，属于工作犬当中的搜索类犬只。本书所说的搜救犬，是以人为搜索对象的工作犬。通过训练的搜救犬可以在地震灾害、山体坍塌、雪崩等发生后执行搜救任务，直至今日，搜救犬已成为各国救援队伍中必不可少的救援力量。

防震减灾实用知识手册

北京市地震局　主编

定价：10.00元

本书由北京市地震局和北京市科学技术委员会联合编写，分为认识地震、地震监测预报常识、震害防御基本常识和自救常识四块，以帮助民众掌握防震、减震、自救、互救的知识和技能，提高民众的心理承受能力，增强全民防震减灾意识。

中国大陆地震灾害损失评估汇编（2001—2005）

中国地震局震灾应急救援司　编

定价：100.00元

本书汇编了2001—2005年中国大陆地震灾害的主要资料，分析了当年的地震灾害特点，详细记录了每次地震灾害事件的基本参数、灾区概况。

一五五六年华县特大地震

原廷宏　等　编著

定价：100.00元

本书依据史实，结合现场实地考察，尽可能地把华县特大地震破坏状况及有关遗迹展现给读者，按国家有关规定对烈度重新划分并确定高烈度区的分布范围。

长春市活断层探测与地震危险性评价

杨以道　编著

定价：50.00元

全书分两大部分：一是活断层探测，用地球化学、地球物理方法进行活断层的精细结构调查，确定年代、具体位置、活动性等；二是地震危险性评价，结合地震地质调查、近区域活动构造的鉴别和区域地震活动水平的分析。

地壳构造与地壳应力文集（22）

中国地震局地壳应力研究所　编

定价：20.00元

全书包括地壳应力环境及其动力过程、应力测量的新进展、地应力测量在工程中的应用、应力应变观测与地震、地震预报、地震活动性、遥感地质与地质灾害预测等方面的研究成果。

地震·火山·海啸灾害特点及防灾知识

赵根模　等　著

定价：20.00元

本书全面通俗地介绍了世界各地的地震、火山、海啸灾害的起因、特点、分布，介绍了国际地震预报技术发展历程、现状和争论，介绍了宏观微观前兆。

地震电磁学理论基础与观测技术（试用本）

中国地震局监测预报司　主编

定价：70.00元

本书是为适应中国地震局加强地震监测工作规范化管理，实施从事台站电磁监测工作人员上岗培训而编写的电磁学科专门教材。

汶川地震次生灾害与地表破裂带调查

周庆艾　等　著

定价：100.00元

本书在震区地震断层调查、强余震地震动预测、震后地质次生灾害、水患灾害（江河堤防、堰塞湖、病损水库）调查的基础上，进行重灾区综合灾害危险区划分，为灾后居民点及重要企业的选址提供依据。本书是各相关专业专家围绕汶川地震灾害共同完成的综合性成果，书中内容不但对于当前灾区灾后重建具有重要的指导意义，而且对于今后在强震多发区进行震后各类灾害的应急调查、应急评估以及各类灾害的综合风险预测等具有重要的参考价值。

淄博市活断层探测与地震危险性评价

王华林　王红卫　等　著

定价：60.00元

本专著全面介绍了山东省防震减灾"十五"重点项目淄博市活断层探测与地震危险性评价成果。其主要内容包括区域地震构造环境与地震活动特征、遥感图像处理与地质构造解译、近场区主要断裂活动性调查与鉴定、城区基本地质概况、淄博市城区隐伏活断层探测、探测区断裂综合定位与活动性鉴定等。本专著针对淄博市活断层进行了一些有益的探索和研究，提出了一些新的思路和方法，获得了一些有价值的成果和认识。

中国西北地区二叠纪岩相古地理

岳来群　等　著

定价：35.00元

本书论述了中国西北地区二叠纪岩相古地理，并探讨了岩相古地理演化与油气资源分布规律，有助于相关研究人员全面了解我国西北地区二叠纪岩相古地理。

高压地球科学

杜建国 等 著

定价：120.00 元

该书系统地论述了高压地球科学的发展、高温高压实验技术、地球深部矿物物性的分子动力学模拟计算、高温高压下流体的地球化学行为、高温高压下岩石弹性特征和电性特征、地壳和地幔内不连续带的形成演化、高温高压下成矿元素的地球化学行为、地球深部物质运动与地震活动，以及核幔物质组成等。

《中国地震年鉴》特约审稿人名单

谷永新	北京市地震局	张永久	四川省地震局
郭彦徽	天津市地震局	陈本金	贵州省地震局
翟彦忠	河北省地震局	毛玉平	云南省地震局
郭君杰	山西省地震局	张 军	西藏自治区地震局
弓建平	内蒙古自治区地震局	王彩云	陕西省地震局
赵广平	辽宁省地震局	石玉成	甘肃省地震局
孙继刚	吉林省地震局	王海功	青海省地震局
张明宇	黑龙江省地震局	张新基	宁夏回族自治区地震局
李红芳	上海市地震局	吕志勇	新疆维吾尔自治区地震局
徐桂明	江苏省地震局	李 丽	中国地震局地球物理研究所
王秋良	浙江省地震局	单新建	中国地震局地质研究所
张有林	安徽省地震局	张晓东	中国地震局地震预测研究所
朱海燕	福建省地震局	李山有	中国地震局工程力学研究所
胡翠娥	江西省地震局	李永林	中国地震台网中心
李远志	山东省地震局	陈华静	中国地震灾害防御中心
王志铄	河南省地震局	陈洪波	中国地震局发展研究中心
晁洪太	湖北省地震局	翟洪涛	中国地震局地球物理勘探中心
黄志东	湖南省地震局	宋兆山	中国地震局第一监测中心
钟贻军	广东省地震局	范增节	中国地震局第二监测中心
李伟琦	广西壮族自治区地震局	何本华	防灾科技学院
陈 定	海南省地震局	高 伟	地震出版社
杜 玮	重庆市地震局		

《中国地震年鉴》特约组稿人名单

赵希俊	北京市地震局	格桑卓玛	四川省地震局
王志胜	天津市地震局	何国文	贵州省地震局
张帅伟	河北省地震局	徐　昕	云南省地震局
赵晋红	山西省地震局	冯宏光	西藏自治区地震局
王金波	内蒙古自治区地震局	谢慧明	陕西省地震局
韩　平	辽宁省地震局	许丽萍	甘肃省地震局
赵春花	吉林省地震局	胡爱真	青海省地震局
李丽娜	黑龙江省地震局	沙曼曼	宁夏回族自治区地震局
孙敏震	上海市地震局	宋立军	新疆维吾尔自治区地震局
郑汪成	江苏省地震局	卜淑彦	中国地震局地球物理研究所
沈新潮	浙江省地震局	高　阳	中国地震局地质研究所
李　昊	安徽省地震局	张　洋	中国地震局地震预测研究所
王庆祥	福建省地震局	彭　飞	中国地震局工程力学研究所
曹　健	江西省地震局	薛　杭	中国地震台网中心
李志鹏	山东省地震局	杨　睿	中国地震灾害防御中心
滕　婕	河南省地震局	许启慧	中国地震局发展研究中心
安　宁	湖北省地震局	魏学强	中国地震局地球物理勘探中心
陈　萍	湖南省地震局	孙启凯	中国地震局第一监测中心
袁秀芳	广东省地震局	屈　佳	中国地震局第二监测中心
吕聪生	广西壮族自治区地震局	张玉琛	防灾科技学院
陈健群	海南省地震局	郭贵娟	地震出版社
朱　宏	重庆市地震局		